电力电子控制电路中的数字信号处理技术
（原书第 2 版）

Digital Signal Processing in Power Electronics
Control Circuits，Second Edition

［波兰］克里斯托弗·索扎斯基（Krzysztof Sozański） 著

张龙龙　赵仁德　辛　振
闫　蕊　谢依帆　张　宇　　　　译

机 械 工 业 出 版 社

本书介绍了基于数字信号处理器的电力电子装置数字控制算法设计与实现过程中需解决的技术问题，涵盖模拟信号采集、模/数转换、数字滤波与分离，以及输出功率晶体管的脉冲控制等内容，着重探讨了三相并联有源电力滤波器和 D 类数字音频功率放大器中的数字信号处理算法解决方案，将电力电子技术和数字信号处理技术紧密联系起来。

目前，许多文献在介绍电力电子控制算法和控制电路时，通常以模拟信号的形式进行分析，存在一定局限，特别是当采样频率和功率晶体管的开关频率与所需频带的两倍相近时并不适用。为避免导致类似问题，本书将数字控制电路视为具有独特特性的数字电路进行分析。另外，本书还介绍了电力电子系统与数字控制电路仿真软件，并给出了大量 MATLAB 和 PSIM 仿真例程供读者参考。

本书可作为从事电力电子技术的科研人员和工程技术人员的参考书，也可作为电气工程、电力电子与电力传动、控制理论与控制工程等相关专业的本科生、研究生的参考书。

Translation from the English language edition:

Digital Signal Processing in Power Electronics Control Circuits，Second Edition

by Krzysztof Sozański

Copyright © Springer-Verlag London Ltd. 2013，2017

All Rights Reserved

本书由 Springer 授权机械工业出版社在中国境内（不包括香港、澳门特别行政区以及台湾地区）出版与发行。未经许可之出口，视为违反著作权法，将受法律之制裁。

北京市版权局著作权合同登记 图字：01-2014-6486 号。

图书在版编目（CIP）数据

电力电子控制电路中的数字信号处理技术：原书第 2 版/（波）克里斯托弗·索扎斯基（Krzysztof Sozanski）著；张龙龙等译. —北京：机械工业出版社，2021.5

书名原文：Digital Signal Processing in Power Electronics Control Circuits，Second Edition

ISBN 978-7-111-67814-4

Ⅰ. ①电… Ⅱ. ①克… ②张… Ⅲ. ①电力电子技术-信号处理-教材 Ⅳ. ①TM1

中国版本图书馆 CIP 数据核字（2021）第 057681 号

机械工业出版社（北京市百万庄大街 22 号 邮政编码 100037）
策划编辑：付承桂 责任编辑：付承桂 杨 琼
责任校对：张晓蓉 封面设计：马精明
责任印制：郜 敏
北京盛通商印快线网络科技有限公司印刷
2021 年 6 月第 1 版第 1 次印刷
169mm×239mm · 18.25 印张 · 363 千字
0001—1900 册
标准书号：ISBN 978-7-111-67814-4
定价：119.00 元

电话服务 网络服务
客服电话：010-88361066 机 工 官 网：www.cmpbook.com
010-88379833 机 工 官 博：weibo.com/cmp1952
010-68326294 金 书 网：www.golden-book.com
封底无防伪标均为盗版 机工教育服务网：www.cmpedu.com

译者序

随着微电子技术的快速发展，电力电子技术已成为科技进步和社会发展的支柱，广泛应用于电力系统、交通运输、航空航天、消费电子等领域。特别是近年来微控制器和数字信号处理器性价比不断提高，数字控制方式逐渐替代传统模拟控制方式，基于高性能数字控制方式的有源电力滤波器、新能源并网逆变器、不间断电源等电力电子装置成为市场主流。

数字信号处理技术是实现电力电子装置高性能数字化控制的关键技术之一，但是目前国内相关中文著作主要集中在电子信息工程、通信工程、图像处理等专业方向，尚未发现其他专门介绍电力电子装置中的数字信号处理技术的著作。因此，自本书英文版第 1 版出版以来，译者与机械工业出版社合作推进本书的引进和翻译工作。2017 年，该书英文版第 2 版出版，增加了 MATLAB 和 PSIM 仿真例程，可读性和应用指导意义更强，因此将英文版第 2 版作为翻译蓝本。

本书英文版原作者克里斯托弗·索扎斯基博士现为波兰吉洛纳格拉大学副教授，长期从事有源电力滤波器和 D 类数字功率放大器的研究，工程经验丰富。本书涵盖模拟信号采集、数字信号滤波与分离算法，以及数字信号处理算法在有源电力滤波器和 D 类数字功率放大器中的应用等内容，并给出了相关算法 C 语言例程、MATLAB 和 PSIM 仿真例程，大部分内容属于克里斯托弗·索扎斯基博士的原创。

本书可作为从事电力电子技术的科研人员和工程技术人员的参考书，也可作为电气工程、电力电子与电力传动、控制理论与控制工程等相关专业的本科生、研究生的参考书。

本书由张龙龙、赵仁德、辛振、闫蕊、谢依帆、张宇翻译，由赵仁德和张龙龙负责全书校对、统稿。另外，范浩宇、林进、王飒、张鹏、康建龙和石亚飞等研究生在校对整理过程中参与了部分工作，在此一并表示感谢。感谢机械工业出版社电工电子分社付承桂副社长给予的帮助和提出的宝贵意见或建议。由于译者水平有限，加上本书涉及的知识面广泛，内容新颖，译文中难免有不妥甚至错误之处，恳请广大读者批评指正。译者电子邮箱：zhangll_2019@ 163. com，zhaorende@ upc. edu. cn。

译 者
2021 年 5 月

原书第2版前言

在波兰及其他欧洲国家，出版专著是获得教授职位的基本条件。本书第1版的出版是我在博士毕业后向教授进军的第一步。本书第1版出版以后，4位审稿人认真审阅了书稿，并提出了许多宝贵的修改意见。

本书以第1版为基础，根据审稿人的意见做了详细的修订，并对一些印刷错误做了勘正。同时，对内容进行了扩充，增加了更多的MATLAB方案例程和图片。上述更改将在本书第1章中进行一一介绍。

本书新增第4章，涵盖电力电子系统及其数字控制电路的仿真软件适应性分析以及MATLAB和PSIM仿真例程。在PSIM仿真例程中，数字控制算法采用范C语言代码实现。

本书的写作过程中，坚持每天写一点儿，今天终于完成书稿。

克里斯托弗·索扎斯基
2017年2月
于波兰吉洛纳格拉城

原书第 1 版前言

由于微电子技术在微处理器、数字信号处理器、存储电路、CMOS 电路模/数转换器、数/模转换器、功率半导体（特别是 MOSFET 和 IGBT）等领域的快速发展，电力电子电路的作用日益显著。具体来说，功率晶体管的发展已经将其电流和电压等级从几安培和几百伏特提升到几千安培和几千伏特，开关频率以兆赫兹为单位。电力电子电路现在已广泛应用于电力系统、工业、电信、交通、商业等领域，涉及数码相机、手机和便携式多媒体播放器等现代流行设备以及能量收集电路等微功率电路。

早在 20 世纪 60 年代和 70 年代，电力电子技术常采用模拟控制电路，其控制算法较为简单。发展到 20 世纪 80 年代和 90 年代早期，基于模拟器件和数字器件的混合控制电路开始投入使用。在随后的几年中，全数字控制系统逐渐获得应用。目前，全数字化控制系统已得到广泛的推广，更复杂的数字信号处理算法得以应用。

本书主要介绍信号处理相关技术，包括模拟信号采集、模/数转换、信号滤波和分离方法，以及输出功率晶体管的脉冲控制等。本书着重介绍数字信号处理方法在有源电力滤波器和 D 类数字功率放大器中的应用。这两种应用场合都需要采用可实现高动态范围控制的精密数字控制电路，因此，可借此深入阐述数字信号处理方法。这两种应用场合的实现方案将分别进行介绍，并可推广至其他电力电子设备。

在有源电力滤波器应用中，本书将首先介绍 IIR 滤波器、波形数字滤波器、滑动离散傅里叶变换、滑动 Goertzel 算法、移动离散傅里叶变换，并在此基础上，提出了基于 P-Q 算法的经典控制电路的实现方法。接下来对有源电力滤波器的动态特性进行了分析：有源电力滤波器的动态失真使其无法完全补偿线路谐波，在某些情况下，采用有源电力滤波器补偿的供电系统线电流总谐波畸变率（THD）可以达到大约百分之十几，为解决这一问题，本书提出了适于分析和模拟这一现象的有源电力滤波器模型。对于可预测的线电流变化，可以开发一种预测控制算法来消除有源电力滤波器的动态补偿误差，本书进而给出了基于预测控制电路来消除动态补偿误差的方法。其中，预测控制电路的滤波算法主要有滑动离散傅里叶变换、滑动 Goertzel 算法、移动离散傅里叶变换以及 P-Q 算法 4 种，可根据补偿谐波参数来进行选择。

针对不可预测的线电流变化，本书提出了多速率有源电力滤波器，其对负载电流的突变响应速度较高，因而即使对于不可预测负载，也可以降低线电流的 THD。

　　本书介绍的第 2 个应用是 D 类数字功率放大器。与有源电力滤波器类似，功率放大器对于处理信号的动态范围要求较高，其中，D 类功率放大器可达到 120dB，这对滤波算法类型和数字控制实现水平提出了更高的要求。针对这一问题，本书提出了一种基于噪声整形电路的 D 类功率放大器形式，并引入插值器以实现在保证基波和谐波分离的前提下提高采样频率。本书还介绍了一种基于模块控制的电源电压波动补偿电路，并将其用于 D 类功率放大器中；然后着重介绍了基于数字单击调制的 D 类功率放大器；最后，介绍了作者研制的基于数字信号处理的二分频和三分频扬声器系统，该系统的信号从输入到输出都经过数字处理。

　　本书中所提的算法和电路均为作者原创，适用于整个电力电子电路领域，为便于读者借鉴，附录中列出了基于 MATLAB 或 C 语言的算法例程。

　　目前，关于数字信号处理的文献较多，但是由于数字信号处理与电力电子技术两大学科独立发展，因而与电力电子应用相结合的文献相对较少，希望本书的出版能够在一定程度上弥合这两大学科之间的鸿沟。本书可供相关领域的专家学者、工程技术人员参考，也可作为课程教学使用，同时，对于从事电力电子变换器拓扑架构研究的专家学者深入研究其控制算法提供一定帮助。

克里斯托弗·索扎斯基

2012 年 12 月

于波兰吉洛纳格拉城

目 录

第1章
概　　述

1.1　电力电子系统

在过去的 30 多年里，电力电子领域取得了很大的进展。这主要是由于微电子技术在微处理器、数字信号处理器、储存器电路、互补金属氧化物半导体（CMOS）电路、模/数（A/D）转换器、数/模（D/A）转换器和功率半导体器件，尤其是金属氧化物半导体场效应晶体管（MOSFET）和绝缘栅双极型晶体管（IGBT）等领域的广泛发展。具体而言，随着功率半导体器件的发展，其应用范围已经从几安培和几百伏特延伸到几千安培和几千伏特，其开关频率也达到了兆赫兹。电力电子电路的另一个应用领域是微功率电路，特别是能量收集电路。因此，电力电子电路在各个领域得到广泛的应用，诸如电力系统、工业、电信、交通运输、商业等，甚至存在于智能手机、平板计算机、笔记本计算机、数码相机、移动电话和便携式媒体播放器等现代流行设备中。许多作者也都描述过电力电子学的背景，例如 Mohan[31]、Erickson[17]、Bose[11]、Trzynadlowski[55] 等。

电力电子技术是一个相当难的科学技术领域，需要了解大量相关领域的知识，包括电力系统、电机、信号处理、模拟和数字控制、电子、固态电子学、嵌入式软件设计、电路原理、电路仿真、电磁理论、热设计等，如图 1.1 所示。为了生产功能正常的电力电子设备，上面提到的这些方面都应包括在内。通常，忽略其中一个因素就会导致系统故障。这是因为电力电子系统是用于能量转换的，任何错误都会在功耗中反映出来，从而导致元件的损坏。

图 1.2 所示为电力电子系统的简化图。该系统在输入和负载之间实现电能转换。电能输入通常来自电力系统、电化学电池、太阳能电池或燃料电池等。输入电源可以是直流（DC）电或交流（AC）电，交流电可以是单相、两相、三相或更多相，输出功率取决于负载。

电力电子电路由控制器监控，控制器将输出功率（反馈）和输入功率（前馈）与实现预期结果所需的参考值进行比较。控制器的设计可以使用模拟技术或数字技术。现在数字方法是最常见的，而模拟方法仅用于一些简单的电力电子系统。电能通过电力电子系统，从电源流向输出，输出可以连接到负载或另一个电源系统，又或者是其他电力电子电路等。但是需要注意的是，电力电子电路可以反向，使得能量可以从输出流到电源。

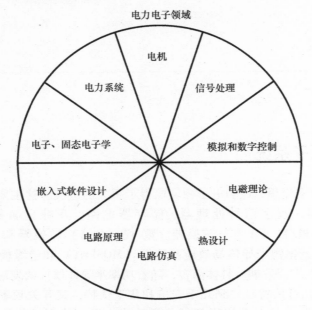

图 1.1 电力电子系统的多学科性质

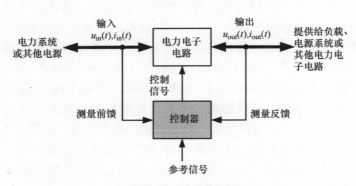

图 1.2 电力电子系统的简化图

1.2 电力电子系统数字控制电路

最常见的电力电子系统元件是逆变器。单相或三相（多相或多级设备中甚至更多）逆变器是电力电子系统常用的变换器，例如交流和直流电机驱动器、不间断电源、谐波补偿器、直流电源、可控整流器、交直流输电系统、智能电网等。

图 1.3 所示为具有数字控制器的三相逆变器示例的简化框图。逆变器由 6 个 IGBT（Q_1、Q_2、Q_3、Q_4、Q_5、Q_6）组成，并由电气隔离型驱动器控制。这种电气

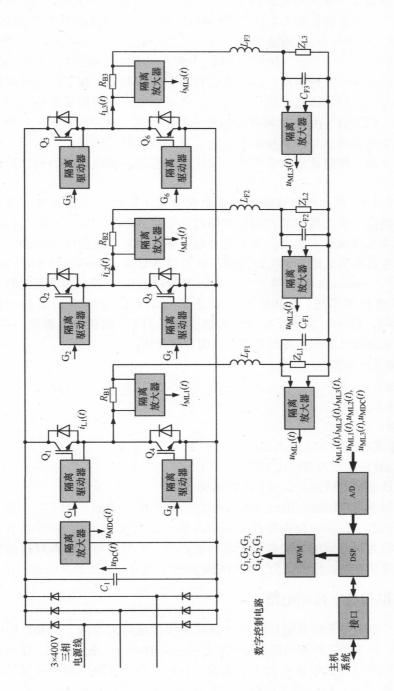

图 1.3 基于数字控制器的三相逆变器示例的简化框图

隔离型驱动器输入与输出间电容较低，并且能够承受高达 $10 \sim 30 \mathrm{kV}/\mu \mathrm{s}$ 的输出电压。其中一个逆变器桥臂由 2 个 IGBT Q_1 和 Q_4 组成，它们经过用于抑制脉冲宽度调制（PWM）分量的 LC 低通滤波器（L_{F1}、C_{F1}）与负载 Z_{L1} 连接。逆变器由执行控制算法的数字信号处理器（DSP）控制。DSP 的功能可以使用以下任意器件来实现：通用微处理器、微控制器、高级微处理器和微控制器、数字信号处理器和可编程数字器件等。与晶体管控制信号一样，电流和电压的模拟采集信号也需要进行电气隔离。模拟信号由 A/D 转换器转换为数字形式。该算法通过由相同类型脉冲调制器产生的脉冲信号控制输出晶体管，从而得到所需的输出信号值。在数字控制电路的早期，控制算法非常简单，仅代表具有单一采样频率的模拟控制电路的数字形式。

随着时间的推移，控制算法已被非常先进和更复杂的解决方案所替代。目前，用于提高信号动态范围的控制电路使用多个采样频率。使用不同采样频率的数字电路称为多速率数字电路。关于电力电子系统中数字控制电路的综合出版物并不多，仅在许多会议论文中可以找到一些有限的讨论。Astrom 和 Wittenmark[6]、Williamson[60]、Kazimerkowski 等[25,26]、Buso 和 Mattavelli[12] 等众多学者对数字控制电路的背景进行了描述，Bollen 等[10] 讨论了功率和信号处理的某些方面。此外，文献［42，46-50］描述了有源电力滤波器（APF）的控制电路的一些问题。在数字控制电路设计中首先需要考虑的关键方面包括：

1）控制系统功能；

2）控制算法；

3）采样率；

4）位数；

5）用于实现的数字电路类型；

6）控制算法的定点或浮点实现。

关于上述问题的讨论在本书中可以找到。

数字控制电路应用的实例包括有源电力滤波器和 D 类数字功率放大器。这两种应用所需的数字控制电路需要具有非常高的动态范围。因此，在作者看来，这些应用实例将为所介绍的方法提供非常好的说明。本书介绍了作者对这两种应用实例的原创解决方案。作者认为，采用的解决方案也可以扩展到其他电子设备。

1.2.1 模拟与数字控制电路

历史上，电力电子设备的控制电路是采用模拟电路实现的。因此，即使在当前的文献中，很多数字控制电路仍是用模拟传递函数 $H(s)$ 来描述的。如果采样频率 f_s 和功率晶体管开关频率 f_k 远大于需要关注的波段中较高的频率分量，那么这或许是适用的。图 1.4a 显示了模拟电路的幅频响应，图 1.4b 显示了其数字表示的幅频响应。对于最常用的双线性变换，模拟频率与数字频率之间的关系是非线性的，特别是对于接近 $f_s/2$ 的高频段，频率特性被压缩。模拟电路的频率响应跨度为零到无穷大，而在数字域，频率响应被压缩为零到 $f_s/2$。因此，模拟电路和数字电路的特性是不同的，尤其是在 $f_s/2$ 频率附近。这个问题将在第 3 章中进行讨论。在作者看来，这是将数字电路与模拟电路进行对比的最合适的方法。这有助于避免高频分量中的错误和不稳定性。另一个问题涉及算法计算，即仿真研究应该使用与实际控制电路中相同的算术分辨率。这将有助于避免因算法的有限分辨率而额外引入的不稳定性问题。这些问题同样在第 3 章中予以讨论。在许多出版物中描述了数字信号处理的问题，作为基础书籍，可参考文献 [7, 15, 29, 33, 34, 36-38, 59, 61, 62]。作者介绍了一些用于电力电子电路的数字信号处理解决方案。

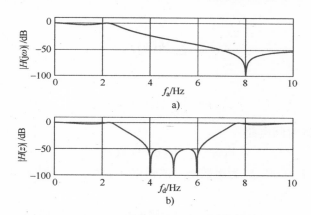

图 1.4　等效模拟和数字电路的频率响应
a) 模拟　b) 数字，$f_s = 10Hz$

1.2.2　因果和非因果数字电路

任何时刻的输出信号仅取决于输入信号的过去或/和当前值的电路（系统）被称为因果系统（电路），例如 $y(n) = x(n) - 0.3x(n-1) + 0.1x(n-3)$。所有实时物理系统都是因果系统，因为时间只会向前发展。

任何时刻的输出也取决于输入信号的未来值的电路（系统）被称为非因果系统（电路），例如 $y(n) = x(n) - 0.5x(n+1) + 0.1x(n+3)$，$y(n) = x(-n)$，$y(n) = x(n^2)$。非因果电路（系统）也称为不可实现电路（系统）。仅取决于未来输入信号值的电路（系统）被称为反因果电路（系统），例如 $y(n) = x(n+1)$。

本书主要考虑因果电路（系统），因为它们更容易使用和理解，也因为大多数实际系统本质上都是因果关系。然而，非因果电路在某些应用中是非常吸引力的，例如，线性相位 IIR 滤波器的实现用到了非因果零相位 IIR 滤波器。类似地，作者在 APF 的控制电路中使用了非因果电路。

1.2.3 LTI 离散时间电路

本书主要考虑线性时不变（LTI）离散时间电路。令 $x(n)$ 为离散输入信号，$y(n)$ 为离散输出信号，$h(n)$ 为离散单位脉冲 $\delta(n)$ 的离散脉冲响应。离散单位脉冲 $\delta(n)$ 也称为 Kronecker delta，即克罗内克函数：

$$\delta(n) = \begin{cases} 1 & n = 0 \\ 0 & n \neq 0 \end{cases} \tag{1.1}$$

它在连续时间电路中起到与狄拉克函数相同的作用。LTI 离散时间电路的框图如图 1.5 所示。时域 LTI 离散时间电路可以通过以下等式描述，对于非因果电路：

$$y(n) = \sum_{k=-\infty}^{\infty} h(k)x(n-k) \tag{1.2}$$

而对于因果电路：

$$y(n) = \sum_{k=0}^{\infty} h(k)x(n-k) \tag{1.3}$$

对于频域 LTI 离散时间电路：

$$Y(e^{j\omega T_s}) = H(e^{j\omega T_s})X(e^{j\omega T_s}) \tag{1.4}$$

式中，$X(e^{j\omega T_s})$ 和 $Y(e^{j\omega T_s})$ 为离散信号的傅里叶变换；$H(e^{j\omega T_s})$ 为 LTI 离散时间电路频域传递函数。并且：

$$j\omega T_s = j2\pi/f_s \tag{1.5}$$

LTI 离散电路也可以通过 Z 变换来描述：

$$Y(z) = H(z)X(z) \tag{1.6}$$

式中，$X(z)$ 和 $Y(z)$ 为离散信号的 Z 变换；$H(z)$ 为传递函数。因此，对于 LTI 离散时间电路，可以将关系写为

$$x(n) \leftrightarrow x(nT_s) \leftrightarrow X(e^{j\omega T_s}) \leftrightarrow X(z) \tag{1.7}$$

对于 LTI 离散时间电路的描述，了解它们的冲激响应是很重要的。代入输入信号离散脉冲 $x(n) = \delta(n)$，可以计算电路冲激响应：

$$y(n) = \sum_{k=-\infty}^{\infty} h(k)\delta(n-k) = h(n) \tag{1.8}$$

对于频域（$\Delta(e^{j\omega T_s}) = 1$）：

$$Y(e^{j\omega T_s}) = H(e^{j\omega T_s})\overbrace{X(e^{j\omega T_s})}^{1} = H(e^{j\omega T_s}) \tag{1.9}$$

用于冲激响应的 LTI 离散时间电路的框图如图 1.6 所示。LTI 离散时间电路的详细描述可以在许多书中找到，例如：Oppenheim 等[33]、Rabiner 和 Gold[38]、Proakis 和 Manolakis[37]、Mitra[30]、Zielinski[61]、Chen[13]、Wanhammar[59]、Venezuela 和 Constantindes[57]、Orfanidis[34]、Tantaratana[54]等。

正如在式（1.2）、式（1.3）和式（1.8）中所看到的，在数字信号处理中，多重累积（MAC）操作是计算两个数的乘积并将该乘积加到累加器的基本操作。

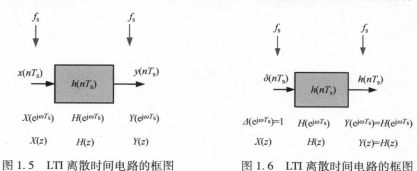

图 1.5　LTI 离散时间电路的框图　　　图 1.6　LTI 离散时间电路的框图

1.2.4　数字滤波器

在工程实践中，数字测量信号中存在噪声是常见的问题。如果噪声的频率高于信号的频率，那么在第一种方法中，最常见的补救措施是使用平均值。通常将 $N+1$ 个信号采样值相加，并将结果除以采样次数 $N+1$。用于计算 4 个电流采样值的平均值，也称移动平均值，其示意图如图 1.7 所示。输入信号存储在输入缓冲器中，输出信号存储在输出缓冲器中，但只应存储 4 个（$N+1$）电流输入采样值。图 1.8 中介绍了一种 N 阶移动平均值滤波算法的示意图。这种滤波算法可以通过以下等式描述：

$$y(n) = \frac{1}{N+1} \sum_{k=0}^{N} x(n-k) \tag{1.10}$$

式中，$N+1$ 为信号采样次数。

N 阶移动平均值滤波电路传递函数可以用以下等式描述：

$$H(z) = \frac{Y(z)}{X(z)} = \frac{1}{N+1} \sum_{k=0}^{N} z^{-k} \tag{1.11}$$

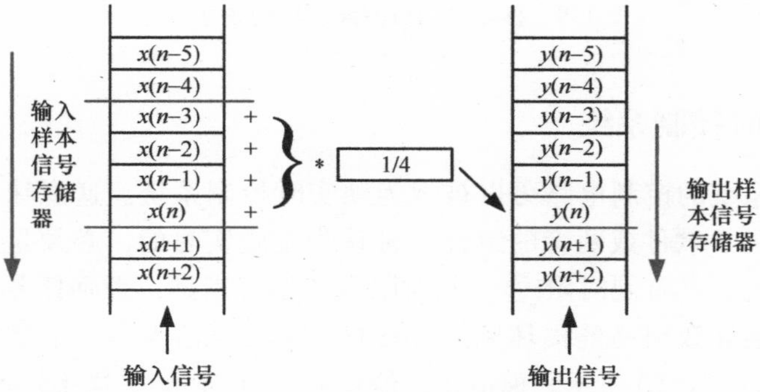

图 1.7　3 阶移动平均值滤波算法

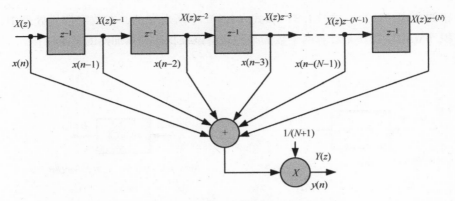

图 1.8　N 阶移动平均值滤波算法的框图

图 1.9 显示了 8 阶、16 阶、64 阶、128 阶的移动平均值滤波算法的频率响应。从图 1.9 中可以看出，该方法不能得到很高的衰减。为了得到更大的衰减，需采用比移动平均值滤波更复杂的算法。这些问题在第 3 章中进一步描述，并重点关注波形数字滤波器（WDF），因为它非常适合低分辨率算法的实现[18,19,21]。

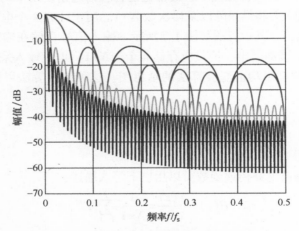

图 1.9　移动平均值滤波算法的频率响应

1.2.5　硬实时控制系统

电力电子系统的控制电路可以被视为硬实时控制系统。这意味着，如果控制系统功能（硬件、软件或两者的组合）被认为是硬实时的，必须是当它对于某个动作或任务的完成具有硬时限[35]。此时限必须始终满足，否则任务失败，这在电力电子电路中会导致很高的损坏风险。具有一个模拟输入和一个模拟输出的控制电路示例框图如图 1.10 所示。模拟输入信号 $x(t)$ 以 f_s 的采样率转换成数字形式；然后由数字信号处理器（DSP）处理；最后，输出信号 $y(n)$ 由 PWM 调制器转换为控制输出半桥逆变开关 S_1 和 S_2 的脉冲。在该电路中，所有数字电路具有相同的采样频率 f_s。这种电力电子控制电路的典型时序图如图 1.11 所示。在采样周期 T_s 期间，必须完成所有操作（计算、转换、通信等）。控制系统可能具有多个硬实时任务以及其他非实时任务，只要系统能够正确地安排这些任务，硬实时任务便始终能在规定时限内完成。控制系统应确保系统在对事件响应时间的最坏情况下，仍然能够工作。控制电路即使在瞬态过载情况下也应该是稳定的，当系统因事件过载而不可能满足所有时限要求时，仍必须保证所选的关键任务能够在规定时限内完成。

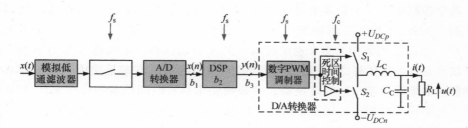

图 1.10　电力电子系统控制电路示例的框图

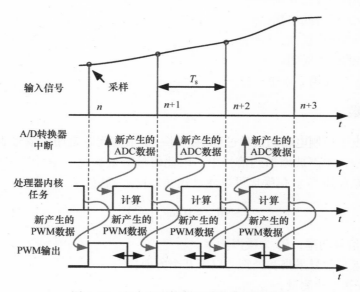

图 1.11　电力电子控制电路的典型时序图

1.2.6　采样率

以离散间隔 $T_s = 1/f_s$ 对连续模拟信号进行采样，T_s 必须慎重选择，以确保准确表示原始模拟信号。显然，采样的次数越多（即采样率越快），数字表示就越准确，而如果采样的次数越少（即采样率越低），会导致关键信息丢失。在模拟信号频带为 $0\sim f_b$ 的经典系统中，采样频率的一半（$f_s/2$）略高于 f_b，采样数据系统遵循以下规律：输入信号的频谱在频率为采样频率一半处会被折叠。理想的抗混叠滤波器会传递关注频段中的所有信号，并阻止该频段之外的所有信号。抗混叠滤波器的质量是影响信噪比（SNR）的主要因素。第 2 章和第 3 章将讨论如何正确选择采样率。

1.2.7 同步采样

数字控制电路一个非常重要的方面是采样值代表同时采样的数据或时间对准的数据。A/D 转换器有两种非常常见的架构，即多路复用和同步采样解决方案[27,28]。多路复用架构为多个通道使用一个 A/D 转换器，依次进行 A/D 转换，其主要缺点是各通道采样之间存在时间误差。最佳的解决方案是使用同步采样 A/D 转换器。如果无法使用这种转换器，则必须使用具有时间校准的顺序采样 A/D 转换器。与顺序采样相比，同步采样的好处包括：

1）更少的抖动；

2）更高的带宽；

3）更少的通道间串扰；

4）更小的相位误差；

5）更小的建立时间。

上述问题将在第 2 章中讨论。

1.2.8 位数

在电力电子控制电路的设计过程中，另一个重要问题是用于信号表示的位数。在量化处理中，噪声被添加到信号中，因此信号质量恶化。信号质量可以用信噪比（SNR）来描述[24]。信噪比可以通过式（1.12）确定：

$$SNR_{dB} = 10\log_{10}\left(\frac{P_x}{P_n}\right) \tag{1.12}$$

式中，P_x 为信号功率；P_n 为噪声功率。

本书考虑了信号采集和处理的以下几个方面：

1）电流和电压测量；

2）信号的电气隔离；

3）采样率的选择；

4）位数的选择；

5）顺序采样和同步采样的选择；

6）与线电压同步；

7）信号滤波和分离。

1.3　多速率控制电路

目前，大多数控制电路使用多速率电路来构建。最常见的多速率电路是用于改变信号采样率的信号插值器和抽取器。Crochiere 和 Rabiner[14]、Vaidyanathan[56]、Flige[20]、Proakis 和 Manolakis[37] 以及其他许多人描述了多速率电路。图 1.12 给出了一种具有模拟输入和模拟输出的数字多速率控制电路示例。在通过低通抗混叠滤波器之后，模拟输入信号 $x(t)$ 以频率 f_{s1} 进行采样，然后通过 A/D 转换器转换为 b_1 位分辨率的数字形式。数字信号处理器以 f_{s2} 的采样率和 b_2 位分辨率执行运算。算法输出信号由 D/A 转换器转换为模拟形式，采样率为 f_{s3}，分辨率为 b_3位。在电力电子系统中，输出 D/A 转换器通常是脉冲宽度调制器，用于产生功率晶体管控制脉冲。过去，数字系统的采样速度接近最大信号频率，这对模拟输入和输出滤波器有非常高的要求。目前，提高采样率的成本不高，易于实现，因此对模拟输入和输出滤波器的要求可以低得多。如图 1.13 所示，频带范围为 0~f_b 的信号采样频率远大于 $2f_b$，这种技术称为过采样。过采样率 R 由式（1.13）确定：

$$R = \frac{f_s}{2f_b} \qquad\qquad (1.13)$$

如图 1.13 所示，模拟滤波器特性更平缓，降低了复杂性和成本。因此，使用过采样可以提高控制系统的性能。本书考虑了以下多速率电路问题：

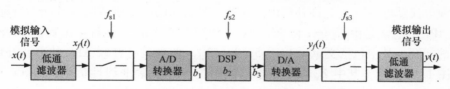

图 1.12　具有模拟输入和模拟输出的数字多速率控制电路

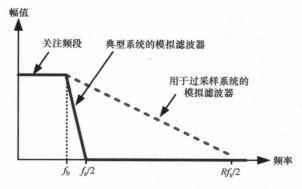

图 1.13　过采样

1）在 A/D 转换和 D/A 转换中通过过采样提高信号动态范围；

2）噪声整形电路；

3）用于电力电子控制电路的信号抽取和插值方法；

4）带波形数字滤波器的多速率电路；

5）具有线性相位 IIR 滤波器的插值器。

1.4 有源电力滤波器

近年来，电力电子设备的广泛使用导致配电系统中的谐波干扰增加。晶体管、交流功率晶闸管以及其他半导体开关被广泛应用于电气负载供电场合，例如熔炉、计算机电源、可调速驱动器等。非线性负载可以从交流电源中吸收电流的谐波和无功功率分量。在三相系统中，它们还会导致不平衡和吸收过多的中性电流。无功功率负载不平衡以及谐波的注入会导致功率因数减小、系统效率低以及中性电流过大。

在传统应用中，无源 LC 滤波器和电容器用于消除线电流谐波和提高功率因数。然而在一些实际应用中，畸变功率的幅度和谐波含量可以随机地变化，从而使得这种传统的解决方案难以满足要求。

为了抑制这些谐波，应使用有功功率谐波补偿器，或者称为有源电力滤波器（APF）。APF 可以与供电网络通过串联或并联的方式进行连接。串联 APF 适用于带有直流侧电容的大容量二极管整流器的谐波补偿。分流型 APF（也称为并联 APF 或电流馈电 APF）允许补偿由非线性负载引起的电源电流的谐波和不对称性。并联 APF 的想法是由 Gyugyi 和 Strycula 在 1976 年提出的[23]。许多出版物都讨论了 APF 的问题，其中包括文献 [1, 3-5, 9, 53]。两种具有并联 APF 的谐波补偿电路如图 1.14 所示，其中 Z_M 代表电源线路阻抗，Z_L 代表非线性负载，$e_M(t)$ 代表电源线（源）电压。图 1.14a 显示了没有反馈的 APF（具有单位增益），图 1.14b 显示了具有反馈的 APF。由于具有更好的稳定性，本书讨论没有反馈的 APF（见图 1.14a）。并联 APF 注入交流电流 $i_c(t)$ 以消除主要的交流谐波含量。线电流 $i_M(t)$ 是对负载电流 $i_L(t)$ 和补偿电流 $i_C(t)$ 求和的结果：

$$i_M(t) = i_L(t) - i_C(t) \tag{1.14}$$

三相分流 APF 是补偿以下参数的最佳设备之一：

1）谐波；

2）无功功率；

3）三相不平衡；

4）电压跌落与升高——用于带有附加直流储能单元的并联 APF。

APF 的经典控制算法在文献中被广泛描述，包括文献 [1, 3-5, 9] 等。带有并联 APF 补偿电路的负载电流 i_L、线电流 i_M 的实验波形以及它们的频谱如图 1.15

所示。当负载电流值快速变化时，正如图 1.15 中的 i_L 所示，APF 瞬态响应太慢，线电流受到动态失真的影响。这种失真导致线电流中的谐波含量增加，增加量取决于时间常数。在图 1.15 所示的 APF 电流中，总谐波失真（THD）比例增加了 12% 以上。第 5 章将介绍这个问题的解决方案，此外还考虑了以下 APF 控制算法的改进：

1）带预测电路的新控制电路；

2）基于滑动离散傅里叶变换（SDFT）和滑动 Goertzel DFT（SGDFT），移动 DFT 的控制算法；

3）用于选择性谐波补偿的滤波器组解决方案；

4）同步电路；

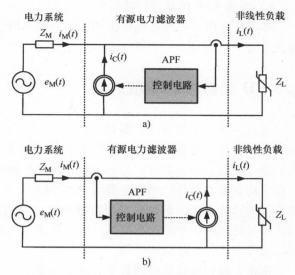

图 1.14　带有电流馈电 APF 的谐波补偿电路
a）无反馈（具有单位增益）　b）带反馈

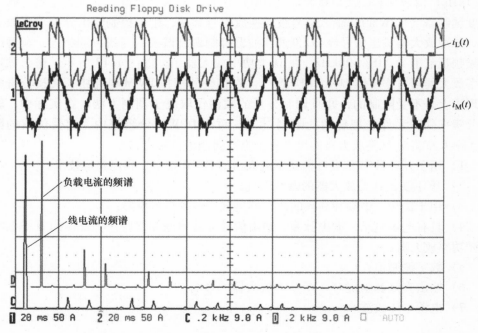

图 1.15　分流器 APF 中的实验波形：负载电流 $i_L(t)$、线电流 $i_M(t)$ 及其频谱

5）提高动态范围使得负载电流远小于 APF 额定电流；

6）改善 APF 的动态特性。

本书还介绍了一种新型输出多速率并联 APF，这种 APF 适用于不可预测负载场合[45]。

1.5　D 类数字功率放大器

过去，与音频功率放大器相关的典型问题[16,40,41]没有在电力电子学的文献中报道，尽管有许多相似之处，但两者如平行世界般独立存在。然而，功率级 D 类放大器（最初为模拟器件，后来为数字器件）的引入却同时涉及了这两个领域。D 类数字功率放大器与功率逆变器或 APF 没有太大的区别。家用型的音频功放输出功率范围达数十瓦，而娱乐场所需要的音频功放输出功率达到数千瓦。唯一显著的区别是处理的信号的动态范围，对于 D 类放大器而言超过 100dB。在这方面，作者认为考虑这些问题是恰当的。

现在，我们很容易得到数字音频信号源。由于传统系统设计的原因，大多数音频信号源都是数字的，并且具有模拟输出[8,22,32,51,52,58]。但是，直接向扬声器提供数字信号并非不合理。一种 D 类数字音频功率放大器的框图如图 1.16 所示。数字音频输入信号 S/PDIF 或 AES/EBU（在 CD 播放器标准中，$b=16$ 位，采样率 $f_s=44.1$kHz）由数字音频接口接收器（DAI）分为左右两个通道。下一级是数字脉冲宽度调制器（DPWM），输入信号被转换成信号脉冲，用于控制输出脉冲功率放大器。脉冲放大器输出信号经 LC 低通滤波器抑制调制谐波后与扬声器相连。典型的音频频带范围为 20Hz~20kHz。在 D 类功率放大器中，如图 1.17 所示，输出脉冲功率放大器可看作 1 位 D/A 转换器[50]。在传统的模拟 PWM 电路中，转换分辨率在理论上是不受限制的，并且调制分量的频谱仅取决于调制方法。在实际中，转换分辨率受到元件非理想性的限制[22,39]，而在 DPWM 分辨率中，它受位数的限制。第 6 章将对 D 类放大器的以下几个方面问题进行探讨：

1）用于开环数字 D 类音频功率放大器的 PWM 技术，噪声整形技术；

2）开环数字 D 类放大器的谐波失真；

3）用于低频、中频和高频的放大器负载——扬声器模型；

4）具有电源电压、输出脉冲、输出信号（输出滤波器后）等反馈的 D 类数字音频功率放大器；

5）数字调制器；

6）输出直流源阻抗对开环 D 类放大器的影响；

7）电源电压纹波。

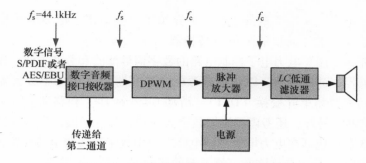

图 1.16 D 类数字音频功率放大器的框图

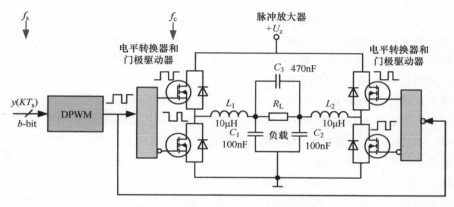

图 1.17 脉冲放大器宽度 DPWM 简图

1.6 变量的符号

在本书中,作为时间函数的变量的瞬时值所用的符号是小写字母。符号 u、i 和 p 分别表示电压、电流和功率。此外还使用以下显式符号:$u(t) \equiv u$,$i(t) \equiv i$,$p(t) \equiv p$。对于时间变量的离散瞬时值,使用的符号是:$u(nT_s) \equiv u(n)$,$i(nT_s) \equiv i(n)$,$p(nT_s) \equiv p(n)$,其中 n 为样本数,T_s 为采样周期。大写符号 U、I、P 是指根据瞬时值计算的值。通常对于直流量,大写表示平均值(avg),即 $U \equiv U_{avg}$,$I \equiv I_{avg}$,$P \equiv P_{avg}$。对于交流量,大写表示方均根值(rms):$U \equiv U_{rms}$,$I \equiv I_{rms}$,$P \equiv P_{rms}$。大写符号还用于:信号 $U(z)$ 的 Z 变换、信号 $U(s)$ 的拉普拉斯变换和信号 $U(j\omega)$ 的频谱。

1.7 本书内容

第 2 章介绍了电力电子模拟信号采集的一般问题,如采样率、位数、电隔离、信噪比(SNR)、抗混叠滤波器、交流和直流电流和电压传感器、信号带宽、信号范围、抖动和高频脉动等,包括讨论上述因素对信号动态范围的影响。第 2 章也讨论了噪声整形电路。在第 2 章的最后，还介绍了一些适用于电力电子控制电路的 A/D 转换器，主要关注同步采样 A/D 转换器。

第 3 章介绍了用于电力电子控制电路的数字信号滤波和分离方法。此外，还考虑了数字滤波器、滤波器组，以及对有源电力滤波器和 D 类功率放大器特别有用的算法：滑动离散傅里叶变换（DFT）、滑动 Goertzel DFT 和移动 DFT，以及线性相位 IIR 滤波器。另外，还考虑了波形数字滤波器，其对于低分辨率算法的实现尤其有用。第 3 章还包括在电力电子控制电路中使用数字滤波器组的问题，还对基于滤波器组的 DFT 和使用晶格波数字滤波器的滤波器组进行了讲解。

在第 3 章中，还描述了用于改变信号采样率的方法和电路，并且介绍了有效用于电力电子控制电路的插值器和抽取器，对插值器和抽取器产生的相移进行了重点讲解。有关数字控制算法实现的问题也在第 3 章中进行了描述。此外，还考虑了以下数字控制电路的实现：数字信号处理器、微处理器、微控制器、可编程数字电路，并对这些解决方案进行了比较。

第 4 章选择性地介绍了电力电子电路仿真方面的问题，尤其是对电力电子电路，以及电力电子电路与数字控制电路的共同仿真。所提出的方法使用了 MATLAB® 和 PSIM 的仿真。在使用 PSIM 程序仿真的情况下，使用 C 语言来描述数字控制算法。

第 5 章介绍了并联有源电力滤波器的控制电路，尤其关注提高 APF 动态范围以及减小 APF 动态失真。第 5 章还介绍了具有现代控制电路的有源电力滤波器。对于可预测负载，使用预测控制算法能够减小动态失真，实验测试结果验证了该方法的有效性。同时，对于不可预测的负载，设计了具有改进输出逆变器的三相多速率 APF。此外，第 5 章对 APF 的仿真和实验测试结果进行了介绍和讨论。

第 6 章介绍了 D 类数字功率音频放大器。第 6 章首先讨论了开环数字 D 类音频功率放大器，尤其关注放大器电源电压对输出信号质量的影响；然后考虑了具有反馈的放大器：具有电源电压反馈、具有输出脉冲反馈、具有输出信号反馈。第 6 章描述了用于改变信号采样率的方法和电路，考虑了用于 D 类放大器功率电路的信号插值器，尤其注意由信号插值器电路引入的相移。此外，还测试了使用双路数字滤波器和线性相位 IIR 滤波器的信号插值器，特别讨论使用了具有扩展动态范围的晶格波数字滤波器的线性相位 IIR 滤波器。在第 6 章中，还研究了具有噪声整形技术的脉冲宽度调制器（PWM）和使用点击调制的调制器，并提出和讨论了一些仿真与实验结果。

最后，第 7 章对应用于电力电子控制电路数字信号处理方法的研究进行了总结。

参 考 文 献

1. Akagi H (1996) New trends in active filters for power conditioning. IEEE Trans Ind Appl 32(6):1312–1322
2. Akagi H, Kanazawa Y, Nabae A (1983) Generalized theory of instantaneous reactive power and its applications. Trans IEE Jpn 103(7):483–490

3. Akagi H, Kanazawa Y, Nabae A (1984) Instantaneous reactive power compensators comprising switching devices without energy storage components. IEEE Trans Ind Appl 1A–20(3):625–630
4. Akagi H, Watanabe EH, Aredes M (2007) Instantaneous power theory and applications to power conditioning. Wiley, Hoboken
5. Aredes M (1996) Active power line conditioners. PhD thesis, Technische Universitat Berlin
6. Astrom KJ, Wittenmark B (1997) Computer-controlled system. Theory and design. Prentice Hall Inc., New Jersey
7. Attia JO (1999) Electronics and circuit analysis using Matlab. CRC Press, Boca Raton
8. Baxandall PF (1959) Transistor sine-wave LC oscillators. In: ICTASD—IRE, pp 748–759
9. Benysek G, Pasko M (eds) (2012) Power theories for improved power quality. Springer, London
10. Bollen MHJ, Gu IYH, Santoso S, McGranaghan MF, Crossley PA, Ribeiro MV, Ribeiro PF (2009) Bridging the gap between signal and power. IEEE Sig Process Mag 26(4):12–31
11. Bose BK (2006) Power electronics and motor drives: advances and trends. Academic Press, Cambridge
12. Buso S, Mattavelli P (2015) Digital control in power electronics, 2nd edn. Morgan & Claypool, San Rafael
13. Chen WK (ed) (1995) The circuits and filters handbook. IEEE Press, Washington, D.C
14. Crochiere RE, Rabiner LR (1983) Multirate digital signal processing. Prentice Hall Inc., Upper Saddle River
15. Dabrowski A (ed) (1997) Digital signal processing using digital signal processors. Wydawnictwo Politechniki Poznanskiej, Poznan (In Polish)
16. Duncan B (1996) High performance audio power amplifier for music performance and reproduction. Newnes, Oxford
17. Erickson RW, Maksimovic D (2004) Fundamentals of power electronics. Kluwer Academic Publishers, Dordrecht
18. Fettweis A (1971) Digital filter structures related to classical filter networks. AEU 2:79–89 Band 25. Heft
19. Fettweis A (1986) Wave digital filters: theory and practice. Proc IEEE 74(2):270–327
20. Flige N (1994) Multirate digital signal processing. Wiley, Hoboken
21. Gazsi L (1985) Explicit formulas for lattice wave digital filters. IEEE Trans Circuits Syst 32(1):68–88
22. Goldberg JM, Sandler MB (1994) New high accuracy pulse width modulation based digital-to-analogue convertor/power amplifier. IEE Proc Circ Devices Syst 141(4):315–324
23. Gyugyi L, Strycula EC (1976) Active AC power filters. In: Proceedings of IEEE industry applications annual meeting, pp 529–535
24. IEEE (2011) IEEE Standard for terminology and test methods for analog-to-digital converters, IEEE Std. 1241-2010, IEEE, Technical report
25. Kazimierkowski M, Malesani L (1998) Current control techniques for three-phase voltage-source converters: a survey. IEEE Trans Ind Electron 45(5)
26. Kazimierkowski MP, Kishnan R, Blaabjerg F (2002) Control in power electronics. Academic Press, Cambridge
27. Kester W (2004) Analog-digital conversion. Analog Devices Inc., Norwood
28. Kester W (2005) The data conversion handbook. Newnes, Oxford
29. Lyons R (2004) Understanding digital signal processing, 2nd edn. Prentice Hall, Upper Saddle River
30. Mitra S (2006) Digital signal processing: a computer-based approach. McGraw-Hill, New York
31. Mohan N, Undeland TM, Robbins WP (1995) Power electronics, converters, applications and design. Wiley, Hoboken
32. Nielsen K (1998) Audio power amplifier techniques with energy efficient power conversion. PhD thesis, Department of Applied Electronics, Technical University of Denmark
33. Oppenheim AV, Schafer RW (1999) Discrete-time signal processing. Prentice Hall, New Jersey
34. Orfanidis SJ (2010) Introduction to signal processing. Prentice Hall Inc., New Jersey
35. Oshana R (2005) DSP software development techniques for embedded and real-time systems. Newnes, Oxford
36. Owen M (2007) Practical signal processing. Cambridge University Press, Cambridge

37. Proakis JG, Manolakis DM (1996) Digital signal processing, principles, algorithms, and application. Prentice Hall Inc., Upper Saddle River
38. Rabiner LR, Gold B (1975) Theory and application of digital signal processing. Prentice Hall Inc., Upper Saddle River
39. Santi S, Ballardini M, Rovatti R, Setti G (2005) The effects of digital implementation on ZePoC codec. In: Conference proceedings, ECCTD—IEEE III, pp 173–176
40. Self D (2002) Audio power amplifier design handbook. Newnes, Oxford
41. Slone GR (1999) High-power audio amplifier construction manual. McGraw-Hill, New York
42. Sozański K (2012) Realization of a digital control algorithm. In: Benysek G, Pasko M (eds) Power theories for improved power quality. Springer, London, pp 117–168
43. Sozanski K (1999) Design and research of digital filters banks using digital signal processors, PhD thesis, Technical University of Poznan (in Polish)
44. Sozanski K (2004) Harmonic compensation using the sliding DFT algorithm. In: Conference proceedings, 35th annual IEEE power electronics specialists conference, PESC 2004, Aachen, Germany
45. Sozanski K (2007) The shunt active power filter with better dynamic performance. In: Conference proceedings, power tech 2007 conference, Lausanne, Switzerland
46. Sozanski K (2008) Improved shunt active power filters. Przeglad Elektrotechniczny (Electrical Review) 45(11):290–294
47. Sozanski K (2010) Digital realization of a click modulator for an audio power amplifier. Przeglad Elektrotechniczny (Electrical Review) 2010(2):353–357
48. Sozanski K (2015) Selected problems of digital signal processing in power electronic circuits. In: Conference proceedings SENE 2015, Lodz, Poland
49. Sozanski K (2016) Signal-to-noise ratio in power electronic digital control circuits. In: Conference proceedings: signal processing, algorithms, architectures, arrangements and applications—SPA 2016. Poznan University of Technology, pp 162–171
50. Sozanski K, Strzelecki R, Fedyczak Z (2001) Digital control circuit for class-D audio power amplifier. In: Conference proceedings, 2001 IEEE 32nd annual power electronics specialists conference—PESC 2001, pp 1245–1250
51. Streitenberger M, Bresch H, Mathis W (2000) Theory and implementation of a new type of digital power amplifiers for audio applications. In: Conference proceeding, ICAS 2000, vol I. IEEE, pp 511–514
52. Streitenberger M, Felgenhauer F, Bresch H, Mathis W (2002) Class-D audio amplifiers with separated baseband for low-power mobile applications. In: Conference proceeding, ICCSC'02. IEEE, pp 186–189
53. Strzelecki R, Fedyczak Z, Sozański K, Rusiński J (2000) Active power filter EFA1. Technical report, Instytut Elektrotechniki Przemyslowej, Politechnika Zielonogorska (in Polish)
54. Tantaratana S (1995) Design of IIR filters. In: Chen WK (ed) (1995) The circuits and filters handbook. IEEE Press
55. Trzynadlowski A (2010) Introduction to modern power electronics. Wiley, Hoboken
56. Vaidyanathan PP (1992) Multirate systems and filter banks. Prentice Hall Inc., Upper Saddle River
57. Venezuela RA, Constantindes AG (1982) Digital signal processing schemes for efficient interpolation and decimation. IEE Proc G 130(6):225–235
58. Verona J (2001) Power digital-to-analog conversion using sigma-delta and pulse width modulations. ECE1371 Analog Electronics II 2001(II):1–14
59. Wanhammar L (1999) DSP integrated circuit. Academic Press, Cambridge
60. Williamson D (1991) Digital control and implementation. Prentice Hall Inc., New Jersey
61. Zielinski TP (2005) Digital signal processing: from theory to application. Wydawnictwo Komunikacji i Lacznosci, Warsaw (in Polish)
62. Zielinski TP, Korohoda P, Rumian R (eds) (2014) Digital signal processing in telecommunication, Basics. Multimedia, Transmission, Wydawnictwo Naukowe PWN, Warsaw (in Polish)

第2章
模拟信号调节与离散化

2.1 介绍

在控制系统中，必须观察受控对象的工作情况。在电力电子系统中，通常通过测量电流和电压来实现[7,112]。本章将重点讨论电力电子系统中的电流、电压模拟输入采样以及模/数转换问题，其对控制系统的正常运行至关重要。

2.2 模拟输入

用于测量电压和电流模拟输入的典型电路如图 2.1 所示。在电压测量电路（见图 2.1a）中，分压器（R_1、R_2）分压后得到的电压通过输入放大器、抗混叠滤波器、采样保持电路（SH）和模/数（A/D）转换器转换为数字信号 $u_1(nT_s)$后发送到处理器控制系统。电流测量电路（见图 2.1b）的工作原理类似，区别在于分压器被电流传感器所替代。电流的测量方法将在第 2.3 节中进行介绍。

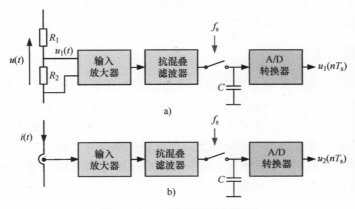

图 2.1 A/D 转换器模拟输入

a）电压测量 b）电流测量

2.2.1 电气隔离

在低功率电子系统中，可以使用与控制系统电气耦合的测量系统，其性价比最高，尤其适用于高精度测量场合。但是，大功率系统中的测量则需要电气隔离。应该注意的是，采用电气隔离方式通常会降低信号质量。采用电气隔离的系统如图2.2所示，由电路A和B组成，两者之间的信号采用电气隔离方式。利用光波、声波、无线电波、电容耦合、电感耦合或机械耦合（压电）进行传输。电路A和B由独立的电源供电。采用电气隔离方式具有以下优点：

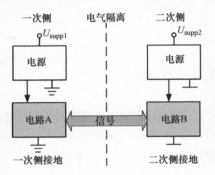

图2.2 电气隔离系统

1）高压防护。电气隔离提供了电介质屏障，在需要更高功率级别的电力电子电路中可实现高压防护，其对安全防护尤为重要。

2）切断地线回流路径。电气隔离将电路的地线回流路径限制在一次侧或二次侧，从而为另一侧的模拟量采样提供无噪声环境。电气隔离可提高抗噪性能。

3）电平转换。在不同电压幅值下工作的电路之间实现无噪声数据传输是电子设计人员经常面临的挑战。例如，逆变器中晶体管的门极驱动电路设计是电力电子电路中的关键问题。尽管有许多非隔离的电平移位器可以解决这个问题，但其优点远不如隔离型驱动方案，如噪声低、可靠性高等优点，避免存在寄生通路导致功率晶体管误开或误关。

4）防止高共模电压。电气隔离方案可对不同电压等级电路实现保护，避免采用电平移位器，但需增加隔离供电电源。

2.2.2 共模电压

由于共模电压的转换速率非常高，因此电力电子系统中的测量非常困难。几十纳秒内几百伏的共模电压波动在现代开关型逆变器中非常常见，隔离放大器设计时应忽略非常高的共模转换速率（最低为 $10 \sim 25 \mathrm{kV/\mu s}$，甚至更高）。

图2.3所示为连接到功率逆变器的一个支路的隔离放大器。

在逆变器工作期间，A 点电压的电位在 $100\mathrm{ns}$ 的时间内从 $-500\mathrm{V}$ 变化到 $500\mathrm{V}$。电压变化的转换速率可由下式确定：

$$\mathrm{SR} = \frac{\mathrm{d}u(t)}{\mathrm{d}t} \approx \frac{\Delta U}{\Delta t} \tag{2.1}$$

电容器 C_1 表示信号路径上的共模（寄生）电容，电容器 C_2 表示 DC/DC 转换器中的共模（寄生）电容。用于共模（寄生）电流计算的隔离放大器电路可以简化为图2.4所示的电路。因此，寄生电流的值可以通过下式计算：

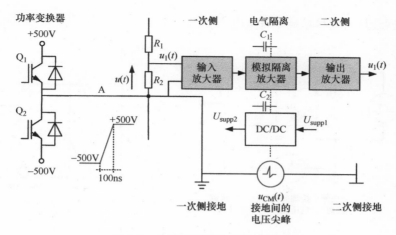

图 2.3　共模电压隔离电路示意图

$$i_{\mathrm{CM}}(t) = C\frac{\mathrm{d}u_{\mathrm{CM}}(t)}{\mathrm{d}t} \approx C\frac{\Delta U_{\mathrm{CM}}}{\Delta t} \tag{2.2}$$

式中，C 为共模（寄生）电容。

例如，对于 $\mathrm{SR}=10\mathrm{kV}/\mu\mathrm{s}$ 和 $C=10\mathrm{pF}$ 的共模电流为 10mA。对于敏感的电子输入电路（例如光电器件），这个值非常高。

共模抑制（CMR）是衡量器件容忍共模噪声能力的指标。通常，共模抑制被指定为共模瞬态抑制（CMTR）。CMTR 描述了共模电压的最大容许上升

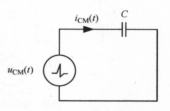

图 2.4　共模电流简化电路

（或下降），通常以千伏/微秒（$\mathrm{kV}/\mu\mathrm{s}$）给出。CMTR 的规范还包括可以容忍的共模电压 $u_{\mathrm{CM}}(t)$ 的幅度。

例如，Avago 的光电子电路（以前由 Hewlett Packard 生产）是一个参考解决方案[10,11]。图 2.5 显示了两种类型的单晶体管光耦合器，一种是经典光耦合器（见图 2.5a），另一种是带屏蔽光耦合器（见图 2.5c）。光耦合器的内部组件由虚线标记。$u_{\mathrm{CM}}(t)$ 表示一次侧接地和二次侧接地之间的光耦隔离路径上的电压尖峰。$E(t)$ 表示跨输入侧施加的信号电压。共模电流 $i_{\mathrm{CM}}(t)$ 流过隔离通道并改变晶体管基极电流 $i_{\mathrm{B}}(t)$。图 2.5b 所示为传统光耦合器的共模电压响应的简化波形。通过内部添加法拉第屏蔽可以避免这种类型的故障，如图 2.5c 所示。参考图 2.5c，寄生分布电容 C_1 和 C_2 分布在 LED 阳极到二次侧接地和 LED 阴极到二次侧接地之间。流过电容器 C_1 的共模电流在共模瞬变期间改变 LED 电流。例如，如果 LED 接通，则在正瞬态期间（即 $\mathrm{d}u_{\mathrm{CM}}(t)/\mathrm{d}t>0$），LED 电流将减小。对于足够快的瞬态，这可能会关闭 LED。图 2.5d 显示了具有内部法拉第屏蔽的电路的共模电压响应的简化波形。通过尽量减小 C_1 和 C_2 值来避免这种类型的故障。此外，印制电路

板和电缆网设计时应尽量减少寄生电容。

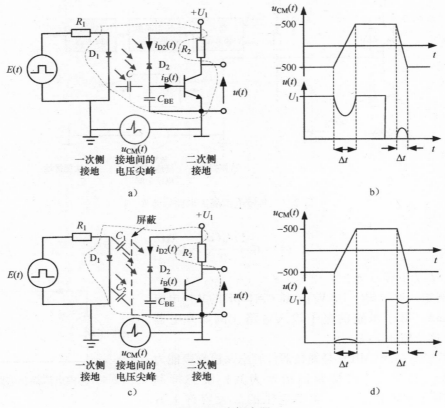

图 2.5　光耦合器

a）经典光耦合器　b）经典电路共模电压响应简化波形
c）带屏蔽光耦合器　d）带屏蔽电路共模电压响应简化波形

2.2.3　隔离放大器

隔离放大器的拓扑结构如图 2.6 所示。具有模拟隔离放大器的拓扑结构如图 2.6a 所示。在该方案中，主要采用光或电磁隔离的措施。最便宜的是具有线性化的光学隔离。这种系统的优点是信号延迟小。具有光学隔离的解决方案的典型示例是来自 Vishay[107]（最初由西门子引入）的集成电路（IC）IL300。图 2.7 中包括发光二极管 D_1，其以分叉布置照射隔离的反馈光敏二极管 D_2 和输出光敏二极管 D_3。反馈光敏二极管 D_2 捕获一部分 LED 通量并产生可用于提供 LED 驱动电流 $i_F(t)$ 的控制信号 $i_p(t)$。该技术将 AC 和 DC 信号耦合在一起，并补偿 LED 的非线性、时间和温度特性。该 IC 具有以下参数：0.01% 传输线性度、高带宽（大于 200kHz）、高增益稳定性（典型值为 0.005%/℃）。

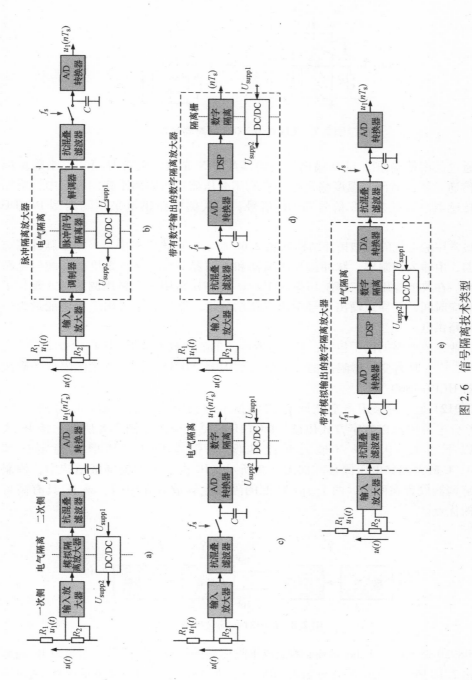

图 2.6 信号隔离技术类型

a) 模拟解决方案 b) 脉冲解决方案 c) 数字隔离 d) 数字 DSP e) 数字 DSP 和模拟输出

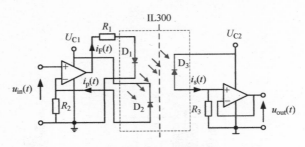

图 2.7　带反馈 IL300 的隔离放大器

　　通过使用精确跟踪 LED 输出通量的匹配 PIN 光敏二极管 D_2 和 D_3 来确保耦合器传递函数的时间和温度稳定性。在利用变压器进行隔离采集的方案中，增加霍尔传感器可以传输 AC 信号和 OC 信号，一次侧电路供电采用隔离型 DC/DC 实现。

　　最常用的电气隔离型拓扑结构如图 2.6b 所示。在该方案中，采用了脉冲隔离放大器，由输入调制器、脉冲信号隔离器和解调器组成。该方案价格低廉但是精度很高。在典型应用中，调制频率在 10kHz～1MHz 范围内。采用调制方式延长了脉冲响应时间，并导致输出信号中出现调制分量。变压器也可用于传输能量为一次侧电路供电。

　　工业集成电路的例子包括：具有电容隔离的隔离放大器 ISO124、ISO121[93,96]、Si8920[83,84]，具有变压器隔离的经典隔离放大器 AD215[4]，具有光耦隔离的隔离放大器 HCPL-7800[8]。

　　ISO121 是一种采用占空比调制-解调技术的精密隔离放大器。信号通过 2×1pF 差分电容隔离以数字方式传输。ISO121 的简化框图如图 2.8 所示。该 IC 实现了以下参数：0.01%（最大非线性度）、带宽 6kHz、高增益稳定性和 150μV/℃ 最大偏移电压漂移。如图 2.9 所示，IC 内置于陶瓷屏蔽结构中，调制器和解调器放置在两端，两个 1pF 匹配的隔离电容放置在中间。该 IC 具有高可靠性的优点。

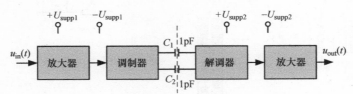

图 2.8　ISO121 的简化框图

　　Si8920 是 Silicon Laboratories 的低成本隔离型模拟放大器[83,84]。Si8920 IC 的框图如图 2.10 所示。低电压差分输入±100mV，非线性度：0.1%（满量程），适用于测量电流分流电阻上的电压或任何传感器必须与控制系统隔离的场合。该放大器

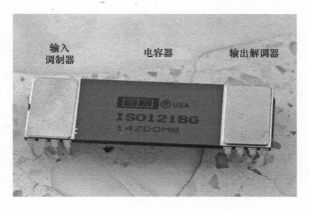

图 2.9　带电容隔离的精密隔离放大器

具有很高的共模瞬态抑制能力：75kV/μs，其对于电力电子应用非常重要。该电路的另一个优点是具有低信号延迟：0.75μs，这对于反馈电路尤其重要。与其他隔离技术相比，该技术可以实现更高的性能、更低的温度变化和寿命退化特性、更紧密的部件间性能匹配能力以及更长的使用寿命。尽管使用了典型的塑料外壳（DIL8）封装，但仍然支持符合 UL1577 标准的高达 $5kV_{RMS}$ 的耐压能力。

在第 3 个解决方案中，A/D 转换器被移动到一次侧。因此，到二次侧的信号以数字形式传输（见图 2.6c）。这种解决方案可以消除由隔离采集方式引入的误差。但是在多通道系统的情况下，很难与采样时刻同步。具有数字输出的光学隔离 Σ-Δ 调制器 HCPL-7860[9] 是这种解决方案中的典型应用。

在第 4 个电路（见图 2.6d）中增加了一个 DSP，可以进行本地测量误差校正和其他算法。在第 5 个拓扑结构中（见图 2.6e），使用了数字隔离传感器。在这种设计中，输入信号被转换为数字形式，并发送到二次侧，然后将其转换为模拟形式。在该配置中，与前一配置一样，可以消除误差。该系统的缺点是价格高，双信号转换导致信号延迟。隔离采集技术的比较和总结见表 2.1。

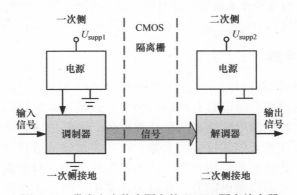

图 2.10　带有电容势垒隔离的 Si8920 隔离放大器

表 2.1　隔离放大器的比较

信号隔离技术	准　确　度	延迟	功耗	相关成本	典型信号范围
模拟，光电隔离	0.5%~5%，高非线性和温度漂移	低	低	低	DC~200kHz
模拟，变压器隔离	0.5%~5%	低	低	低	AC，50~200kHz
光电隔离脉冲	0.01%~0.5%	中等	低	低	DC~100kHz，输出包含调制分量残差的信号
变压器隔离脉冲	0.01%~0.5%	中等	中等	低	DC~300kHz，输出包含调制分量残差的信号
电容隔离脉冲	0.01%~0.5%	中等	中等	低	DC~300kHz，输出包含调制分量残差的信号
一次侧 A/D 转换	取决于 A/D 转换器，可实现自动纠错能力	低	中-高	中等	DC~100kHz，同步采样难以实现
一次侧 A/D 转换器和 DSP	取决于 A/D 转换器	中等	高	高	DC~100kHz，同步采样难以实现
具有模拟输出的一次侧数字传感器	取决于 A/D 和 D/A 转换器，可实现自动纠错能力	高	高	高	DC~50kHz，双信号转换，同步采样难以实现

2.3　电流测量

电流传感器是电力电子控制系统中的常用部件，用于反映其运行状态。电流传感器将测量的电流按比例转换为交流或直流电压或毫安信号。这些器件应具有极低的内阻抗。目前也有数字输出的传感器，作者认为它们将在未来的电流测量系统中发挥越来越大的作用。有几种技术通常用于测量电流：检测电阻（电阻分流）、电流互感器、带霍尔效应传感器的电流互感器、带磁调制的电流互感器和空心线圈。

2.3.1　电阻分流器

检测电阻与负载串联相接。通过欧姆定律 $U = IR$，我们知道电阻两端的电压降与电流成正比。考虑到电阻值具有严格的公差，该系统非常简单并且提供非常精确的测量。为了保持检测电阻两端的低功耗电压，电阻值应该非常低，因此它们还需要高质量的放大器，例如仪表放大器，以产生精确的信号。这种测量不具备电气隔离能力，因此在某些应用中需要使用隔离放大器。对于较大的电流，已使用具有高性能热封装的检测电阻器。在过去几年中，便携式电池供电的电子设备得到了广泛的发展，对电流测量系统产生了很高的需求，尤其是测量电池电流简

单且廉价的测量系统。图 2.11 所示为一个带有放大器的测量系统，该放大器具有
高共模抑制比，允许工作在高于放大器的正电源电压（U_{supp}）和低于放大器的负
电源电压。这种放大器的共模电压达到 $-20 \sim 80V$。典型的电压值 U_2 为几百毫伏。
许多制造商生产这样的电路，例如：德州仪器的集成电路 INA270[97]，ADI 公司的
AD8210[5] 等。由于电压范围宽，这种放大器也广泛用于汽车应用。对于电力电子
电路中的电流检测，设计了 HCPL-7800 系列隔离放大器[8]。HCPL-7800 采用 $\Delta\text{-}\Sigma$
调制解调技术、斩波稳定放大器和全差分电路
拓扑结构。图 2.12 所示为电流测量电路的简化
图。在典型的实施方案中，电流流过外部电阻
器，并且由 HCPL-7800 检测所产生的模拟电压
降。HCPL-7800 输入电压范围等于 $\pm 200mV$。在
HCPL-7800 光电隔离的另一侧产生差分输出电
压。该差分输出电压与输入电流成正比，可通

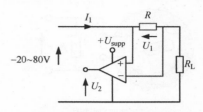

图 2.11　高共模放大器的电流测量

过运算放大器转换为单端信号，如图 2.12 所示。HCPL-7800 设计用于抑制非常高
的共模瞬态转换速率（至少 10kV/μs）。使用 Silicon Laboratories 的新型 IC
Si8920[83,84] 可以实现类似的解决方案，该实例已在前一节中描述。

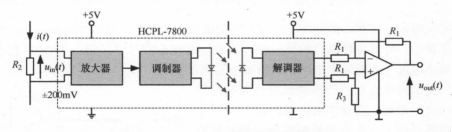

图 2.12　HCPL-7800 电流测量电路简化图

2.3.2　电流互感器

电流互感器是相对简单和无源（自供电）的设备，并且不需要驱动电路来执
行。它们是具有电压或电流输出的两线式组件。一次电流（AC）产生磁场，磁场
被约束在磁心中，二次线圈通过磁场与一次线圈耦合，这是所有变压器的工作原
理。电流互感器设计用于测量交流电流，通常工作在 20~400Hz 之间，尽管有些设
备可以在千赫兹范围内工作。电感式电流传感器有固定磁心和钳形开合式磁心两
种配置。对于理想的变压器，二次电流幅值同一次线圈匝数 z_p（通常从 1 到几个）
与二次线圈匝数 z_s（通常为数千个）的比率成正比，因此，理想变压器的二次电
流 I_s 可以由下式计算

$$I_s = \frac{z_p}{z_s} I_p$$

（2.3）

电流互感器如图 2.13 所示。二次电流通过感应电阻 R_b 将输出转换成电压 U_2。

对于实际的变压器，这个等式更复杂。图 2.14 显示了电路的低频电流互感器模型的简化版本。该模型称为一次等效电路模型，因为所有参数都已折算至理想变压器的一次侧。在这个电路中：L_1 为合成绕组漏电感，R_{cu} 为合成绕组电阻，R_{fe} 为代表变压器铁心中的功率损耗（主要是由于滞后）的电阻，L_u 为主变压器电感，磁化电感。

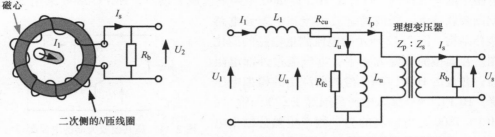

图 2.13 电流互感器   图 2.14 电流互感器的简化等效电路

因此，对于该互感器模型，应通过下式计算二次电流：

$$I_s = \frac{Z_p}{Z_s}(I_1 - I_u) \tag{2.4}$$

磁化电流 i_u 将在二次侧的电流变换中给出误差。为了减小误差，输出端的电压应该非常小。降低磁化电流的另一种方法是增加磁心的尺寸。图 2.15 所示的电路可以减小电流互感器输出电压，从而减小电流误差。

所提出的电流互感器模型仅对低频有足够高的精度，而对于高频使用它则更复杂[17]。电流互感器是用于电流测量的最简单且相对便宜的解决方案之一，但它们具有一个主要的缺点，即不能传输直流信号。因此，在需要测量直流电流的应用中，应该使用其他方案。

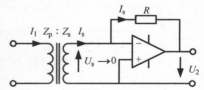

图 2.15 带最小电流互感器输出电压的电流变换器

2.3.3 带霍尔传感器的传感器

开环霍尔效应电流传感器的简化图如图 2.16 所示。该传感器可以测量直流、交流和复杂的电流波形，同时提供电气隔离。霍尔效应电流传感器由 3 个基本组件组成：磁心、霍尔效应传感器和信号调理电路。霍尔传感器位于磁心气隙中。由一次电流 I_1 产生的磁通量集中在磁路中，可使用霍尔传感器在气隙中测量。

$$U_H = \frac{k}{d}I_C B + U_{off} \tag{2.5}$$

式中，k 为导电材料的霍尔常数；d 为传感器的厚度；I_C 为恒定电流；B 为磁通密度；U_{off} 是在没有外磁场的情况下霍尔发生器的偏移电压。这种布置被称为霍尔发生器，并且比率（k/d）I_c 通常称之为霍尔发生器的灵敏度。通过对霍尔器件的输出信号进行调节，使得输出能精确反映一次电流的变化。一次电流和磁通密度 B 之间的关系是非线性的，因此，采用磁心磁滞回线的线性区域。在磁心材料磁滞回线的线性区域内，磁通密度 B 与一次电流 I_1 成正比，并且霍尔电压 U_H 与磁通密度成正比。因此，霍尔发生器的输出由与一次电流成正比的电压加上霍尔失调电压 U_{off} 构成。开环传

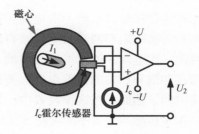

图 2.16　开环霍尔效应电流传感器

感器的优点包括：低成本、小尺寸、低重量、低功耗和非常低的插入功率损耗。准确性受以下组合的限制：

1）零电流时的直流偏移［霍尔发生器、电子器件或核心铁磁材料的剩余磁化（剩磁）］；

2）增益误差（电流源、霍尔发生器、磁心间隙）；

3）线性（铁心材料、霍尔发生器、电子器件）；

4）温度变化影响很大；

5）输出噪声；

6）带宽限制（衰减、相移、电流频率）。

这种类型的传感器被广泛使用，其中包括：LEM 组件、ABB、霍尼韦尔、Allegro MicroSystems、ChenYoung 等。特别值得一提的是 Allegro 的传感器，它是以带有磁通集中器的单片集成电路的形式构建的[2,3,27]。这种传感器的典型示意图如图 2.17 所示。

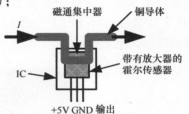

图 2.17　来自 Allegro MicroSystems 的 IC 电流传感器

单位集成电路的一个例子是 Allegro MicroSystems[2] 公司基于霍尔效应的线性电流传感器 ACS752SCA-100，其具有 $3kV_{RMS}$ 电压隔离和低电阻电流导体（$130\mu\Omega$）以及二次侧上的单 +5V 供电。电流传感器如图 2.18 所示，右侧是两个主电流端子。传感器的一次侧检测电流范围为 −100 ~ +100A，该电流转换为输出电压信号，灵敏度为 20mV/A。

为了减少磁心和霍尔传感器误差，引入了闭环拓扑。闭环霍尔效应电流传感器的简化图如图 2.19 所示。在闭环拓扑中，霍尔传感器将输出放大器电流驱动到二次线圈，二次线圈

图 2.18　IC 电流传感器 ACS752SCA-100

将产生磁通量以抵消一次电流磁通量。因此，合成通量应等于零。然后可以通过测量传感电阻器两端的电压来得到二次电流，根据它与一次电流的比例关系来计算出一次电流。通过将磁心中的合成磁通保持为零，与磁心的偏移漂移、灵敏度漂移和饱和相关的误差也将显著降低。闭环霍尔效应电流传感器还提供最短的响应时间。然而，在这种装置中，二次线圈额定电流从几毫安到几百毫安，因此闭环霍尔传感器装置中的功耗比开环拓扑中的功耗高得多。在闭环配置中，最大电流幅度一定程度上受补偿电流的限制。闭环拓扑被广泛使用，例如 LEM、ABB，并且这种类型的传感器在工业应用中广泛使用，现在许多制造商都会生产典型工业电流传感器：LEM Components 的 LA 55-P[56]、ABB 的 ESM1000[1]、Honeywell 的 CSNB121[42]、ChenYoung 的 CYHCS-SH[25]等。图 2.20 显示了闭环霍尔效应电流传感器 LA 205[57]安装在 APF EFA1[92]的电流采样通路上。

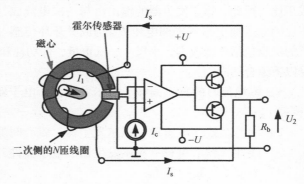

图 2.19　闭环霍尔效应电流传感器

图 2.20　APF 中的闭环霍尔效应电流传感器

2.3.4　具有磁调制的电流互感器

某些电力电子应用场合，例如：医疗设备、仪表或用于测量设备的附件，需要精密电流传感器。为了消除与霍尔效应相关的缺点，还开发了具有磁调制拓扑结构的传感器，允许测量直流分量。这些拓扑结构具有一个、两个或三个磁心，例如 LEM Components[80]的高精度电流传感器 ITB 300-S。具有磁调制的电流互感器的特征包括：

1）全量程高精度；

2）高线性度<1ppm；

3）高温度稳定性；

4）低交叉失真；

5）宽频率范围；

6）输出信号噪声低。

2.3.5　带空气线圈的电流传感器

Rogowski 线圈允许测量交流电（AC）。Ray 和 Davis 在文献［76-78］中详细地描述了 Rogowski 线圈操作的原理。Rogowski 线圈测量电路如图 2.21 所示。它由缠绕在直导体周围的螺旋线圈组成，其直导体的电流 $i(t)$ 将被测量，因为线圈中感应的电压与直导体中电流的变化率（微分）成正比。线圈输出信号连接到积分器电路，使所获得的输出信号与电流成正比。线圈中感应的电压由下式给出：

$$u_s(t) = \mu_0 NM \frac{\mathrm{d}i(t)}{\mathrm{d}t} = S \frac{\mathrm{d}i(t)}{\mathrm{d}t} \tag{2.6}$$

式中，μ_0 为真空磁导率；N 为匝数/米；M 为横截面积（m^2），S 为线圈灵敏度（Vs/A）。在接下来的阶段，线圈电压由积分器积分，因此传感器输出电压为

$$u_2(t) = -\frac{1}{RC} \int u_s(t) \,\mathrm{d}t = -S_T i(t) \tag{2.7}$$

式中，S_T 为传感器灵敏度（V/A）。Rogowski 线圈的特点包括：

1）没有磁饱和；

2）高过载能力；

3）良好的线性；

4）重量轻；

5）热损耗低；

6）动态范围宽的交流测量。

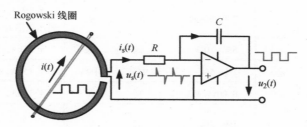

图 2.21　Rogowski 线圈测量电路

图 2.22 显示了实验室中的 Rogowski 线圈和积分器。自由端通常插入与电缆相邻连接的插座中，但是可以拔出插头以使线圈能够环绕承载待测电流的导体或设备。应用不带磁心的感应线圈可以消除与非线性磁性材料相关的误差，但缺少磁心来约束磁场会导致测量系统对外部干扰场非常敏感。使用两个感应线圈可以部分消除这种现象[55]。然后对来自线圈的感应电压进行积分，以获得测量电流的幅值和相位信息。在该解决方案中，与 Rogowski 线圈相比，精度与孔径和外磁场中的电缆位置无关。

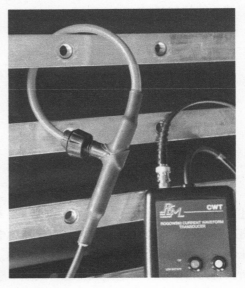

图 2.22　实验室中的 Rogowski 线圈
和积分器

2.3.6　电流传感技术的比较

表 2.2 列出了本章考虑的电流传感器的基本特性。所讨论的传感器具有模拟输出，但应该注意的是，目前正在开发具有数字输出的传感器。它们可以配备自己的处理器，以补偿一些错误。与 Hartman 等人的电流传感技术的工业解决方案[40]同步开发了一种替代方案，包括宽带电流互感器和去磁电路。传感器概念能够测量具有直流偏移的交流电流，具有周期性过零点，如功率因数校正（PFC）电路中的电流。

表 2.2　电流检测技术的比较

电流传感技术	电流隔离	精　　度	功耗	相关成本	典 型 电 流
变压器	是	0.1% ~ 5%	中低	低	至 15kA，AC
感应电阻	否	0.01% ~ 5% 主要取决于电阻容许偏差	中高	低	至 500A，DC ~ 100kHz
具有高共模放大器的感应电阻器	否	0.01% ~ 5%	中高	低	至 200A，DC ~ 100kHz，通常电压范围为 -20 ~ 100V
开环霍尔效应	是	5% ~ 10%	低	低	至 15kA，DC ~ 50kHz
闭环霍尔效应	是	1% ~ 5%	中高	中高	至 15kA，DC ~ 200kHz
磁调制变压器	是	0.001% ~ 0.5%	高	高	至 700A，DC ~ 500kHz
罗氏线圈——一个空气线圈	是	1% ~ 2%	低	低	至 10kA，10Hz ~ 100kHz
两个空气线圈	是	0.5% ~ 1%	低	低	至 10kA，10Hz ~ 100kHz

2.4　数字控制电路的参数选择

具有开环多速率数字控制电路的电力电子电路如图 2.23 所示。该电路可以是用于 DC/DC、DC/AC、AC/DC 和 AC/AC 转换器或有源电力滤波器等的控制系统的一部分[46,47,89,90]。选择开环系统是因为其分析更简单，在闭环电路中，应考虑反馈的影响。

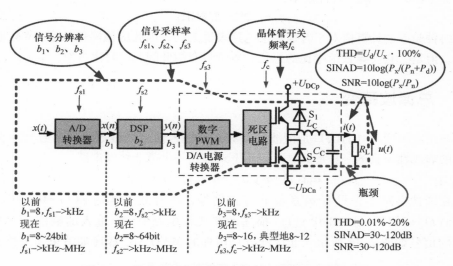

图 2.23　具有开环多速率数字控制电路的电力电子电路

模拟输入信号 $x(t)$ 由 A/D 转换器转换为数字形式 $x(n)$，采样率为 f_{s1} 和 b_1 位分辨率[89,90]。在下一阶段，执行使用 DSP 的数字控制算法。该算法以 b_2 位分辨率和采样率 f_{s2} 计算。最后，输出控制信号 $y(n)$ 被传送到具有 b_3 位分辨率和采样率 f_{s3} 的数字 PWM。PWM 控制输出电源开关 S_1 和 S_2，开关按开关频率 f_c 工作。具有两个电源开关 S_1 和 S_2 以及模拟输出滤波器 L_C、C_C 的数字 PWM 用作数/模（D/A）电源转换器，它将能量从直流电源（DC）转换至输出。通常，主要问题是输出电压和电流的质量。因此，应考虑以下信号参数：

1）f_{s1}、f_{s2}、f_{s3}——信号采样率；

2）b_1、b_2、b_3——信号分辨率（以位为单位）；

3）f_c——晶体管开关频率；

4）THD——总谐波畸变率；

5）SNR——输出信噪比；

6）SINAD——输出信号同噪声与失真比。

最后，功率电子电路的输出电流或电压所需的 SINAD 值取决于应用。例如，对于电池充电器，SINAD 值等于 30dB 就足够了。但是，对于高质量音频功率放大器，SINAD 值应大于 100dB。正如我们所看到的，用于电力电子电路的数字控制系统参数的传播速率非常高。如今有大量的 A/D 转换器和 DSP，因此很容易选择具有足够参数的电路：b_1、b_2、f_{s1} 和 f_{s2}。唯一合理的限制可能是这些电路的价格。最后一个阶段，数字 PWM，仍然是整个系统的"瓶颈"，特别是高分辨率 PWM，例如，高质量功率音频放大器参数：$f_{s3}=44.1\text{kHz}$ 和 $b_3=16\text{bit}$，可以使用下式计算 PWM 计数器的时钟频率：

$$f_h=f_{s3}2^{b_3}\approx2.8\text{GHz} \tag{2.8}$$

时钟频率的计算值对于普通数字电路来说太高，因此应该降低数字 PWM 的分辨率。但是，它会导致信噪比的恶化。本章将介绍此问题的解决方案。

2.5 总谐波畸变

总谐波畸变率（THD）是谐波（其频率是输入信号的整数倍的信号）生成电路中的非线性失真的一种形式，可以用下式描述一大类非线性电路：

$$y(t)=a_1x(t)+a_2x(t)^2+a_3x(t)^3+\cdots+a_kx(t)^k \tag{2.9}$$

在线性电路中，只有 a_1 系数非零。例如，由等式 $y(t)=x(t)-0.2x(t)^3+0.15x(t)^5+0.11x(t)^7-0.05x(t)^9$ 描述的非线性电路对 DC 输入的响应 $-1\sim1$ 范围内的信号如图 2.24 所示。非线性电路仿真的 MATLAB® 程序如清单 2.1 所示。

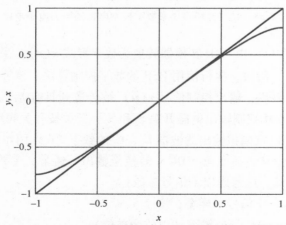

图 2.24　输入信号的响应范围从 $-1\sim1$ 时，非线性电路的静态特性

$f=100\text{Hz}$ 的单位幅值正弦信号的响应如图 2.25 所示。输入和输出信号的波形如图 2.25a 所示。输出信号失真导致信号谐波的产生。输出信号的频谱如图 2.25b 所示。

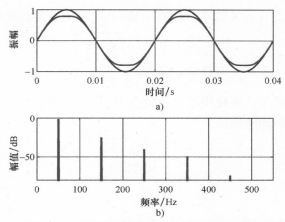

图 2.25 正弦信号的非线性电路响应 f = 100Hz

a) 输入和输出信号波形 b) 输出信号频谱

清单 2.1 非线性电路

```
0   clear all; close all;
1   roz_fon=18; grub_lin=2;
2   N=2^12; % number of samples
3   fs=12800; % sampling frequency
4   f1=50; f_1k=round(f1/(fs/N))*fs/N; % line frequency
5   A1=1;
6   t=(0:N-1)/fs; % time vector
7   a=[1 0 -0.2 0 0.15 0 -0.11 0 -0.05]; % coefficients
8   %% ----- Response for DC -----
9   x=((0:N-1)/N)*2-1; % input signal -1...1
10  y=a(1)*x+a(2)*x.^2+a(3)*x.^3+a(4)*x.^4+a(5)*x.^5 + ...
11    +a(6)*x.^6+a(7)*x.^7+a(8)*x.^8+a(9)*x.^9;
12  plot(x,x,x,y,'LineWidth',grub_lin);
13       set(gca,'FontSize',[roz_fon],'FontWeight','d'),
14       xlabel('x'); ylabel('y,_x'); grid on;
15  %% ----- Response for sinusoidal signal 100 Hz -----
16  x=A1*sin(2*pi*f_1k*t); % input sinusoidal signal
17  y=a(1)*x+a(2)*x.^2+a(3)*x.^3+a(4)*x.^4+a(5)*x.^5+...
18    +a(6)*x.^6+a(7)*x.^7+a(8)*x.^8+a(9)*x.^9;
19  % spectrum
20  w_y=fft(y)/N*2; w_y_dB=20*log10(abs(w_y)+eps);
21  f=(0:N-1)*fs/N;
22  subplot(211);
23       plot(t,x,t,y,'LineWidth',grub_lin); grid on;
24    set(gca,'FontSize',[roz_fon],'FontWeight','n'),
25    set(gca,'Xlim',[0 2/f_1k]); xlabel('Time_[s]');
26    ylabel('Amplitude'); title('(a)');
27  subplot(212);
28       plot(f,w_y_dB,'r','LineWidth',grub_lin+1); grid on;
29       set(gca,'Ylim',[-80 0]);set(gca,'Xlim',[0 11*f_1k]);
30       set(gca,'FontSize',[roz_fon],'FontWeight','n'),
31       xlabel('Frequency_[Hz]'); ylabel('Magnitude_[dB]');
32       title('(b)');
```

THD 以百分比或分贝（dB）测量，THD 计算为谐波电平与原始频率电平之比，即

$$\text{THD} = \frac{\sqrt{\sum_{k=2}^{N} U_k^2}}{U_1}$$

(2.10)

式中，U_1为第一谐波（或基波）的幅值（dB）；U_k为第k次谐波的幅值（dB）。

$$THD_{dB} = 20\log \frac{\sqrt{\sum_{k=2}^{N} U_k^2}}{U_1} \qquad (2.11)$$

在电力电子系统中，还使用了其他畸变因子[13,41]，其中一个是加权谐波畸变率，随着频率的增加而降低：

$$WTHD = \frac{\sqrt{\sum_{k=2}^{K} \left(\frac{U_k}{k}\right)^2}}{U_1} \qquad (2.12)$$

2.6 模拟信号采样

采样是信号处理的重要组成部分，它可以完成模拟信号的 A/D 转换。但是，尽管采样这一步骤十分重要，也需要采取一些预防措施以确保输出信号不会发生显著的改变。因此，在对模拟信号进行离散采样时，令 $T_s = 1/f_s$，必须仔细选择信号采样频率 f_s（也称为信号采样速度）以保证原始模拟信号可以被准确表示。很明显，采样越多（即信号采样速率越快），数字表示就越准确。同样地，如果采样更少（采样速率更低），就会到达一个临界点，在此时，有关信号的关键信息会发生丢失。本章讨论的重点就是周期采样和均匀采样。图 2.26 所示为采样保持（SH）电路［也称为采样电路或跟踪保持（TH）电路］的示例，图 2.27 所示为模拟正弦信号采样过程的说明。

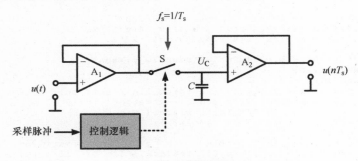

图 2.26 采样电路

采样理论的数学背景可以追溯到 20 世纪 20 年代，它由贝尔电话实验室的奈奎斯特[65,66]创立。哈特利[39]和惠特克很快补充了这一原始工作。这些论文构成了脉冲编码调制（PCM）工作的基础，随后，在 1948 年，香农撰写了一篇关于通信理论的论文[82]。

采样理论是 1933 年由苏联的 Kotielnikov 独立发现的[51]。简单地说，采样理论

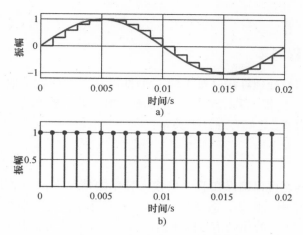

图 2.27　模拟正弦信号采样过程说明

a）输入信号和采样信号　b）采样脉冲

准则要求采样频率必须至少是模拟信号中所包含的最高频率的两倍，否则将丢失模拟信号的一些信息。如果采样频率小于最大模拟信号频率的两倍，就会出现混叠现象。当今模/数转换器中可用的高信号带宽是抗混叠滤波器内出现杂散信号的来源。使用抗混叠滤波器的主要目的是限制输入信号的带宽，消除高频分量。因此，在数据采样系统中，输入信号的频谱频率必须不超过采样时钟频率的一半。一个理想的抗混叠滤波器可在要求的频带内通过所有信号，并阻止该频带外的所有信号通过。抗混叠滤波器的质量是影响信噪比（SNR）的主要因素，信噪比一般用分贝表示，可由式（1.12）确定。

当采样频率的一半（$f_s/2$）仅略高于信号频带 0~f_b 的 f_b 时，抗混叠必须在阻带中具有非常明显的振幅特性和高阻尼因子（在经典系统中也是如此）。这导致抗混叠滤波器变得非常复杂和昂贵。目前，集成电路（IC）制造技术的发展使得快速数字电路可大量获得并且价格便宜。所以在现代系统中，采样率 f_s 的值可以远远高于 f_b（这称为过采样），因此对抗混叠滤波器的要求变低了很多。发生混叠的采样信号过程的频谱如图 2.28 所示。

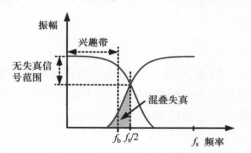

图 2.28　混叠对信号动力学的影响

Oppenheim 和 Schafer[67]、Proakis 和 Manolakis[74]、Lyons[58]、Rabiner 和 Gold[75]、Zolzer[110,111]和其他许多人[14,35,37,38,43,53,54,106]描述了用于 A/D 和 D/A 转换的数字信号处理背景。数据转换[31,32]和模拟设备[48-50]（Kester）的技术报告和书籍描述了一些关于 A/D 转换的有趣的技术问题。第 3 章将讨论信号过采样和信号采

样率变化的其他问题。

2.6.1 采样过程同步

大多数数字信号处理算法（如 DFT）的性能在很大程度上取决于处理后的信号采样是否一致[90]。相干采样是指 N 个信号样本中输入频率 f_{in}、采样频率 f_s、每整数个信号周期数 N_{per} 之间存在以下关系：

$$f_s = N_{per} \frac{f_{in}}{N} \tag{2.13}$$

通过相干采样，可以确保在假设单输入频率的情况下，一个 DFT 中的信号量包含在一个 DFT 箱中。例如，图 2.29 显示了具有相干采样（见图 2.29a）和非相干采样（见图 2.29b）的相同信号的频谱。因此，作者认为，对于与电网相连的系统，最好采用相干采样。

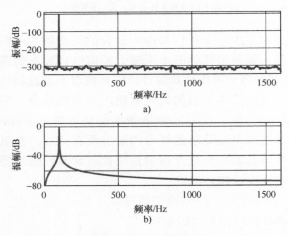

图 2.29　正弦信号频谱
a）相干采样　b）非相干采样

图 2.30 所示为模拟锁相环（PLL）电路的框图。利用该电路可以产生比输入频率大 K 倍的信号。一个 PLL 电路可以跟踪一个参考频率，它可以产生一个输入频率的倍数的频率，两个信号的相位也同步。PLL 可以产生频率为 f_{out} 的输出信号：

$$f_{out} = K f_{ref} \tag{2.14}$$

式中，f_{ref} 为参考输入频率；K 为整数频率倍增系数。

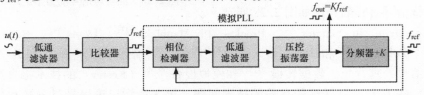

图 2.30　PLL 的模拟同步电路

在设计模拟同步电路时，应考虑功率电子器件的输出。在大多数情况下，它是输出开关（通常是晶体管）控制的脉冲宽度调制器（PWM）产生的脉冲。当调制频率与系统参考频率（如电源线频率）无关时，必然会产生低频分量，这是参考频率和调制频率之间的拍频效应。因此，作者认为输入和输出应该是同步的，这样可以最大限度地减少误差并消除不需要的组件。这种解决方案的框图如图 2.31 所示。

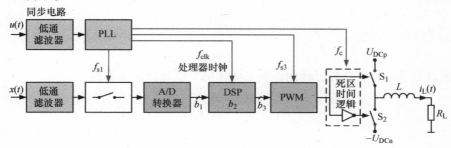

图 2.31　全同步控制电路

作者认为，在模拟试验中也会出现同样的情况，如果可能的话，应使用试验信号的相干频率。用于相干频率计算的 MATLAB 的简单程序如清单 2.2 所示。

清单 2.2　相干频率计算

```
1    N=2048;        % length of signal block
2    fs=10000;      % sampling frequency
3    f=50;          % required frequency of the signal
4    f_koh=round(f/(fs/N))*fs/N; % nearest coherent frequency
```

2.6.2　最大信号频率与信号采集时间

信号采集时间是电路在保持模式下调节后稳定到其最终值所需的时间。信号采集时间 t_{aq} 与 A/D 转换器有关，该转换器在输入端使用采样保持（或跟踪保持）电路来获取并保持（达到规定公差）模拟输入信号，见 Brannon 和 Barlow[19]。对于输入端没有采样保持电路的 A/D 转换器，信号采集时间等于转换器转换时间 t_c。唯一的例外是使用匹配良好比较器的闪存转换器。图 2.32 所示为信号采样过程的图解，其中假设采集过程中输入信号的振幅变化不超过 A/D 转换器 LSB 的一半。假设采样过程中的最大信号变化

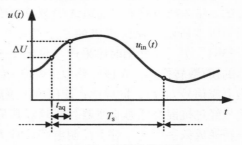

图 2.32　信号采集过程

$$\Delta U \leqslant 0.5\Delta = 0.5 \frac{A_p}{2^{b-1}} = \frac{A_p}{2^b} \tag{2.15}$$

模拟输入正弦波信号的振幅为 A_p，频率为 f

$$u_{in}(t) = A_p\sin(2\pi ft) \qquad (2.16)$$

信号变化的最大速度由下式确定：

$$\frac{du_{in}(t)}{dt}\bigg|_{max} = 2\pi A_p f \qquad (2.17)$$

假设

$$t_{aq} \ll 1/f \qquad (2.18)$$

ΔU_{in} 可由下式确定：

$$\Delta U_{in} = 2\pi A_p f t_{aq} \qquad (2.19)$$

通过简单的代数运算，我们得到了描述最大信号频率的方程

$$\Delta U_{in} \leq \Delta U \qquad (2.20)$$

$$2\pi A_p f t_{aq} \leq \frac{A_p}{2^b} \qquad (2.21)$$

$$f \leq \frac{1}{2\pi 2^b t_{aq}} \qquad (2.22)$$

2.6.2.1　采集时间示例

当最大信号频率 $b = 16$，采集时间 $t_{aq} = 10ns$ 时，根据上述不等式确定最大信号频率 $f < 242.8Hz$。如前所述，这是 A/D 转换中最重要的因素之一。

使用满足式（2.22）要求的采集时间非常小的 A/D 转换器是非常困难和昂贵的。因此，在采集时间更长的地方使用该系统。当然，在单通道系统中，信号采样时刻会有差异，通常可以忽略式（2.22）的要求。然而，在多信道系统的情况下，为所有信道提供相同的采集时间是至关重要的。

2.6.3　多通道系统的误差

在多通道系统中，同时对输入信号进行采样以减小振幅和相位误差是非常重要的。带采样电路的多通道 A/D 转换器有三种非常常见的结构，如图 2.33 中的双通道版本所示。在所提供的三个结构中，两个使用同时采样（见图 2.33a 和图 2.33b），另一个使用时序采样（见图 2.33c）。图 2.33a 描述了一个双通道时序采样的模/数转换器。在该电路中，电流 $i_1(t)$ 通过电流隔离电流传感器（CT）转换为电流信号 $i_{i1}(t)$，同样地，使用电流隔离电压传感器（VT）处理电压信号。然后信号经过抗混叠低通滤波器，同时对其采样，然后使用 A/D 转换器进行处理，将其转换成数字形式。对于控制电路设计人员来说，这种解决方案是最快和最方便的，然而，它也是最昂贵的。另一种解决方案是使用单个 A/D 转换器和几个同时采样和保持电路的系统。图 2.33b 显示了这两个通道的解决方案框图。

与以前的解决方案相比，此电路最简单，因此也更便宜。但是，这种电路的采样保持电路中不同电容器保持时间会出现相关误差，从而降低系统的精度。第

三个电路的所有通道仅使用一个采样电路和 A/D 转换器（见图 2.33c）。时序采样 A/D 转换器的主要缺点是通道采样之间存在时间误差。图 2.34 显示了这种现象，其中显示了两个具有时间偏差的采样信号。同时采样和时序采样的讨论可以在数据转换报告［31，32］中找到例子。作者认为最好的解决方案是使用同时采样的 A/D 转换器，但如果不能应用，则必须使用时间对准的时序采样 A/D 转换器。与时序采样相比，同时采样的好处包括：

1）减少抖动误差；
2）系统带宽更高；
3）通道间串扰更小；
4）校正时间短。

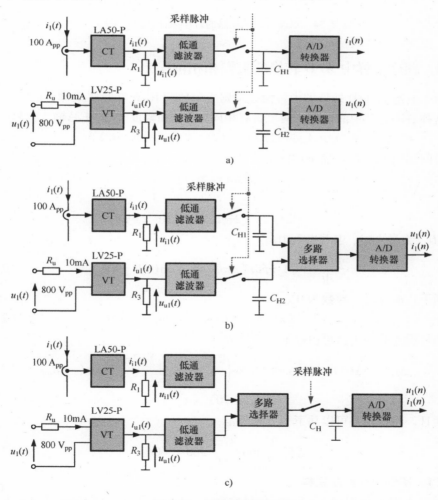

图 2.33 双通道采样电路

a）多 A/D 转换器同时采样　b）单 A/D 转换器同时采样电路　c）时序采样

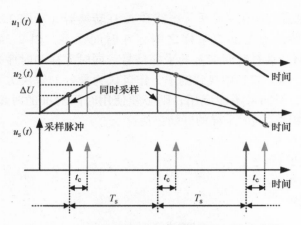

图 2.34　双通道采样电路的时序采样和同时采样

2.6.4　顺序采样中 A/D 转换的振幅和相位误差

由于典型的 A/D 转换器内置微处理器或单独的 IC 允许时序采样，因此，需要考虑这种解决方案中的错误：两个具有相同频率 f 和幅度 A_p 的正弦输入信号

$$u_1(t) = A_p \sin(2\pi ft)\,,\, u_2(t) = A_p \sin(2\pi f(t+t_c)) \tag{2.23}$$

时间相差为 t_c 的时序采样的信号差值：

$$\Delta U_{(t)} = u_1(t) - u_2(t) = 2A_p \cos\left(\frac{2\pi ft + 2\pi f(t+t_c)}{2}\right) \sin\left(\frac{2\pi ft - 2\pi f(t+t_c)}{2}\right) \tag{2.24}$$

$$= 2A_p \cos\ (2\pi ft + \pi ft_c)\ \sin\ (-\pi ft_c)$$

$\Delta U_{(t)}$ 为最大时，其导数为 0：

$$\frac{\mathrm{d}u(t)}{\mathrm{d}t} = 4A_p \pi f \sin(2\pi ft + \pi ft_c) \sin(\pi ft_c) = 0 \tag{2.25}$$

当下式成立时，导数为 0：

$$2\pi ft + \pi ft_c = 0 \rightarrow t = -0.5t_c \tag{2.26}$$

信号误差的最大值可由以下公式计算

$$\Delta U_{max} = \Delta U(t)\ \big|_{t=-0.5t_c} = 2A_p \cos\left(\frac{2\pi f(-0.5t_c) + 2\pi ft_c}{2}\right) \sin(-\pi ft_c) \tag{2.27}$$

$$= 2A_p \cos(0)\ \sin(-\pi ft_c) = 2A_p \sin(-\pi ft_c)$$

而且，相位误差可以从下列方程确定：

$$\Delta\phi = \frac{t_1}{T}360 - \frac{t_1 - t_c}{T}360 = 360t_c f \tag{2.28}$$

2.6.4.1　实例——时序采样

对于 A/D 转换时间 $t_c = 5\mu s$、信号幅度 $A_p = 1$、信号频率 $f = 50\mathrm{Hz}$ 且在最大信号频率下进行连续采样的情况，可由式（2-24）计算出：最大信号误差为 $\Delta U =$

1.57mV，相位误差为 $\Delta\phi = 0.09$，第 50 次谐波（$f = 2500$Hz）结果为：$\Delta U = 39.26$mV，$\Delta\phi = 4.5$。在时序采样的多通道系统中，最后一个通道的 A/D 转换时间 t_c 将乘以通道数，其结果会更糟。

对于 b 位系统，信号误差应小于：

$$|\Delta U_{max}| \leqslant 0.5\Delta$$

$$2A_p\sin(\pi ft_c) \leqslant \frac{A_p}{2^b} \tag{2.29}$$

假设

$$t_c \ll 1/f \tag{2.30}$$

最后

$$t_c \leqslant \frac{1}{\pi f 2^{b+1}} \tag{2.31}$$

结果与 2.6.2 节中获得的结果相似。

多通道系统中的另一个错误来源是通道串扰和通道间偏移。通道间偏移是模拟输入通道特性的差异，它会导致测量误差，就像输入信号中加上或减去了小电压一样。通道串扰是数据采集系统中模拟输入通道之间的信号泄漏。通道串扰有可能增加 A/D 转换中的不相关噪声、降低信噪比（SNR），而耦合信号可以产生类似于谐波项的杂散，减少杂散自由动态范围（SFDR）和总谐波畸变（THD）。

2.6.5 采样时钟抖动

采样过程中的一个重要因素是 A/D 转换器中的采样时钟。由于硬件误差和噪声，实际 A/D 转换器中的采样时刻是不确定的。采样信号不确定度问题被许多作者描述过[12,18,19,62,79,90]。采样时间的变化称为孔径不确定度（或称抖动），它将导致与抖动幅度和输入信号转换率成比例的误差电压。换句话说，输入频率和振幅越大，时钟源对抖动的敏感性越高。图 2.35 显示了一个具有抖动的采样脉冲时钟。

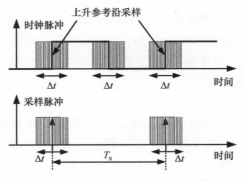

图 2.35　具有抖动的采样脉冲时钟

图 2.36 显示了抖动如何产生信号错误。

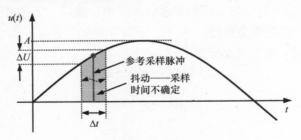

图 2.36 采样时间不确定——抖动

$$\Delta U = \Delta t \frac{\mathrm{d}u(t)}{\mathrm{d}t} \qquad (2.32)$$

频率 f 和振幅 A 在过零时的正弦波电压误差的最大值：

$$\Delta U_{max} = \Delta t \left. \frac{\mathrm{d}u(t)}{\mathrm{d}t} \right|_{max} = 2\pi f A \Delta t \qquad (2.33)$$

这个错误不能在以后纠正，因为它已经连接到正在进行数字化处理的采样序列上，并且会影响 A/D 转换器和控制系统的整体性能，如式（2.33）所示。假设

$$\Delta U_{max} \leq 0.5\Delta, \Delta U_{max} \leq \frac{A}{2^b} \qquad (2.34)$$

然后

$$\Delta t < \frac{1}{2\pi f\, 2^b} \qquad (2.35)$$

得出

$$\mathrm{SNR_{jitter}} = -20\log(2\pi f \Delta t_{rms}) \qquad (2.36)$$

式中，t_{rms} 为时间抖动的方均根。

2.6.5.1 示例——抖动

这个例子说明了抖动导致的信号质量恶化。假设以下参数：采样频率 $f_s =$ 6400Hz，信号频率 $f = 500$Hz，抖动值 $\Delta t_{rms} = 1.56\mu s$，信噪比 SNR 由式（2.36）计算得出 SNR = 46.18dB。对于这些假设值，也可以在 MATLAB 环境中进行模拟。图 2.37 显示了模拟结果。图 2.37a 所示的频谱适用于正弦信号，该信号是连续采样的，没有抖动，该信号的 SNR = 248.93dB，仅受 MATLAB 算法精度的限制。抖动采样的信号频谱如图 2.37b 所示，在这种情况下，根据模拟计算的信噪比值 SNR = 46.17dB，几乎等于式（2.36）计算的值。用于计算此示例的 MATLAB 程序见清单 2.3。

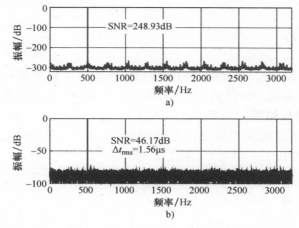

图 2.37　相干采样信号的频谱
a）无抖动　b）有抖动

清单 2.3　抖动计算

```
1   clear all; close all;
2   N=2^14;   fs=6400; Ts=1/fs; font=10;
3   f=500; fkoh=round(f/(fs/N))*fs/N; %koherent signal frequency
4   t=(0:N-1)*Ts; A_jitter=0.01*Ts;
5   tjitter=randn(1,N)*A_jitter; % normal (or Gaussian) distribution
6   A_jitter_rms=(sum(tjitter.^2)/N)^0.5; % RMS value of jiitter
7   SNR_calc=-20*log10(A_jitter_rms*2*pi*fkoh); % SNR from equation
8   wej_jitter=1.0*sin(2*pi*fkoh*(t+tjitter)); % signal with jitter
9   wej=1.0*sin(2*pi*fkoh*t); % signal without jitter
10  w_wej=fft(wej)/N*2; w_wej_jitter=fft(wej_jitter)/N*2;
11  w_wej_dB=20*log10(abs(w_wej)+eps);
12  w_wej_jitter_dB=20*log10(abs(w_wej_jitter)+eps);
13  f=(0:N-1)*fs/N;
14  %% SNR from spectrum
15  n=round(fkoh/(fs/N)); % find number of signal bin
16  SNR=20*log10((sum(abs(w_wej([1:n, n+2:(N/2-1)]).^2)))^0.5);
17  C = num2str(-SNR,'%3.2f');
18  SNR_jitter=-20*log10((sum(abs(w_wej_jitter([1:n, n+2:(N/2-1)]).^2)))^0.5);
19  A = num2str(SNR_jitter,'%3.2f'); B = num2str(SNR_calc,'%3.2f');
20  figure('Name','Spectra','NumberTitle','off')
21  subplot(211),plot(f,w_wej_dB,'r','linewidth',2); grid on;
22  set(gca,'fontsize',font); title('(a)'); ylabel('Magnitude_[dB]'),
23  axis([0 fs/2 -320 0]);
24  text(700,-75,['\it_SNR_\rm_=_',C,'_dB'],'FontSize',font);
25  subplot(212),plot(f,w_wej_jitter_dB,'linewidth',2); grid on;
26  set(gca,'fontsize',10);   title('(b)'); ylabel('Magnitude_[dB]'),
27  xlabel('Frequency_[Hz]'); axis([0 fs/2 -100 0]);
28  text(700,-15,['\it_SNR_\rm_=_',A,'_dB'],'FontSize',font);
29  text(700,-35,['\it_SNR_{calc}_\rm_=_',B,'_dB'],'FontSize',font);
30  D = num2str(A_jitter_rms*1e6,'%3.2f');
31  text(700,-60,['\it_\Delta_t\rm_{rms}_=_',D,'_\mus'],'FontSize',font);
32  print('jitter_matlab.pdf','-dpdf');
```

2.7 信号量化

在 A/D 转换过程中，数字信号的幅度分辨率受限于数字表示。在大多数情况下，使用 b 位定点系统，通过丢弃数字或舍入数字来消除多余的数字。模拟正弦信号的采样和量化过程如图 2.38 所示。

图 2.39 显示了量化模拟正弦信号的频谱，其中 $f = 700Hz$，$f_s = 12800Hz$，$b = 7bit$（见图 2.39a）以及 $b = 14bit$（见图 2.39b）。

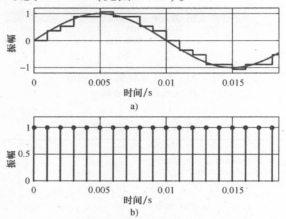

图 2.38 模拟正弦信号的采样和量化过程
a）输入信号和采样信号 b）采样脉冲

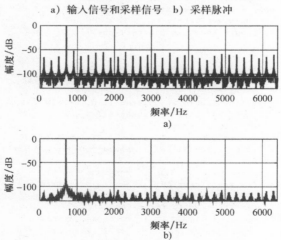

图 2.39 量化模拟正弦信号的频谱
a）$b = 7bit$ b）$b = 14bit$

数字信号是一个数字序列，其中每个数字由有限个数字表示：

$$x(n) \leftrightarrow x(nT_s), -\infty < n < +\infty \tag{2.37}$$

式中，n 为采样数；$x(n)$ 为离散信号，由每 T_s 段时间对模拟信号 $x(t)$ 采样得到。对应于最低有效位（LSB）的信号振幅由以下公式确定：

$$\Delta = \frac{A_p}{2^{b-1}} \tag{2.38}$$

式中，A_p 为转换信号的最大振幅；Δ 为量化步长和分辨率。量化过程的加性线性模型如图 2.40 所示。

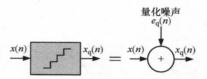

图 2.40　量化过程的加性线性模型

量化误差由下列方程定义：

$$e_q(n) = x_q(n) - x(n) \tag{2.39}$$

化整过程中的 $e_q(n)$ 限制在 $-\dfrac{\Delta}{2} \sim \dfrac{\Delta}{2}$ 之间，即

$$-\frac{\Delta}{2} \leqslant e_q(n) \leqslant \frac{\Delta}{2} \tag{2.40}$$

信号量化给信号增加了噪声，使信号动态范围恶化。对于均匀分布的正弦信号和量化噪声，在定点 b 位系统中，噪声功率可以用下式计算：

$$P_n = \frac{\Delta^2}{12} \tag{2.41}$$

当一个完整的正弦波作为输入信号时，SNR 可以写成

$$\mathrm{SNR} = 10\log\left(\frac{P_x}{P_n}\right) = 10\log\left(\frac{\dfrac{A_p^2}{2}}{\dfrac{\Delta^2}{12}}\right) = 10\log\frac{3}{2}2^{2b} \approx 1.76 + 6.02b \tag{2.42}$$

2.7.1　信号的动态范围

信号处理系统的动态范围可以定义为无溢出（或其他失真）的最大持续信号电平与最小信号电平之比：

$$\mathrm{DR} = 20\log\left(\frac{|X_{\max}|}{|X_{\min}|}\right) \tag{2.43}$$

式中，$|X_{\max}|$ 为信号的最大振幅（在数字系统中，通常使用最高有效位 MSB）；$|X_{\min}|$ 为信号的最小振幅（数字系统中的最低有效位 LSB）。

2.7.2 信号余量

式（2.42）中的 SNR 值仅在信号振幅等于 A_p 时才可能出现，但实际上，工作中不可能使用如此高的振幅。因此，有必要留出足够的裕度以超过信号值，并为信号脉冲分量留出额外的空间，这称为信号余量。图 2.41 显示了这种现象，其中 A_{p1} 是输入信号的标称振幅，A_{p2} 是输入信号的扩展振幅。

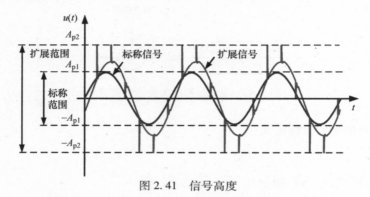

图 2.41 信号高度

因此，在实际系统中，SNR 的值将低于 A/D 转换器位数的显示值，并且可以通过以下公式计算

$$\text{SNR} = 10\log\left(\frac{\frac{A_{p1}^2}{2}}{\frac{\Delta^2}{12}}\right) = 10\log\left(\frac{\frac{A_{p1}^2}{2}}{\frac{A_{p2}^2}{2^{2b-1}}}\right) = 10\log\left(\left(\frac{A_{p1}}{A_{p2}}\right)^2 \frac{3}{2} 2^{2b}\right) \tag{2.44}$$

$$\approx 1.76 + 6.02b + 20\log\left(\frac{A_{p1}}{A_{p2}}\right)$$

2.7.2.1 示例——信号余量

12 位 A/D 转换器常用于测量并联开关补偿（有源电力滤波器）电路中的负载电流，负载电流的最大值为 100A。对于典型的 12 位 A/D 转换器，理论上可以达到 SNR ≈ 72dB。然而在实际中，在信号余量为 30% 时，我们可以使 SNR ≈ 69dB，但是如果负载电流值较小，情况可能更糟。例如，如果负载电流等于 20A，则 SNR ≈ 58dB。

2.7.3 噪声整形技术

图 2.42 显示了 D/A 转换使用不同方法时的各自的频谱。传统的 D/A 转换方法的频谱如图 2.42a 所示。在假设的量化噪声模型中，频谱密度在 $0 \sim f_b$ 的整个波段内是恒定的。通过过采样，可以根据下列表达式确定 $0 \sim f_b$ 波段的噪声功率

$$P_{nb} = P_n \frac{2f_b}{f_s} \tag{2.45}$$

式中，P_n 为 $0 \sim f_s/2$ 频段的噪声功率。

因此，对于带过采样的 D/A 转换，信噪比的表达式（2.42）可以修改为

$$SNR = 1.76 + 6.02b + 10\log\frac{f_s}{2f_b} \tag{2.46}$$

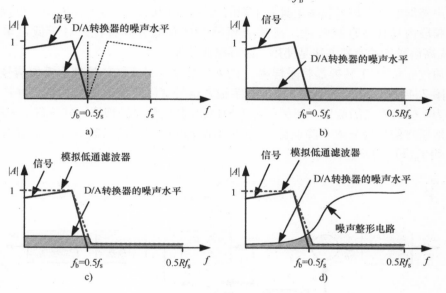

图 2.42　D/A 转换频谱

a) 经典法　b) 过采样法　c) 过采样法和模拟滤波器　d) 过采样法、模拟滤波器和噪声整形电路

采样速率加倍可以将信噪比提高 3dB。

输出模拟低通滤波器可以抑制带外噪声，如图 2.42c 所示。通过使用数字噪声整形电路，可以进一步提高信噪比。通过这种解决方案，噪声被移出需要的频带。这种解决方案的频谱如图 2.42d 所示。

噪声整形电路的工作原理是将量化产生的误差置于反馈回路中。不同的电路结构可用于量化噪声的频谱整形，可使其远离需要的波段，向更高的频率发展[21]。1954 年，Cutler[28] 首次提出了带反馈的噪声整形电路，并由 Spang 和 Schultheiss[91] 对其进行了详细分析。用于带反馈的线性量化器模型的量化噪声整形电路[91,103] 的框图如图 2.43 所示。输出信号可计算为

$$Y(z) = X(z) - H(z)E(z) \tag{2.47}$$

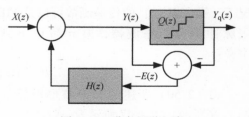

图 2.43　噪声整形电路

量化误差计算为

$$-E(z) = Y(z) - Y_q(z) \qquad (2.48)$$

最后输出量化信号计算为

$$Y_q(z) = X(z) - \overbrace{(1+H(z))}^{H_n(z)} E(z) = X(z)H_s(z) + E(z)H_n(z) \qquad (2.49)$$

式中，$H_s(z) = 1$，为信号传递函数；$H_n(z) = 1 - H(z)$，为噪声传递函数。设计合理的噪声整形电路在信号频率上具有平坦的频率响应 $H_s(z)$。另外，$H_n(z)$ 应该在需要的频段内具有高衰减特性，在其余频段内具有低衰减特性。对于低过采样率 R，提高信噪比的有效方法是使用二阶环路滤波器。

通过 a 位 D/A 转换器将采样率 f_s 的 b 位数字信号 $X(z)$ 处理为模拟信号的框图如图 2.44 所示。分辨率为 b 位的数字输入信号 $X(z)$ 由 R 系数插值，并产生分辨率为 b 位或更高的信号。例如，对于 SHARC 数字信号处理器，其分辨率为 32/40 位。然后将信号的分辨率降低到 a 位，利用噪声整形传递函数 $H(z)$ 系统对信号 $Y(z)$ 和 $Y_q(z)$ 的差进行变换。

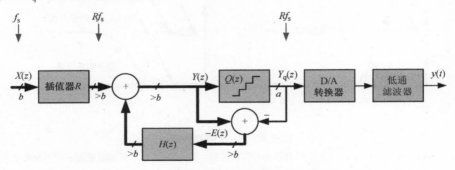

图 2.44 具有过采样和噪声整形的 D/A 转换器

在最简单的情况下，输入信号 $X(z)$ 被添加到某一信号，该信号在前一个周期中没有被处理，此时，$H(z) = z^{-1}$ 是唯一的延迟。这种系统的框图使用 b 位输入采样，D/A 转换器只转换最旧的 a 位，其余的位添加到下一个采样中，如图 2.45 所示。在最简单的情况下，噪声 $H_n(z)$ 的传递函数可以是 FIR（有限脉冲响应）滤波器，第 n 阶由下列方程定义：

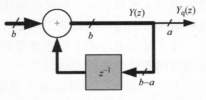

图 2.45 最简单的噪声整形电路

$$H_n(z) = (1 - z^{-1})^N \qquad (2.50)$$

式（2.50）所述的噪声整形电路在 $N = 1 \sim 6$ 阶时的噪声衰减频率特性如图 2.46 所示。图 2.47 所示为一阶和二阶噪声整形电路的框图。为了防止数字在电路中溢出，引进了限幅器。

这里提出的噪声整形方法是几种技术之一，另一个例子是常用的 Δ-∑ 调制器[22,23,64,71,81]。作者将噪声整形电路应用于高质量的数字 D 类音频放大器[85,88]。

本节所示的 D/A 转换的噪声整形技术也可用于 A/D 转换。

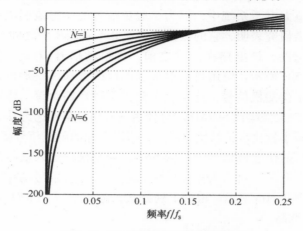

图 2.46　噪声整形电路的频率特性

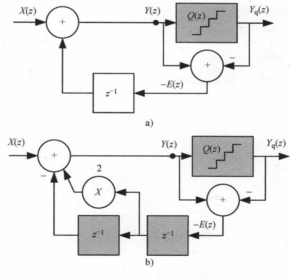

图 2.47　噪声整形电路
a) 一阶　b) 二阶

2.7.4　抖动信号

A/D 转换和 D/A 转换的分辨率可以通过向输入信号添加一个低电平噪声信号来提高，该信号称为抖动信号[64,68,71,81,85]。它是一种有意应用的噪声信号形式，用于随机化量化误差。

抖动信号通常用于数字音频和数字视频数据的处理，通常是光盘音频制作的最后阶段之一。图 2.48a 显示了在 A/D 转换器之前、在 SH 电路之后添加模拟抖动的电路。同样地，数字抖动信号可用于改善 D/A 转换，如图 2.48b 所示。它还可以成功地应用于电力电子系统中，但为了避免信号的动态范围减小，该信号的振幅必须很小。作者研究表明，它的振幅应该在 0.5 ~ 2LSB[85] 之间。图 2.49 描述了一个简单的数字电路，该电路在量化之前，将抖动信号 $D(z)$ 添加到输入信号 $X(z)$ 中。如图 2.50a 所示，应用抖动信号也可以改善噪声整形电路的性能，在环路反馈之外加一个伪随机信号，这样就不会被跟踪环路跟踪。作者进行的仿真研究[85] 表明，获得最大信噪比 SINAD 的最佳伪随机信号幅度约为 0.3LSB。由于噪声整形电路有一个减小量化步长的反馈回路，所以要加的随机信号幅度很小。

加上输入信号的伪随机信号会降低 SNR，因此根据输入信号的幅度改变伪随机信号的幅度是有利的。对于大振幅的输入信号，随机信号的振幅应该减小。这种电路的框图如图 2.50b 所示。根据下列公式，随机信号 $d(nT)$ 的振幅可以根据输入模块[63] 进行调制。

$$d_{\mathrm{m}}(nT_{\mathrm{s}}) = \left(1 - \sqrt{|x(nT_{\mathrm{s}})|}\right)^2 d(nT_{\mathrm{s}}) \tag{2.51}$$

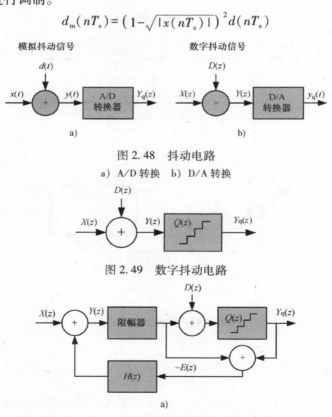

图 2.48　抖动电路
a）A/D 转换　b）D/A 转换

图 2.49　数字抖动电路

图 2.50　带噪声整形电路的抖动电路
a）具有恒定抖动水平

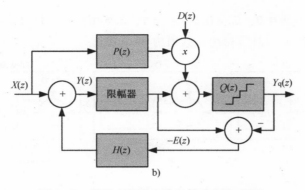

图 2.50　带噪声整形电路的抖动电路（续）

b）具有动态抖动水平

2.7.5　量化噪声的传播

在随后的步骤中，经过不同信号分辨率的电路后所产生的信噪比的确定，是一个重要的问题。在模拟系统中，信噪比与信号电平无关，可用弗里斯噪声公式[34]进行分析。在量化噪声的情况下，信噪比取决于位数和信号范围。图 2.51 给出了典型开环控制系统的示例。该电路由 A/D 转换器、DSP 电路和输出 DPWM 组成，并且只对量化噪声进行分析，忽略输入抗混叠滤波器、输出电路以及其他一些参数的影响。为了考虑噪声和信号传播的分析，在每个阶段都定义了以下参数：k_{xk} 为第 k 阶段信号功率增益；k_{nk} 为第 k 阶段噪声功率增益；A_{Fk} 为第 k 阶段满标度信号振幅；b_k 为第 k 阶段信号分辨率。这种方法适用于分析数字电路（如数字滤波器、PID 控制器等）。该电路总的信噪比可以用下列方程[90]来确定：

$$\mathrm{SNR} = 10\log\left(\frac{P_x}{P_n}\right) = 10\log\left(\frac{3}{2} \cdot \frac{k_{x1}k_{x2}k_{x3}A_x^2}{k_{n1}k_{n2}k_{n3}\dfrac{A_{F1}^2}{2^{2b_1}} + k_{n2}k_{n3}\dfrac{A_{F2}^2}{2^{2b_2}} + k_{n3}\dfrac{A_{F3}^2}{2^{2b_3}}}\right) \qquad (2.52)$$

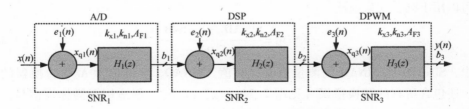

图 2.51　开环数字控制电路的量化模型

2.7.5.1　示例——量化噪声的传播

图 2.52 所示的是由 18 位 A/D 转换器、16 位定点数字信号处理器和 10 位数字脉冲宽度调制器组成的电路，对其进行假设：$A_x = 0.5$，$A_{F1} = 1$，$b_1 = 18$，$k_{x1} = 1$，$k_{n1} = 1$，

$A_{F2}=1$，$b_2=16$，$k_{x2}=0.7$，$k_{n2}=0.5$，$A_{F3}=1$，$b_3=10$，$k_{x3}=1$，$k_{n3}=1$，则总信噪比值可以通过式（2.52）计算得出，其值为 54.4dB。

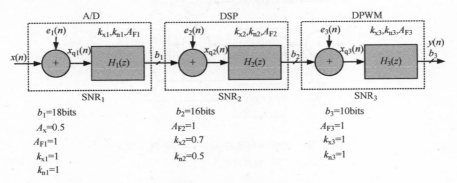

图 2.52　数字电路示例的框图

2.7.6　有效位数

有效位数（ENOB）是数字信号中的一个很有用的参数。该参数考虑了转换过程中产生的所有误差。目前，18 位 A/D 转换器已经十分普遍，因此这个参数的使用变得尤其重要，不过，由于使用得不够充分，其有效位数很容易减少到 $10\sim12$ 位。A/D 转换过程中的主要误差来源是数字传输和高速处理器的时钟信号。其中最主要的是：量化噪声、抖动、A/D 转换器噪声、混叠、积分和微分非线性通道串扰、通道间串扰和其他误差源（见图 2.53）。用于有效位数计算的简化模拟前端如图 2.54 所示。SINAD 是除去直流项后的所需信号（基本）与所有失真和噪声产物之和的比率。SINAD 是信号质量的度量，被定义为

$$SINAD = 10\log\left(\frac{P_x}{P_d+P_n}\right) \qquad (2.53)$$

式中，P_x、P_n、P_d 分别为信号分量、噪声分量和失真分量的平均功率值。有效位数可以用下列公式来描述：

$$ENOB = \frac{SINAD_M - 1.76dB}{6.02} \qquad (2.54)$$

式中，$SINAD_M$ 为 SINAD 的测量值或计算值。$SINAD_M$ 不仅包含 A/D 转换器的误差，还包含所有的转换错误（见图 2.54）。式（2.54）仅适用于满标度信号，对于振幅小于满标度的信号，可需要通过下列公式计算 $ENOB_R$：

$$ENOB_R = \frac{SINAD_M - 1.76dB - 20\log\left(\dfrac{A_F}{A_{in}}\right)}{6.02} \qquad (2.55)$$

式中，A_F 为转换器满标度输入信号幅度；A_{in} 为输入信号幅度。

$$\mathrm{ENOB_R} = 0.5\log_2\left(\frac{P_s}{P_{nd}}\right) - 0.5\log_2\left(\frac{2}{3}\right) - 0.5\log_2\left(\frac{A_F}{A_{in}}\right) \qquad (2.56)$$

式中，P_{nd} 是噪声和失真的功率。

图 2.53　有效位数

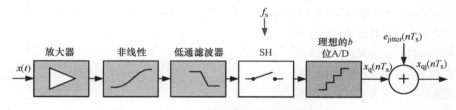

图 2.54　简化模拟前端模型

2.8　适用于电力电子控制电路的 A/D 转换器

目前为 A/D 转换器制造的集成电路的种类超过几百种，因此设计者在为自己的应用选择最佳集成电路时可能会感到困惑。本节将介绍 A/D 转换器的主观选择。在选择过程中，设计者应考虑以下特点：

1）采样速度；

2）精度和分辨率；

3）输入电压范围；

4）串行或并行接口；

5）采样同步；

6）功耗和电源电压；

7）转换延迟时间；

8）独立集成电路或与微处理器集成；

9）成本和可用性。

鉴于上述误差来源，作者认为电力电子系统控制电路中使用的 A/D 转换器必须满足以下要求：

1）多通道同时采样解决方案——多个 SH 电路或多个 A/D 转换器；

2）位数超过 12；

3）A/D 转换器引入的最小延迟，最好的解决方案是逐次逼近（SA）的 A/D 转换器，最流行和最便宜的 A/D 转换器是 Δ-Σ 调制器；

4）通过外部信号达到同步采样时间的能力；

5）如果可能，应该使用相干同步采样。

虽然有大量可用的 A/D 转换器，但只有少数商业集成电路能满足这些要求，所以选择也非常有限。在这一领域 Analog Devices 和 Texas Instruments 处于比较领先的地位。

2.8.1 逐次逼近的 A/D 转换器

基于逐次逼近的 A/D 变换器响应时间短，因此成为电力电子系统的最佳选择。当然，也有已知的更快的 A/D 转换器，如闪存、流水线等，但它们的分辨率通常小于 12 位。采用逐次逼近的 A/D 转换器的框图如图 2.55 所示。在这种 A/D 转换器中，经过处理的采样输入信号通过模拟比较器与来自 D/A 转换器的信号进行比较。D/A 转换器由逐次逼近寄存器控制，它按顺序开关各位，从最高有效位（MSB）到最低有效位（LSB）。在这个过程中，要决定是让位打开还是关闭，因此其循环的数目等于位的数目。最大响应时间为

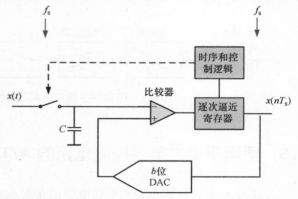

图 2.55 具有逐次逼近的 A/D 转换器的框图

$$t_{max} = T_s + t_{cov} + t_{tran}, \quad T_s > t_{cov} + t_{tran} \tag{2.57}$$

式中，t_{cov} 为 A/D 转换器的转换时间；t_{tran} 为数据从 A/D 转换器到微处理器的传输时间。

2.8.2 带有 Δ-∑ 调制器的转换器

近年来，由于 Δ-∑ 调制器（DSM）的 A/D 转换器设计简单、价格低廉，其成为最常用的 A/D 转换器[64,71]。首先，在这个转换器中使用了过采样技术，允许从 1~24 位增加分辨率。另外一个优点是不含 SH 电路，对抗锯齿滤波器的要求较低。采用 Δ-∑ 调制器的 A/D 转换器的框图如图 2.56 所示。一个位 A/D 转换器包括：积分器、D 触发器、比较器和 1 位 D/A 转换器，它产生一个采样速度等于 Rf_s 的位流，然后通过低通滤波器对信号进行处理，将采样速度降低到 f_s。这个滤波器负责信号延迟。通常使用 FIR 滤波器，其阶数从一百到几百不等。由滤波器 FIR 引入的时延近似等于采样数，采样数等于滤波器阶数的一半：

$$t_{delay} = 0.5 \frac{T_s}{R} N \tag{2.58}$$

式中，N 为 FIR 滤波器的阶数；$\frac{T_s}{R}$ 为转换周期。经过 N 个转换周期后，输出数据完全处理完毕。因此，对这类转换器的应用应慎重考虑。R 的值通常在 64~2048 之间，通常是 2 的幂。

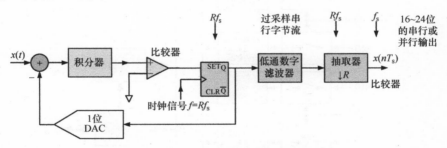

图 2.56 带有 Δ-∑ 调制器的 A/D 转换器的框图

2.8.3 选择同步采样 A/D 转换器

在这一节中，我们将讨论电力电子电路的同步采样和转换问题。

2.8.4 ADS8364

ADS8364 是一个来自 Texas Instruments 生产的同步采样的适用于电力电子应用的典型的 A/D 转换器。ADS8364 包括 6 个 16 位 250kHzA/D 转换器，6 个全差分输入通道组成两对，用于高速同步信号采集[94]。A/D 转换器使用逐次逼近（SA）算法。SH 放大器的输入是完全微分的，并且相对于 A/D 转换器的输入保持微分。这在 50kHz 时提供了 80dB 的出色共模抑制，这在高噪声环境中是很重要的。ADS8364 提供了灵活的高速并行接口，具有直接地址模式、循环和 FIFO 模式。每个通道的输出数据以 16 位字的形式提供。ADS8364 的简化框图如图 2.57 所示。
ADS8364 的特点如下：

1）8 个同时采样的输入；

2）在+2.5V 的参考电压情况下，真双极性模拟输入范围为±2.5V；

3）6 通道全差分输入；

4）6 个独立的 16 位 ADC；

5）每通道 4μs 总吞吐量；

6）精确参考和参考缓冲器；

7）测试没有丢失的代码到 14 位；

8）SNR 83.2dB，SINAD 82.5dB；

9）应用范围：电机控制、三相功率控制、多轴定位系统。

对于使用电力电子产品的电路设计人员来说，这样的安排非常合适，只是昂贵的成本可能会阻碍它的使用。

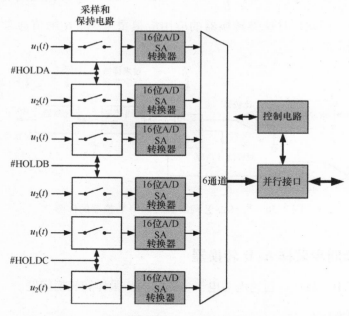

图 2.57　ADS8364 的简化框图：6 通道，16 位 A/D 转换器

2.8.5　AD7608

特别值得注意的是，IC AD7608 来自模拟设备，是一个 8 通道、18 位 SA 数据采集系统（DAS）[6]。另外，在一个芯片中还集成了 8 个可编程的二阶抗锯齿滤波器。模拟信号可以由 8 个跟踪保持电路同时采样。AD7608 的简化框图如图 2.58 所示。AD7608 精选的功能如下：

1）8 个同时采样的输入；

2）真实双极模拟输入范围：±10V，±5V；

3）单 5V 模拟电源和 2.3~5V VDRIVE；

4）完全集成的数据采集解决方案；

5）模拟输入箝位保护；

6）输入缓冲区 1MΩ 模拟输入阻抗；

7）二阶可编程抗锯齿模拟滤波器；

8）精确参考和参考缓冲器；

9）18 位 SA A/D 转换器，所有通道 200kSPS；

10）过采样能力与数字滤波器；

11）SNR 98dB，THD −107dB；

12）并行或串行接口。

类似于 ADS8364，对于使用电力电子产品的电路设计人员来说，这是一个非常合适的解决方案，只是昂贵的成本可能会阻碍它的使用。

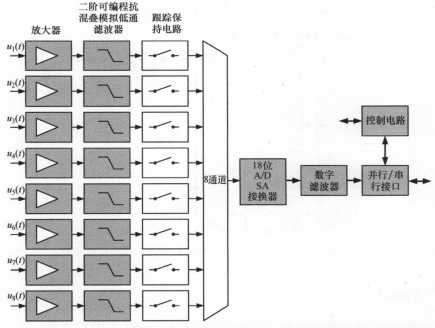

图 2.58　AD7608 的简化框图：18 位，双极，8 通道 DAS，同步采样 TH

2.8.6　ADS1278

ADS1278 是一个 8 通道 24 位，数据速率高达 144kSPS 的 DSM A/D 转换器，允许同时采样 8 个通道[99]。此 A/D 转换器提供了 A/D 转换器中的最高分辨率。

ADS1278 的简化框图如图 2.59 所示。A/D 转换器由 8 个先进的、6 阶斩波稳定的 Δ-Σ 调制器和低纹波线性相位 FIR 滤波器组成。过采样率 R 等于 64 或 128。在对输入进行步骤更改之后，输出数据在 30 个转换周期之前变化很小。根据转换模式的不同，输出数据在 76 或 78 个周期后完全确定。

对于高速模式，最大时钟 f_{clk} 的输入频率为 37MHz，输出信号采样率 f_{data} 为

$$f_{data} = \frac{f_{clk}}{4R} = 144531.25\text{SPS} \tag{2.59}$$

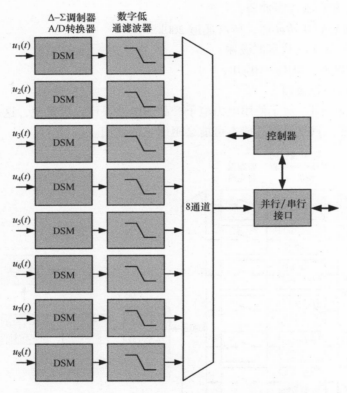

图 2.59 ADS1278 8 通道，24 位，DSM A/D 转换器的简化框图

2.8.7 ADS8568

ADS8568 包含 8 个低功耗 16 位逐次逼近寄存器（SA）A/D 转换器，具有真正的双极输入[100]。这个架构是基于任务再分配原则设计的，它本身就包含 SH 功能。ADS8568 的简化框图如图 2.60 所示。这些设备支持可选择的并行或串行接口，具有链功能。可编程参考允许处理模拟输入信号的振幅高达±12V。ADS8568 的功能如下[100]：

1）8 个同时采样的输入；

2）真实双极模拟输入范围：±10V（±4 * VREF），±5V（±2 * VREF）；

3）参考电压 0.5~2.5V 或 0.5~3.0V；

4）510kSPS（并行接口）或 400kSPS（串行接口）；

5）完全集成的数据采集解决方案；

6）模拟输入箝位保护；

7）SNR 91.5dB，THD −94dB；

8）并行或串行接口。

然而，ADS8568 需要 4 个独立的电源：A/D 转换器的模拟电源（AVDD）、数字接口的缓冲 I/O 电源（DVDD）和驱动模拟输入电路的高压电源（HVDD 和 HVSS）。如果 A/D 转换器只需要一个电源电压则是最好的情况。

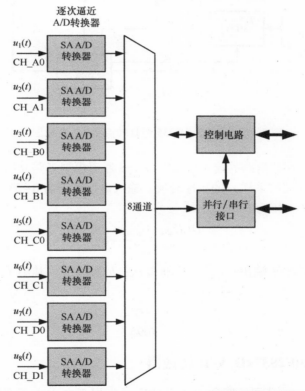

图 2.60　ADS8568 8 通道，16 位，（SA）A/D 转换器的简化框图

2.8.8　TMS320F28335 A/D 转换器

用于电力电子电路的微处理器的快速发展，使得制造商们制造出能够完全满足控制系统需求的集成电路。这种系统的一个例子是来自 Texas Instruments 的数字信号控制器（DSC）[95,98]。它是一个集成了许多有用功能的完整系统。因此，它特

别适合电力电子应用。处理器的核心包含一个 IEEE-754 单精度浮点单元。它还包括 16 通道 12 位 SA A/D 转换器，80ns 的转化率和两个采样保持（SH）电路。因此，两个信号同时采样是可能的。该 A/D 转换器的简化示意图如图 2.61 所示。

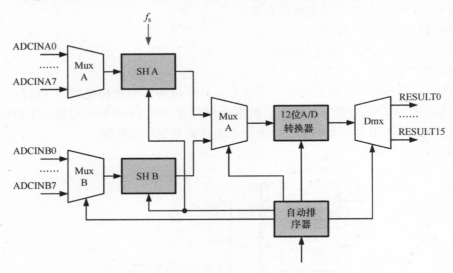

图 2.61　TMS320F28335 A/D 转换器的简化框图

在每个采样和保持电路的输入端都有一个 8 通道模拟多路复用器，该多路复用器允许 8 对信号（同时采样）的顺序转换。输入电压范围为 0~3V。由该方程可以确定变换器的输入电压为

$$U_{in} = \frac{D(U_{ref+} - U_{ref-})}{2^b - 1} + U_{ref-} \tag{2.60}$$

式中，D 为变换器数字输出；U_{ref} 为基准电压；b 为位数。其中 $U_{ref+} = 3V$，$U_{ref-} = 0V$，$b = 12$。

$$U_{in} = \frac{3D}{4095} \tag{2.61}$$

2.8.9　TMS320F2837xD A/D 转换器

Texas Instruments 公司长期致力于设计广泛应用于电力电子系统的微控制器。其中最先进的是 TMS320F2837xD 微控制器家族[101,102]。F2837xD 包括 4 个独立的高性能 A/D 转换器，允许设备有效地管理多个模拟信号，以提高整个系统的吞吐量。每个 A/D 转换器都有一个单独的 SH 电路，使用多个 ADC 模块可以实现同步采样或独立操作。A/D 转换器是使用逐次逼近实现的，它具有 16 位或 12 位的可配置分辨率。图 2.62 所示为 4 个 A/D 转换器之一的简化图。A/D 转换器有许多可能的操作模式[101,102]。在作者看来，最重要的是采样 4 个模拟信号的可能性，遗憾的是它

不能同时采样更多的模拟信号，例如 8 个。

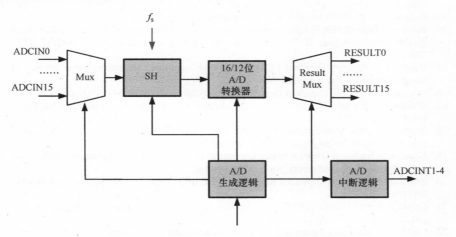

图 2.62 TMS320F2837xD A/D 转换器的简化框图

2.9 结论

本章介绍了模拟信号转换为数字信号时最常见的误差来源。这一过程对整个数字控制系统的质量非常重要。然而，在实际控制系统中，价格是最重要的限制因素之一，设计者不得不妥协解决。本章的讨论可以更好地理解控制系统参数的选择。对于本章讨论的问题的进一步研究，可以查阅文献 [15，16，20，24，26，30，33，36，44，45，52，59，61，69-73，86，87，104，105，108，109]。

参 考 文 献

1. ABB (2012) ESM1000 general informations. Technical report, ABB
2. Allegro (2005) Current sensor: ACS752SCA-100. Technical report, ACS752100-DS Rev. 6, Allegro MicroSystems Inc.
3. Allegro (2011) ACS756, fully integrated, hall effect-based linear current sensor IC with 3 kVRMS voltage isolation and a low-resistance current conductor. Data Sheet, Allegro MicroSystems Inc.
4. Analog Devices (1996) AD215 120 kHz bandwidth, low distortion, isolation amplifier, Analog Devices Inc.
5. Analog Devices (2012) AD8210, High voltage, bidirectional current shunt monitor, Analog Devices Inc.
6. Analog Devices (2012) AD7606/AD7606-6/AD7606-4 8-/6-/4-channel DAS with 16-bit, bipolar input, simultaneous sampling ADC. Data sheet, Analog Devices Inc.
7. Attia JO (1999) Electronics and circuit analysis using MATLAB. CRC Press, Boca Raton
8. Avago (2008) HCPL-7800A/HCPL-7800 isolation amplifier. Technical report, AV02-1436EN, Avago Technologies
9. Avago (2011) HCPL-7860/HCPL-786J optically isolated sigma-delta (S-D) modulator. Technical report, AV02-0409EN, Avago Technologies
10. Avago (2013) Optoisolation products, application block diagrams. Reference Guide, AV00-0271EN, Avago Technologies
11. Avago (2014) Optocouplers. Designer's guide, AV02-4387EN, Avago Technologies

12. Azeredo-Leme C (2011) Clock jitter effects on sampling: a tutorial. IEEE Circuits Syst Mag 3:26–37
13. Baggini A (ed) (2008) Handbook of power quality. Wiley, New York
14. Baird RT, Fiez TS (1995) Linearity enhancement of multibit A/D and D/A converters using data weighted averaging. IEEE Trans Circuits Syst II Analog Digital Sig Process 42(12):753–762
15. Bateman A, Paterson-Stephens I (2002) The DSP handbook: algorithms, applications and design techniques. Prentice Hall, New York
16. Baxandall PF (1959) Transistor sine-wave LC oscillators. In: ICTASD—IRE, pp 748–759
17. Bossche AV, Valchev VC (2005) Inductors and transformers for power electronics. CRC Press, Boca Raton
18. Brannon B (2004) Sampled systems and the effects of clock phase noise and jitter. Application note AN-756. Technical report, Analog Devices Inc.
19. Brannon B, Barlow A (2006) Aperture uncertainty and ADC system performance. Application note AN-501. Technical report, Analog Devices Inc.
20. Bruun G (1978) Z-transform DFT filters and FFT's. IEEE Trans Acoust Speech Signal Process 26(1):56–63
21. Candy J, Temes G (eds) (1992) Oversampling delta-sigma data converters. Theory, design, and simulation. IEEE Press
22. Carley RL, Schreier R, Temes GC (1997) Delta-sigma ADCs with multibit internal converters. In: Norsworthy SR, Schreier R, Temes GC (eds) Delta-sigma data converters. Theory, design, and simulation. IEEE Press
23. Cataltepe T, Kramer AR, Larson LE, Temes GC, Walden RH (1992) Digitaly corrected multi-bit $\Sigma\Delta$ data converters. In: Candy JC, Temes GC (eds) IEEE proceedings of oversampling delta-sigma data converters theory, design, and simulation, ISCAS'89, May 1989. IEEE Press
24. Chen WK (ed) (1995) The circuits and filters handbook. IEEE Press, Boca Raton
25. Chen Young (2011) Closed loop precise Hall current sensor CYHCS-SH. Technical report, Chen Young
26. Crochiere RE, Rabiner LR (1983) Multirate digital signal processing. Prentice Hall Inc., Englewood Cliffs
27. Cummings J, Doogue MC, Friedrich AP (2007) Recent trends in hall effect current sensing (Rev. 1). AN295045. Technical report, Allegro MicroSystems Inc.
28. Cutler C (1960) Transmission system employing quantization. US Patent 2927962
29. Dabrowski A (ed) (1997) Digital signal processing using digital signal processors. Wydawnictwo Politechniki Poznanskiej, Poznan (in polish)
30. Dabrowski A, Sozanski K (1998) Implementation of multirate modified wave digital filters using digital signal processors. In: XXI Krajowa Konferencja Teoria Obwodow i Uklady Elektroniczne, KKTUIE'98, Poznan
31. Data Translation (2008) The battle for data fidelity: understanding the SFDR spec. Technical report, Data Translation
32. Data Translation (2009) Benefits of simultaneous data acquisition modules. Technical report, Data Translation
33. Farhang-Boroujeny B, Lee Y, Ko C (1996) Sliding transforms for efficient implementation of transform domain adaptive filters. Signal Process 52(1):83–96
34. Friis HT (1944) Noise figures of radio receivers. Proc IRE 32(7):419–422
35. Galton I (1997) Spectral shaping of circuit errors in digital-to-analog converters. IEEE Trans Circuits Syst II Analog Digit Signal Process 44(10):789–797
36. Goertzel G (1958) An algorithm for the evaluation of finite trigonometric series. Am Math Monthly 65:34–35
37. Goldberg JM, Sandler MB (1994) New high accuracy pulse width modulation based digital-to-analogue convertor/power amplifier. IEE Proc Circuits Devices Syst 141(4):315–324
38. Gwee BH, Chang JS, Adrian V (2007) A micropower low-distortion digital class-d amplifier based on an algorithmic pulsewidth modulator. IEEE Trans Circuits Syst I Regul Pap 52(10):2007–2022
39. Hartley RVL (1928) Transmission of information. Bell Syst Tech J 7:535–563
40. Hartmann M, Biela J, Ertl H, Kolar JW (2009) Wideband current transducer for measuring ac signals with limited DC offset. IEEE Trans Power Electron 24(7):1776–1787

41. Holmes DG, Lipo TA (2003) Pulse width modulation for power converters: principles and practice. Institute of Electrical and Electronics Engineers, Inc.
42. Honeywell (2008) Current sensors line guide. Technical report, Honeywell International Inc.
43. IEEE (2011) IEEE standard for terminology and test methods for analog-to-digital converters. IEEE Std. 1241-2010. Technical report, IEEE
44. Jacobsen E, Lyons R (2003) The sliding DFT. IEEE Signal Process Mag 20(2)
45. Jacobsen E, Lyons R (2004) An update to the sliding DFT. IEEE Signal Process Mag 21:110–111
46. Kazimierkowski M, Malesani L (1998) Current control techniques for three-phase voltage-source converters: a survey. IEEE Trans Ind Electron 45(5):691–703
47. Kazmierkowski MP, Kishnan R, Blaabjerg F (2002) Control in power electronics. Academic Press, San Diego
48. Kester W (2004) Analog-digital conversion. Analog Devices Inc., Norwood
49. Kester W (2005) The data conversion handbook. Newnes, New York
50. Kester W (2009) Understand SINAD, ENOB, SNR, THD, THD+N, and SFDR so you don't get lost in the noise floor. Technical report, Analog Devices Inc.
51. Kotelnikov AV (1933) On the capacity of the 'ether' and of cables in electrical communication. In: Proceedings of the first All-Union Conference on the technological reconstruction of the communications sector and low-current engineering, Moscow
52. Kurosu A, Miyase S, Tomiyama S, Takebe T (2003) A technique to truncate IIR filter impulse response and its application to real-time implementation of linear-phase IIR filters. IEEE Trans Signal Process 51(5):1284–1292
53. Larson LE, Cataltepe T, Temes G (1992) Multibit oversampled—A/D converter with digital error correction. In: Candy JC, Temes GC (eds) Oversampling delta-sigma data converters. Theory, design, and simulation, IEEE Electronics Letters, 24 August 1988. IEEE Press
54. Leung BH, Sutarja S (1992) Multibit—A/D converter incorporating a novel class of dynamic element matching techniques. IEEE Trans Circuits Syst II Analog Digital Signal Process 39(1):35–51
55. LEM (2004) Isolated current and voltage transducer, 3rd edn. LEM Components
56. LEM (2012) Current transducer LA 55-P. LEM Components
57. LEM (2012) Current transducer LA 205-S. Technical report, LEM Components
58. Lyons R (2004) Understanding digital signal processing, 2nd edn. Prentice Hall, Upper Saddle River
59. Lyons R, Bell A (2004) The Swiss army knife of digital networks. IEEE Signal Process Mag 21(3):90–100
60. Mitra S (2006) Digital signal processing: a computer-based approach. McGraw-Hill, New York
61. Mohan N, Undeland TM, Robbins WP (1995) Power electronics, converters, applications and design. Wiley, New York
62. Mota M (2010) Understanding clock jitter effects on data converter performance and how to minimize them. Technical report, Synopsis Inc.
63. Norsworthy SR (1997) Quantization errors and dithering in modulators. In: Norsworthy SR, Schreier R, Temes GC (eds.) Delta-sigma data converters. Theory, design, and simulation. IEEE Press
64. Norsworthy SR, Schreier R, Temes GC (eds) (1997) Delta-sigma data converters, theory, design, and simulation, IEEE Press
65. Nyquist H (1924) Certain factors affecting telegraph speed. Bell Syst Tech J 3:324–346
66. Nyquist H (1928) Certain topics in telegraph transmission theory. AIEE Trans 47:617–644
67. Oppenheim AV, Schafer RW (1999) Discrete-time signal processing. Prentice Hall, New Jersey
68. Orfanidis SJ (2010) Introduction to signal processing. Prentice Hall, Inc., Upper Saddle River
69. Oshana R (2005) DSP Software development techniques for embedded and real-time systems. Newnes, Boston
70. Owen M (2007) Practical signal processing. Cambridge University Press, Cambridge
71. Plassche R (2003) CMOS integrated analog-to-digital and digital-to-analog converters. Springer, New York

72. Powell SR, Chau PM (1991) A technique for realizing linear phase IIR filters. IEEE Trans Signal Process 39(11):2425–2435

73. Press WH, Teukolsky SA, Vetterling WT, Flannery BP (2007) Numerical recipes: the art of scientific computing, 3rd edn. Cambridge University Press, Cambridge

74. Proakis JG, Manolakis DM (1996) Digital signal processing, principles, algorithms, and application. Prentice Hall Inc., Englewood Cliffs

75. Rabiner LR, Gold B (1975) Theory and application of digital signal processing. Prentice Hall Inc., Englewood Cliffs

76. Ray WF, Davis RM (1993) Wide bandwidth Rogowski current transducer: part 1—the Rogowski coil. EPE J 3(2):116–122

77. Ray WF, Davis RM (1993) Wide bandwidth Rogowski current transducer: part 2—the integrator. EPE J 3(1):51–59

78. Ray WF, Davis RM (1997) Developments in Rogowski current transducer. In: Conference proceedings, EPE, Trondheim, vol 3, pp 308–312

79. Redmayne D, Trelewicz E, Smith A (2006) Understanding the effect of clock jitter on high speed ADCs. Design Note 1013. Technical report, Linear Technology, Inc.

80. Rollier S (2012) High accuracy, high technology: the perfect choice! ITB 300-S/IT 400-S/IT 700-S current transducers. Technical report, LEM Components

81. Schreier R, Temes GC (2004) Understanding delta-sigma data converters. Wiley-IEEE Press, New York

82. Shannon CE (1948) A mathematical theory of communication. Bell Syst Tech J 27: 379–423 and 623–656

83. Silicon Laboratories (2015) Si8920ISO-EVB, Si8920ISO-EVB user's guide, Silicon Laboratories

84. Silicon Laboratories (2016) Si8920 Isolated amplifier for current shunt measurement. Data Sheet, Silicon Laboratories

85. Sozański K (1999) Design and research of digital filters banks using digital signal processors. PhD thesis, Technical University of Poznan (in Polish)

86. Sozański K (2002) Implementation of modified wave digital filters using digital signal processors. In: Conference proceedings of 9th international conference on electronics, circuits and systems, pp 1015–1018

87. Sozański K (2012) Realization of a digital control algorithm. In: Benysek G, Pasko M (eds) Power theories for improved power quality. Springer, London, pp 117–168

88. Sozański K, Strzelecki R, Fedyczak Z (2001) Digital control circuit for class-D audio power amplifier. In: Conference proceedings of 2001 IEEE 32nd annual power electronics specialists conference, PESC'01, pp 1245–1250

89. Sozanski K (2015) Selected problems of digital signal processing in power electronic circuits. In: Conference proceedings, SENE'15, Lodz Poland

90. Sozanski K (2016) Signal-to-noise ratio in power electronic digital control circuits. In: Conference proceedings of signal processing, algorithms, architectures, arrangements and applications, SPA'16. Poznan University of Technology, pp 162–171

91. Spang H, Schulthessis P (1962) Reduction of quantizing noise by use of feedback. IRE Trans Commun Syst 10:373–380

92. Strzelecki R, Fedyczak Z, Sozanski K, Rusinski J (2000) Active power filter EFA1. Technical Report, Instytut Elektrotechniki Przemyslowej, Politechnika Zielonogorska (in Polish)

93. Texas Instruments (2005) ISO124 precision lowest-cost isolation amplifier. Data sheet, Texas Instruments Inc.

94. Texas Instruments (2006) ADS8364 250kSPS, 16-bit, 6-channel simultaneous sampling analog-to-digital converter, Data sheet. Texas Instruments Inc.

95. Texas Instruments (2008) TMS320F28335/28334/28332, TMS320F28235/28234/28232, digital signal controllers (DSCs). Data Manual, Texas Instruments Inc.

96. Texas Instruments (2009) ISO120, ISO121 precision low cost isolation amplifier. Technical report, iso121.pdf, Texas Instruments, Inc.

97. Texas Instruments (2010) INA270, INA271 voltage output, unidirectional measurement current-shunt monitor. Data sheet, Texas Instruments Inc.

98. Texas Instruments (2010) C2000 teaching materials, tutorials and applications. SSQC019, Texas Instruments Inc.

99. Texas Instruments (2011) ADS1274, ADS1278, quad/octal, simultaneous sampling, 24-bit analog-to-digital converters. Data sheet, Texas Instruments Inc.
100. Texas Instruments (2011) Simultaneous sampling analog-to-digital converters 12-, 14-, 16-bit, eight-channel. Data sheet, Texas Instruments Inc.
101. Texas Instruments (2016) TMS320F2837xD dual-core delfino microcontrollers. Data sheet, Texas Instruments Inc.
102. Texas Instruments (2016) The TMS320F2837xD architecture: achieving a new level of high performance. Technical Brief, Texas Instruments Inc.
103. Tewksbury S (1978) Oversampled, linear predictive and noise-shaping coders of order N > 1. IEEE Trans Circuits Syst 25(7):436–447
104. Trzynadlowski A (2010) Introduction to modern power electronics. Wiley, New York
105. Vaidyanathan PP (1992) Multirate systems and filter banks. Prentice Hall Inc., Englewood Cliffs
106. Verona J (2001) Power digital-to-analog conversion using sigma-delta and pulse width modulations, ECE1371 Analog Electronics II, ECE University of Toronto 2001, vol II, pp 1–14
107. Vishay (2011) Linear optocoupler, high gain stability, wide bandwidth. Data sheet, Vishay Semiconductor GmbH
108. Wanhammar L (ed) (1999) DSP integrated circuit. Academic Press, London
109. Zieliński T (2005) Digital signal processing: from theory to application. Wydawnictwo Komunikacji i Lacznosci, Warsaw (in Polish)
110. Zolzer U (ed) (2002) DAFX—digital audio effects. Wiley, New York
111. Zolzer U (ed) (2008) Digital audio signal processing. Wiley, New York
112. Zumbahlen H (ed) (2007) Basic linear design. Analog Devices Inc., Norwood

第 3 章
信号滤波与分离的选用方法及其实现

3.1 概述

本章主要介绍数字信号滤波、分离及其实现的具体方法，主要用在电力电子控制电路中的数字滤波器和滤波器组。首先，本章介绍了使用数字信号处理器[23]实现晶格型波数字滤波器（LWDF）和改进的晶格型波数字滤波器（MLWDF）的方法，主要分析一阶和二阶适配器[63,64]中使用数字信号处理器实现的改进晶格型数字滤波器。对于需要较多运算的线性相移滤波器和 FIR 滤波器系统，可以考虑采用线性相移 IIR 滤波器。本章针对这些滤波器提出了新的解决方案。该方案应用在音频系统中有显著的效果，不仅可以在 D 类放大器中内插信号，还考虑了多速率电路以及改变信号采样率对信号质量的影响。其次，本章还介绍了双向 LWDF 插值器的非常有效的应用。另外，本章还补充了相关电路使用这些算法的 MATLAB®程序，仿真结果呈现电路的特征。本章选择的电力电子设备是一个 APF，这个滤波器组可以方便地实现分离和选择补偿谐波，具有的功能如：严格互补[68]、滑动 DFT[65-67,69]、滑动 Goertzel DFT、移动 DFT 和 LWDF[64]。在本章的后半部分将介绍所选数字信号处理器（DSP）的功能。

3.2 数字滤波器

数字滤波器用于将信号从一种形式转换为另一种形式，尤其是消除信号中的特定频率。"滤波器"一词源于电气工程，并且滤波器主要由无源元件实现，因此主流滤波器理论在电气工程中得到了发展。随着技术的提高，数字滤波器得到了快速的发展，数字滤波器的输入信号 $x(n)$ 可以是多个信号的线性组合，对输入信号的处理得到输出信号 $y(n)$。数字滤波器可以使用 LTI 离散时间电路实现（参见第 1 章），这里将介绍两种基本的数字滤波器：

1）递归型滤波器，也称为无限冲激响应（IIR）滤波器，该滤波器带有反馈；

2）非递归型滤波器，无反馈的滤波器，也称为有限冲激响应（FIR）滤波器。

许多作者也大量地讲述了有关数字滤波器设计的问题，这里主要推荐下面这些关于数字滤波器的书，其中包括由 Oppenheim 等[52]、Rabiner 和 Gold[61]、Proakis 和

Manolakis[59]、Hamming[39]、Mitra[50]、Zieliński[88,89]、Chen 等[16]、Vaidyanathan[82]、Wanhammar[86]、Pasko[57]、Izydorczyk 和 Konopacki[40]、Dabrowski[20,21]、Venezuela 和 Constantindes[83]、Orfanidis[53,54]、Owen[56]、Zolcer[90,91]以及许多其他作者出版的书籍。上述出版书籍所介绍的众多数字滤波器中，本章选取了一些典型应用在电力电子设备控制电路中的数字滤波器。

3.2.1　数字滤波器指标

设计滤波器，主要是构建满足所需频率响应规范的滤波器的传递函数。理想的低通数字滤波器的幅频特性如图 3.1 所示。对于具有截止频率f_{cr}的理想数字滤波器，通带的范围是 $0 \sim f_{cr}$，阻带则为 $f_{cr} \sim f_s/2$，幅度 $D(\omega)$ 用于正频率：

$$D(\omega) = \begin{cases} 1, 0 \leqslant \omega \leqslant \omega_{cr} \\ 0, \omega_{cr} < \omega \leqslant \omega_s/2 \end{cases} \tag{3.1}$$

图 3.1 还描述了普通（非理想）数字滤波器的特性，在这种情况下：$0 \leqslant f \leqslant f_p$ 为通带，$f_p < f < f_z$ 为过渡带，$f_z \leqslant f \leqslant f_s/2$ 为阻带。此外，还有其他参数的定义：δ_p 为通带的纹波，δ_z 为阻带的纹波。利用滤波器这些规范定义的参数，便可以很好地找到数字电路的期望透射率。用同样的方法规定了高通、带通和带阻数字滤波器。

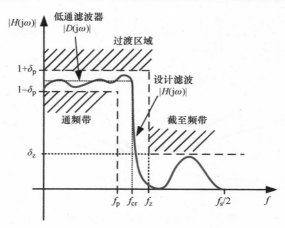

图 3.1　低通数字滤波器的幅频特性

3.2.2　有限冲激响应数字滤波器

最简单的数字滤波器之一是基于平均值概念的滤波器，在第 1 章中已经进行简要的介绍。这种三阶非递归型数字滤波器的信号流如图 3.2 所示，它是一种简单类型的数字滤波器，可由线性离散系统表示为

$$y(n) = b_0 x(n) + b_1 x(n-1) + b_2 x(n-2) + b_3 x(n-3) = \sum_{k=0}^{3} b_k x(n-k) \tag{3.2}$$

式中，b_k 为常数（对于时不变系统）；$x(n-k)$ 为输入序列（输入样本）；$y(n)$ 为输出。

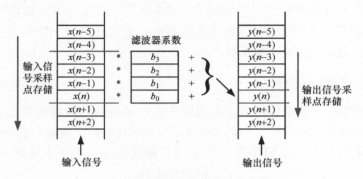

图 3.2　三阶非递归型数字滤波器的信号流

N 阶有限冲激响应（Finite Impulse Response，FIR）滤波器的传递函数为

$$H(z) = \frac{Y(z)}{X(z)} = b_0 + b_1 z^{-1} + b_2 z^{-2} + \cdots + b_N z^{-N} = \sum_{k=0}^{N} b_k z^{-k} \tag{3.3}$$

N 阶数字 FIR 滤波器的框图如图 3.3 所示。

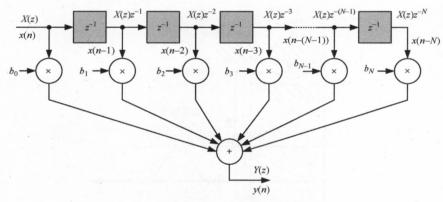

图 3.3　N 阶数字 FIR 滤波器的框图

　　当前有许多微处理器能够实现并行操作，这使得算法的实现由关键路径决定。数字信号处理电路的关键路径是所有顺序列表中计算输出信号所需的操作。实现 FIR 滤波器的典型电路如图 3.4 所示，其中 MAC 表示乘法累加运算。在图 3.4 中关键路径的实现用灰色虚线表示，其包含了一个乘法和 $N+1$ 个加法，而剩下的操作可以与关键路径的操作并行进行。也就是说，关键路径是考虑其相互依赖性时通过数字电路的最长且不可省略的路径。然而我们应该注意，当设计用于实现 FIR 滤波器的现代信号处理器时，它可以在单个周期中执行乘法、累加运算和两次转移运算。因此，FIR 滤波器的关键路径可以完整实现。还应该注意的是，实现 FIR

滤波器的算法也可以轻易分成并行执行的部分。

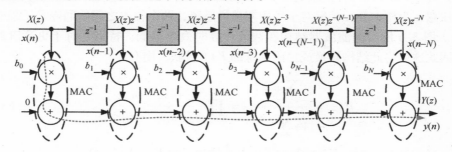

图 3.4　N 阶数字 FIR 滤波器的实现

FIR 滤波器具有许多优点，例如：良好的稳定性、精确的线性相位特性、易于实现等，因此被广泛用于许多不同的领域。然而，这种滤波器的主要缺点是必须使用在高阶（甚至几百阶）系统，信号最终延迟等于 $N/2$ 个样本。

3.2.3　无限脉冲响应数字滤波器

在无限脉冲响应（IIR）数字滤波器中，输出信号 $y(n)$ 不仅由输入序列 $x(n)$ 决定，还与前一个输出信号有关。三阶 IIR 滤波器的信号流如图 3.5 所示，则其输出信号可表示为

$$
\begin{aligned}
y(n) &= b_0x(n) + b_1x(n-1) + b_2x(n-2) + b_3x(n-3) - \\
&\quad a_1y(n-1) - a_2y(n-2) - a_3y(n-3) \\
&= \sum_{k=0}^{3} b_k x(n-k) - \sum_{k=1}^{3} a_k y(n-k)
\end{aligned}
\tag{3.4}
$$

通常，IIR 滤波器用于线性时不变系统（LTI），因此传递函数可写为

$$
H(z) = \frac{Y(z)}{X(z)} = \frac{b_0 + b_1z^{-1} + b_2z^{-2} + \cdots + b_Nz^{-N}}{1 + a_1z^{-1} + a_2z^{-2} + \cdots + a_Mz^{-M}}
\tag{3.5}
$$

此滤波器的阶数由 $\max(N, M)$ 确定，LTI 系统的离散实现框图如图 3.6 所示。则输出信号为

$$
\begin{aligned}
Y(z) &= (b_0X(z) + b_1X(z)z^{-1} + b_2X(z)z^{-2} + \cdots + b_NX(z)z^{n-N}) - \\
&\quad (a_1Y(z)z^{-1} + a_2Y(z)z^{-2} + \cdots + a_MY(z)z^{-M}) \\
&= \sum_{k=0}^{N} b_k X(z)z^{-k} - \sum_{k=1}^{M} a_k Y(z)z^{-k}
\end{aligned}
\tag{3.6}
$$

或用差分方程表示为

$$
\begin{aligned}
y(n) &= (b_0x(n) + b_1x(n-1) + b_2x(n-2) + \cdots + b_Nx(n-N)) - \\
&\quad (a_1y(n-1) + a_2y(n-2) + \cdots + a_My(n-N)) \\
&= \sum_{k=0}^{N} b_k x(n-k) - \sum_{k=1}^{M} a_k y(n-k)
\end{aligned}
\tag{3.7}
$$

式中，$x(n)$ 是 $x(nT_s)$ 的简化形式，通常为了简单起见统一使用 $x(n)$ 来表示。但应注意 n 为样本数，一般对于等周期采样系统，两个样本之间的间隔等于采样周期 T_s。图 3.6 所示的滤波器结构在数值计算时效率很低，特别是对于更高阶的系统，因此这里将此结构转换成二阶系统的 $K+1$ 级联，则有

$$H(z) = \frac{\sum_{k=0}^{N} b_k z^{-k}}{1 + \sum_{k=1}^{N} a_k z^{-k}} = \prod_{k=0}^{K} \frac{b_{k0} + b_{k1} z^{-1} + b_{k2} z^{-2}}{a_{k0} + a_{k1} z^{-1} + a_{k2} z^{-2}} \tag{3.8}$$

式中，当 N 为偶数时，$K = N/2$；当 N 为奇数时，则 $K = (N+1)/2$。

N 阶级联数字 IIR 滤波器的框图如图 3.7 所示。

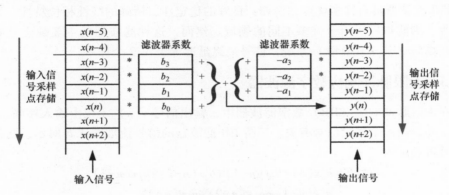

图 3.5　三阶 IIR 滤波器的信号流

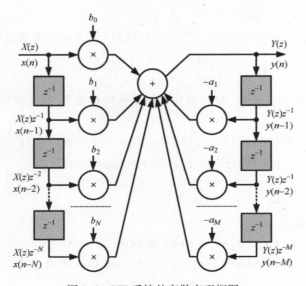

图 3.6　LTI 系统的离散实现框图

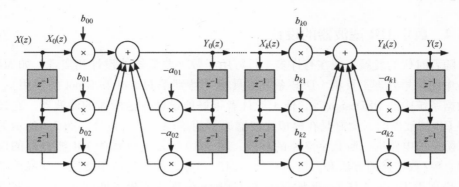

图 3.7 N 阶级联数字 IIR 滤波器的框图

由于 IIR 滤波器包含反馈，因此必须不断检测反馈信号的稳定性。此外，IIR 滤波器的不稳定性也可能与计算精度的局限性有关，故采用 IIR 滤波器时应必须仔细检查每个环节。表 3.1 给出了 FIR 和 IIR 滤波器的比较。

表 3.1 数字滤波器的比较

功 能	FIR	IIR
典型 N 阶	20~500	1~8
稳定性	始终稳定	需具体分析
相位响应	线性	非线性
延时	N 型	适度
群延时	$N/2$ 型	适度
缓冲器长度	N	$2N$
极限环	无	可能出现
实现难度	非常简单	中等
并行实现	非常简单	有可能

标有关键路径的二阶 IIR 滤波器的实现框图如图 3.8 所示，其中 MAC 为乘法累加运算。从图 3.8 中可以看出关键路径中包括了一次乘法、五次加法和一次延迟。与 FIR 滤波器类似，其余操作可以与关键路径的操作并行执行。但若使用数字信号处理器，就可在一个机器周期中执行乘法累加（MAC）运算和两次传输操作。

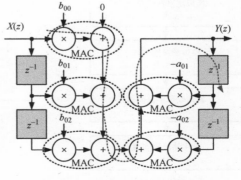

图 3.8 二阶 IIR 滤波器的实现框图

3. 2. 4　数字 IIR 滤波器的设计

随着时代的发展，现在有许多工具可用于数字滤波器的设计和实现，如 MAT-LAB 中的信号处理工具箱、DSP 系统工具箱（特别是 fdatool 和 fvtool 的使用）、动量数据系统中的 QEDesign 等，便于设计者很好地设计自己所需的滤波器。在设计数字 IIR 滤波器时，最好是在模拟滤波器原型的基础上进行设计。图 3.9 所示为一个二阶模拟电路向二阶数字电路的转换，图 3.10 所示的框图为 IIR 滤波器的设计流程。模/数转换的方法有：后向差分、前向差分、冲激响应不变法、双线性变换法（也称为 Tustin 方法）、匹配双线性、匹配 z 变换或零极点匹配法等，这些方法在文献 [48，50，52，59，74] 中有大量的描述，其中最常用且有效的是双线性变换法。双线性变换是将稳定的连续系统映射到稳定的离散系统中，在离散域中具有稳定性，这意味着在 z 平面中没有位于单位圆外的系统极点，图 3.11 所示为双线性变换的映射。

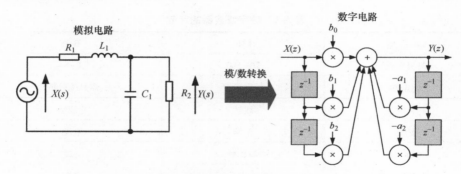

图 3.9　二阶模拟电路向二阶数字电路的转换

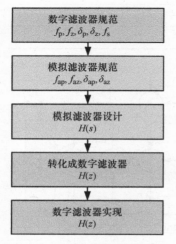

图 3.10　IIR 滤波器的设计流程

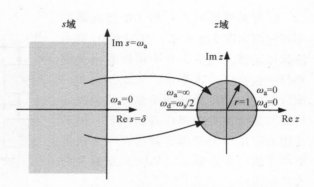

图 3.11　双线性变换的映射

对于双线性变换，其中一阶 Pade 近似用 z^{-1}，而不是用一阶序列近似，则：

$$z^{-1} = e^{-sT_s} \approx \frac{1 - \dfrac{T_s}{2}s}{1 + \dfrac{T_s}{2}s} \Rightarrow s = \frac{2}{T_s} \frac{1 - z^{-1}}{1 + z^{-1}} \tag{3.9}$$

式中，T_s 为采样周期。

双线性变换是将 s 平面的左半部分映射到 z 平面中的整个单位圆。虽然这种变换不能保留原始 z 变换的频率响应特性，但从它变换的方式来看，仍是一个很好的近似。其中模拟频率 ω_a 与数字频率 ω_d 之间的非线性关系可表示为

$$\omega_d = \frac{2}{T_s} \arctan\left(\omega_a \frac{T_s}{2}\right) \tag{3.10}$$

在设计过程中，应特别注意模拟到数字频率的非线性变化，尤其在高频情况下。因此应该对频率进行校正，图 3.12 所示为使用双线性变换将模拟滤波器转换为数字滤波器时频率的转换。

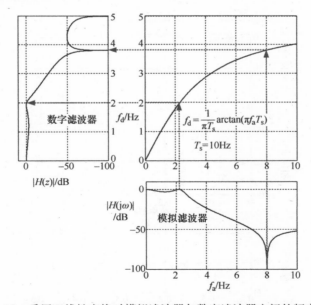

图 3.12 采用双线性变换时模拟滤波器与数字滤波器之间的频率转换

模拟电路的频率响应在零与频率 f_s 之间，而在数字域中则会从零压缩到 $f_s/2$ 频率。因此，模拟和数字电路的特性是不同的，特别是在 $f_s/2$ 频率附近。若采样频率 f_s 远大于通带频率的最高频分量 f_b，则可以接受。

清单 3.1 是利用 MATLAB 将模拟电路转换为数字电路的程序。下面对一个模拟电路采用 8 阶椭圆低通滤波器进行滤波，其中图 3.13a 和 b 所示为使用模拟滤波器的频率特性，而图 3.13c 和 d 所示为使用双线性变换后的数字滤波器的频率响应。

清单 3.1　模拟电路向数字电路的转换程序

```
1   clear all; close all; l_width = 1.5; f_size = 10;
2   fs = 1.0;                               % 采样频率
3   [z,p,k] = ellipap(8,7,50);              % 低通滤波器omega=1
4   [num,den] = zp2tf(z,p,k);               % 转化为传递函数形式
5   w = logspace(-1,1,2^14);                % 生成对数离散向量
6   figure('Name','Analog_prototype','NumberTitle','off');
7   h = freqs(num,den,w); fa=w/(2*pi);
8   figure('Name','Frequency_response_of_analog_prototype','NumberTitle','off');
9   subplot(2,1,1), plot(fa,20*log10(abs(h)),'r','linewidth',l_width),
10  set(gca,'FontSize',f_size), grid on, axis([0 0.5 -100 5])
11  title('(a)'), ylabel('Magnitude_[dB]');
12  subplot(2,1,2), plot(fa,180/pi*angle(h),'b','linewidth',l_width),
13  set(gca,'FontSize',f_size),grid on, set(gca,'Xlim',[0 0.5]);
14  xlabel 'Frequency_(Hz)', ylabel('Phase_[deg]'); title('(b)'),
15  print('analog_prototype.pdf','-dpdf');
16  [numd,dend] = bilinear(num,den,fs);     % 模/数转换器
17  N=2^14; imp=[1 zeros(1,N-1)];
18  resp=filter(numd,dend,imp);
19  spect=fft(resp); f=(0:N-1)/(fs*N);
20  figure('Name','Frequency_response_of_digital_filter','NumberTitle','off');
21  subplot(2,1,1), plot(f,20*log10(abs(spect)),'r','linewidth',l_width),
22  set(gca,'FontSize',f_size), grid on, axis([0 fs/2 -100 5]);
23  title('(c)'), ylabel('Magnitude_[dB]');
24  subplot(2,1,2), plot(f,180/pi*angle(spect),'b','linewidth',l_width),
25  set(gca,'FontSize',f_size),grid on, title('(d)'), set(gca,'Xlim',[0 fs/2]);
26  xlabel 'Frequency_(f/f_{s})', ylabel('Phase_[deg]');
27  print('digital_filter.pdf','-dpdf');
```

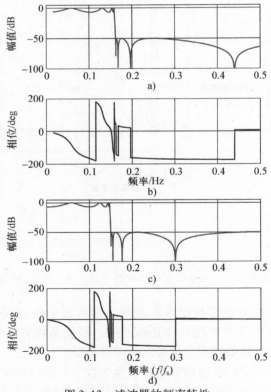

图 3.13　滤波器的频率特性

a)、b) 为模拟滤波器　c)、d) 为数字滤波器

3.3　晶格型波数字滤波器

在 20 世纪 60 年代，Fettweis[29,30]提出了同时将模拟电路的传递函数和无源模拟滤波器的结构转换到数字域的想法。后来这些滤波器被命名为波数字滤波器（WDF）。

WDF 具有许多良好的特性[19,21,30-32,34,35,45,46,86]，例如它对通带系数的灵敏度相对较低，有较小的舍入误差，对寄生振荡具有高阻特性（有限个周期），有优异的动态范围，舍入噪声较低，以及具有恢复通常在插值和抽取过程中丢失的有效伪功率的能力等。

WDF 可以分成两种基本类型，即 leader 型和 lattice 型，其中特别值得注意的是晶格型波数字滤波器。晶格型波数字滤波器由两个模块 $S_1(z)$ 和 $S_2(z)$ 构成，用于实现全通功能。$S_1(z)$ 和 $S_2(z)$ 通过级联的一阶和二阶全通部分来实现（见图 3.14）。晶格型 WDF 的传递函数可以写成：

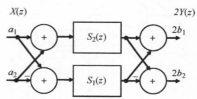

图 3.14　晶格型波数字
滤波器的简化框图

$$H(z) = 0.5(S_1(z) + S_2(z)) \qquad (3.11)$$

这些全通滤波器可以用文献［30，32，37］中描述的几种方式来实现。产生并行和模块化滤波器算法的一种方法是使用级联的一阶和二阶部分。图 3.15 给出了一个 N 阶晶格型 WDF 的详细框图，晶格型 WDF 由一个一阶和几个二阶全通部分组成。

这里使用对称双端口适配器实现了一阶和二阶全通部分。波数字滤波器在 20 世纪 70 年代被首次提出，当时乘法是一项非常昂贵的操作，因此对它们的设计尽可能使用最小数量的乘法器。典型的经典双端口适配器如图 3.16b 所示，它需要一个乘法器和三个加法器。用于构建经典的全通部分双端口适配器如图 3.17 所示。一阶全通部分（见图 3.17a）的反射信号 b_1 和 b_2 可以通过式（3.12）计算得到：

$$\begin{cases} b_1 = -\gamma_1 a_1 + (1+\gamma_1) a_2 \\ b_2 = (1-\gamma_1) a_1 + \gamma_1 + a_2 \end{cases} \qquad (3.12)$$

一阶全通部分的传递函数由下式给出：

$$H(z) = \frac{-\gamma + z^{-1}}{1 - \gamma z^{-1}} \qquad (3.13)$$

如图 3.17b 所示的经典二阶全通滤波器，其传递函数由下式给出：

$$H(z) = \frac{-\gamma_1 + (\gamma_1\gamma_2 - \gamma_2)z^{-1} + z^{-2}}{1 + (\gamma_1\gamma_2 - \gamma_2)z^{-1} - \gamma_1 z^{-2}} \qquad (3.14)$$

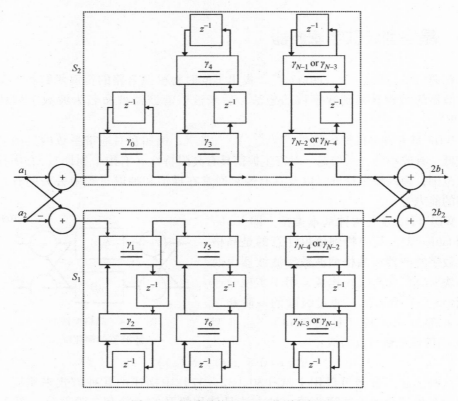

图 3.15　N 阶晶格型 WDF 的详细框图

Gazsi[37] 很好地描述了 LWDF 的设计方法和算法。通过这些方法，代尔夫特理工大学为设计波数字滤波器准备了一个非常有用的工具，即用于 MATLAB 的（L）WDF 工具箱[7,8]。

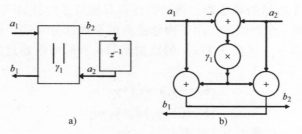

图 3.16　经典一阶全通部分的框图

a）全通滤波器　b）双端口适配器

3.3.1　经典 IIR 滤波器与晶格型波数字滤波器的比较

通常，IIR 数字滤波器通过将它们分成二阶部分来实现（见图 3.7）。为了比较

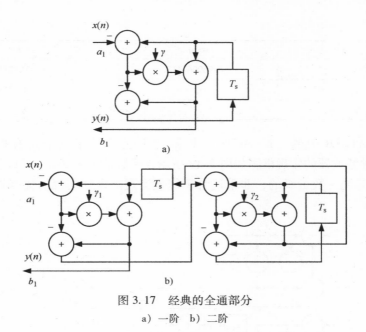

图 3.17　经典的全通部分
a）一阶　b）二阶

IIR 滤波器的实现，设计了两个三阶巴特沃兹滤波器，其参数为：穿越频率 f_{cr} = 50Hz，采样频率 f_s = 10kHz。使用标准 MATLAB 工具对经典的 IIR 滤波器进行设计。图 3.18 显示了这种滤波器的方案，滤波器使用两个 SOS 部分实现，滤波器系数的值见表 3.2。滤波器的系数似乎对定点实现很有用，但是，应注意 b_{00} 和 b_{01} 的值之间差异很小，比例系数 k 也很小。

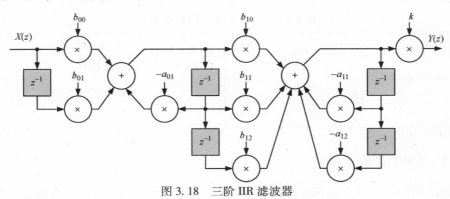

图 3.18　三阶 IIR 滤波器

表 3.2　三阶巴特沃兹数字滤波器系数

系　　数	$n=0$	$n=1$
b_{n0}	1.000000000	1.000000000
b_{n1}	0.999990222	2.000009777
b_{n2}	0	1.000009778

（续）

系　　数	$n=0$	$n=1$
a_{n1}	−0.969067417	−1.968103311
a_{n2}	0	0.969074930
k		$3.756838019 \times 10^{-6}$

使用 MATLAB 中的（L）WDF 工具箱[7,8,26]还设计了一个具有相同参数的 LWDF，这种滤波器的实现框图如图 3.19 所示，系数值见表 3.3。可以看出，滤波器系数的值是同一数量级的，非常适合于定点实现。这种实现的优点在浮点实现中也能体现。

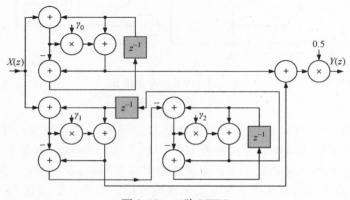

图 3.19　三阶 LWDF

表 3.3　三阶巴特沃兹 LWDF 系数

γ	设　定　值
γ_0	0.969069850
γ_1	−0.969077362
γ_2	0.999506639

3.3.2　LWDF 的实现

两个经典的一阶全通部分如图 3.20 所示，它们都需要进行一次乘法、三次加法和一次延迟。对于两个全通部分的关键路径进行了标记，这两个版本的关键路径长度不同。图 3.20a 中一阶全通部分的关键路径包括一次乘法、两次加法和一次延迟，而图 3.20b 中包括一次乘法、三次加法和一次延迟。因此，第一个版本更适合在具有并行指令集的数字信号处理器中实现。图 3.21 给出了作者使用 SHARC DSP 实现的经典一阶部分，此方法需要五个 SHARC DSP 机器周期。

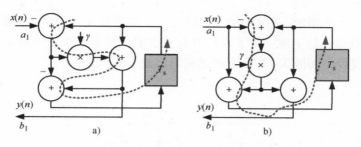

图 3.20　一阶全通经典部分的关键路径

a）、b）两端口适配器的两种实现

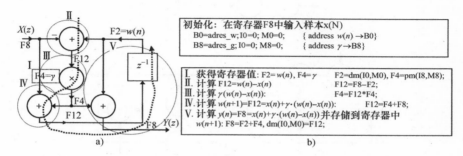

图 3.21　使用 SHARC DSP 实现的经典一阶部分

a）框图　b）对应的程序

图 3.22 中的二阶全通部分包括两次乘法、六次加法和两次延迟。二阶全通部分的关键路径包括一次乘法、五次加法和一次延迟。观察一阶和二阶部分的框图，可以看出它们不太适用于现代数字信号处理器。关于 LWDF 有效实现的思考可以在 Fettweis[33]、作者[64,73]、Dabrowski[23]、Vesterbacka[84,85]、Wanhammar[86] 的著作中找到。

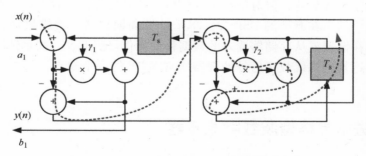

图 3.22　二阶全通经典部分的关键路径

使用式（3.12）描述双端口适配器，可以将该框图转换为图 3.23a 所示的形式，这样就可以获得实现所需的用于执行四次乘法和两次加法的适配器。通过对图 3.23 中的电路进行恒等变换，对适配器进行了修正，使其改为三次乘法和两次加法，如图 3.23b 所示。适配器（见图 3.23b）需要放置一个额外的系数 $1-\gamma$，这特别适合浮点运算的实现。为了寻找具有补偿加法和乘法数量的适配器，进行进一步的结构转换，如图 3.23c 所示的适配器实现了此目标。

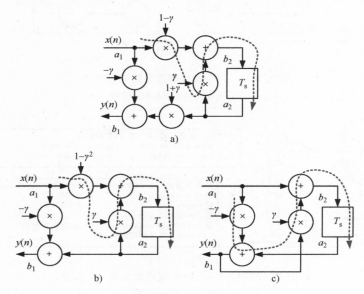

图 3.23　改进的一阶全通部分
a）有四次乘法　b）有三次乘法　c）有两次乘法

Fettweis 在 20 世纪 70 年代提出了波数字滤波器[30,32,34]，当时乘法是一种非常难进行的操作，这就是为什么最初的设计旨在将乘法的数量最小化。如果滤波器以简单的数字硬件结构实现，例如微控制器、微处理器、FPGA、ASIC 等，减小乘法数量仍然是有优势的，但对于利用现代数字信号处理器（DSP）实现而言可能是不符合需要的。在典型的 DSP 中，单个计算周期包括一次带累加的乘法以及一次输出到存储器或从存储器读入的数据移动操作。因此，一次加法也需要一个计算周期。这是用现代数字信号处理器实现 WDF 的一个缺点，特别是对于浮点运算而言。

3.4　改进型晶格型波数字滤波器

如今，现代数字信号处理器被设计为能够在单个操作周期中计算乘法以及加法（或更多）。因此，图 3.17 所示的经典双端口适配器结构在 DSP 中无法实现，特别是对于浮点运算，这就是为什么要提出改进的结构。Fettweis 在文献［33］中提出了改进波数字滤波器的想法，即具有相同数量的加法和乘法以及较短的关键路径。本节对此想法进行了改善[63,64]，用 DSP 来实现改进型晶格型波数字滤波器（MLWDF）。

3.4.1　一阶部分

图 3.24a 通过在一阶全通部分增加两个互补乘法器说明了改进波数字滤波器背后的思想。通过对系数 k_{w1} 和 k_{d1} 进行修正得到信号 a_1 和 b_1：

$$a_1 = k_{w1}a_1' \quad , \quad b_1 = k_{w1}b_1' \tag{3.15}$$

修正后的双端口适配器（见图 3.24c）中，信号 b_1' 和 b_2 可以表示为

$$\begin{cases} b_1' = -\gamma_{11}a_1' + \gamma_{12}a_2 \\ b_2 = \gamma_{21}a_1 + \gamma_{22}a_2 \end{cases} \tag{3.16}$$

其中系数 γ_{ij} 由下式给出：

$$\begin{cases} \gamma_{11} = -\gamma\dfrac{k_{w1}}{k_{d1}} \\[2mm] \gamma_{12} = \dfrac{1+\gamma}{k_{d1}} \\[2mm] \gamma_{21} = \dfrac{1-\gamma}{k_{w1}} \\[2mm] \gamma_{22} = \gamma \end{cases} \tag{3.17}$$

对于图 3.24c 所示的适配器，可以选择系数 k_{w1} 和 k_{d1} 的值，使得两个 γ 系数的值等于 1。实现改进型双端口适配器的三种情况是可能的[63,64]，它们由表 3.4 中列出的等式描述，并由图 3.25a～图 3.25c 给出。

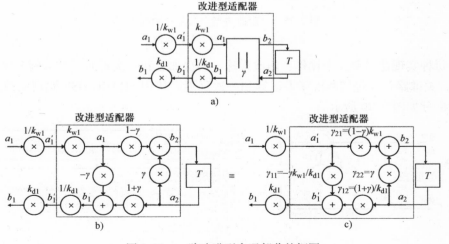

图 3.24　一阶改进型全通部分的框图

a）想法　b）、c）实现

表 3.4   改进型适配器的系数

示例 1 $\gamma_{21}=1$，$\gamma_{12}=1$	示例 2 $\gamma_{11}=1$，$\gamma_{12}=1$	示例 3 $\gamma_{11}=1$，$\gamma_{21}=1$
$\begin{cases} k_{w1}=\dfrac{1}{1-\gamma} \\[2mm] k_{d1}=1+\gamma \end{cases}$	$\begin{cases} k_{w1}=-\dfrac{1+\gamma}{\gamma} \\[2mm] k_{d1}=1+\gamma \end{cases}$	$\begin{cases} k_{w1}=\dfrac{1}{1-\gamma} \\[2mm] k_{d1}=-\dfrac{\gamma}{1-\gamma} \end{cases}$
$\begin{cases} \gamma_{11}=-\dfrac{\gamma}{1-\gamma^2} \\[2mm] \gamma_{12}=1 \\[2mm] \gamma_{21}=1 \\[2mm] \gamma_{22}=\gamma \end{cases}$	$\begin{cases} \gamma_{11}=1 \\[2mm] \gamma_{12}=1 \\[2mm] \gamma_{21}=-\dfrac{1-\gamma^2}{\gamma} \\[2mm] \gamma_{22}=\gamma \end{cases}$	$\begin{cases} \gamma_{11}=1 \\[2mm] \gamma_{12}=-\dfrac{1-\gamma^2}{\gamma} \\[2mm] \gamma_{21}=1 \\[2mm] \gamma_{22}=\gamma \end{cases}$

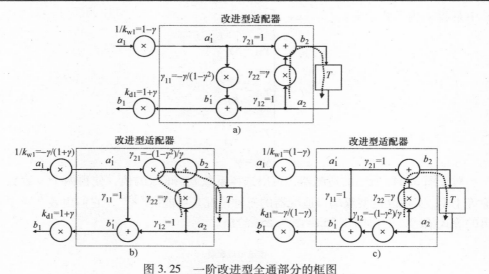

图 3.25   一阶改进型全通部分的框图

a）示例 1   b）示例 2   c）示例 3

每种实现都需要五个操作：两次乘法、两次加法和一次延迟。在示例 1 和示例 3 中，关键路径仅包括两次算术运算和一次延迟。使用 SHARC DSP 实现的改进型一阶部分如图 3.26 所示。

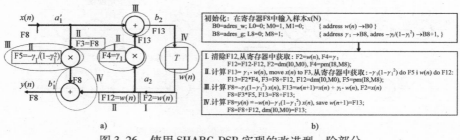

图 3.26   使用 SHARC DSP 实现的改进型一阶部分

a）框图   b）对应的程序

　　使用这个一阶部分可以构建晶格型波数字滤波器的一个分支，由改进型一阶部分实现的 N 阶分支如图 3.27 所示[63,64]。总体分支系数的值可以由式（3.18）计算：

$$\gamma_s = \prod_{n=1}^{N} \frac{k_{dn}}{k_{wn}} \tag{3.18}$$

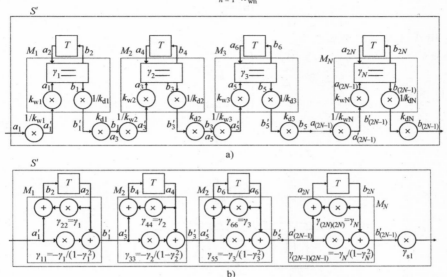

图 3.27　由一阶部分实现的晶格型波数字滤波器的 N 阶分支图
a）想法　b）实现

　　改进型晶格型波数字滤波器的框图如图 3.28 所示。

3.4.2　二阶部分

　　二阶全通部分是构建 MLWDF 所必需的另一个电路。一种二阶全通滤波器的经典方案如图 3.29a 所示，该方案

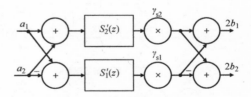

图 3.28　改进型晶格型波数字滤波器的框图

由两个经典适配器 K_1 和 K_2 连接组成。在图 3.29 中，为了保持对称性，延迟模块 T 被分为两个延迟 $T/2$[29]，得到了由两个改进型一阶全通部分连接而成的双谱系数（见图 3.29b）系统的代换对。该连接的详细图示如图 3.29c 所示，其中使用了两个经典的双端口适配器，将 K_1 描述为

$$\begin{cases} b_1 = -\gamma_1 a_1 + (1+\gamma_{11}) a_2 \\ b_2 = (1-\gamma_1) a_1 + \gamma_1 a_2 \end{cases} \tag{3.19}$$

以及 K_2 描述为

$$\begin{cases} b_3 = -\gamma_2 a_3 + (1+\gamma_2) a_4 \\ b_4 = (1-\gamma_2) a_3 + \gamma_2 a_4 \end{cases} \tag{3.20}$$

对于图 3.29d 中所示系统中改进型 M_1 和 M_2 适配器的信号，M_1 由式（3.21）确定：

$$\begin{cases} a'_1 = \dfrac{1}{k_{w1}} a_1 \\ b'_1 = \dfrac{1}{k_{w1}} b_1 \end{cases} \tag{3.21}$$

而 M_2 由式（3.22）确定：

$$\begin{cases} a'_3 = \dfrac{1}{k_{w3}} a_1 \\ b'_3 = \dfrac{1}{k_{d2}} b_3 \\ a'_4 = \dfrac{1}{k_{w1}} a_4 \\ b'_4 = \dfrac{1}{k_{d1}} b_4 \end{cases} \tag{3.22}$$

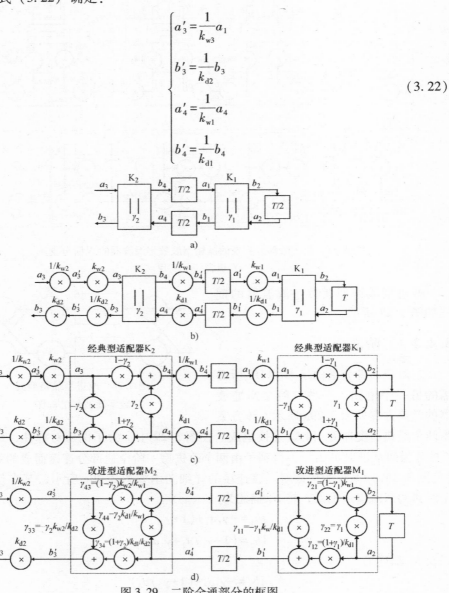

图 3.29　二阶全通部分的框图

a）经典的　b）~d）改进型

根据式（3.19）和式（3.20）进行代换，式（3.21）和式（3.22）给出了描述改进型二阶全通部分的等式[63,64]，适配器 M_1 由以下关系定义：

$$\begin{cases} b_1' = -\gamma_1 \overbrace{\dfrac{k_{w1}}{k_{d1}}}^{\gamma_{11}} a_1' + \overbrace{(1+\gamma_1)\dfrac{1}{k_{d1}}}^{\gamma_{12}} a_2 \\[3mm] b_2 = \overbrace{(1-\gamma_1)k_{w1}}^{\gamma_{21}} a_1' + \overbrace{\gamma_1}^{\gamma_{22}} a_2 \end{cases} \tag{3.23}$$

适配器 M_2 为

$$\begin{cases} b_3' = -\gamma_2 \overbrace{\dfrac{k_{w1}}{k_{d2}}}^{\gamma_{33}} a_3' + \overbrace{(1+\gamma_2)\dfrac{k_{d1}}{k_{d2}}}^{\gamma_{34}} a_4' \\[3mm] b_4' = \overbrace{(1-\gamma_2)\dfrac{k_{w2}}{k_{w1}}}^{\gamma_{43}} a_3' + \overbrace{\gamma_2\dfrac{k_{d1}}{k_{w1}}}^{\gamma_{44}} a_2 \end{cases} \tag{3.24}$$

由改进型双端口适配器组成的二阶全通部分的详细图示如图 3.29d 所示。消除 M_1 适配器中两个乘法器的规则与一阶部分相同。表 3.4 中和图 3.24 给出的三种情况是可能发生的。但是，对于给定系数 k_{w1} 和 k_{d1} 的适配器 M_2，可以按照表 3.5 计算三种情况下的 γ 系数。

表 3.5　改进型适配器 M_2 的系数

示例 1 $\gamma_{34}=1,\ \gamma_{43}=1$	示例 2 $\gamma_{33}=1,\ \gamma_{34}=1$	示例 3 $\gamma_{33}=1,\ \gamma_{43}=1$
$\begin{cases} k_{w2}=k_{w1}\dfrac{1}{1-\gamma_2} \\ k_{d2}=k_{d2}(1+\gamma_2) \end{cases}$	$\begin{cases} k_{w1}=-k_{d1}\dfrac{1+\gamma_2}{\gamma_2} \\ k_{d1}=k_{d1}(1+\gamma_2) \end{cases}$	$\begin{cases} k_{w2}=k_{w1}\dfrac{1}{1-\gamma_2} \\ k_{d1}=-k_{w1}\dfrac{\gamma_2}{1-\gamma_2} \end{cases}$
$\gamma_{33}=-\dfrac{k_{w1}}{k_{d1}}\dfrac{\gamma_2}{1-\gamma_2^2}$ $\gamma_{34}=1$ $\gamma_{43}=1$ $\gamma_{44}=\gamma_2\dfrac{k_{d1}}{k_{w1}}$	$\gamma_{33}=1$ $\gamma_{34}=1$ $\gamma_{43}=-\dfrac{k_{d1}}{k_{w1}}\dfrac{1-\gamma_2^2}{\gamma_2}$ $\gamma_{44}=\gamma_2\dfrac{k_{d1}}{k_{w1}}$	$\gamma_{33}=1$ $\gamma_{34}=-\dfrac{k_{d1}}{k_{w1}}\dfrac{1-\gamma_2^2}{\gamma_2}$ $\gamma_{43}=1$ $\gamma_{44}=\gamma\dfrac{k_{d1}}{k_{w1}}$

对适配器 M_1 有三种选择，对适配器 M_2 也有三种选择，总计能够获得九种可行的二阶全通部分。然而，作者发现有三个基本的改进型二阶全通部分仅限于 M_1 和 M_2 相同的情况。图 3.30 显示了改进型二阶全通部分的框图，它们需要四次乘法、四次加法和两次延迟。改进型二阶全通部分的等式在表 3.6 中描述。

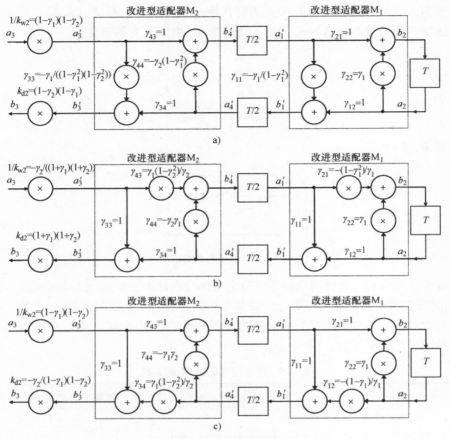

图 3.30 二阶全通部分的方框图

a) 示例 11   b) 示例 22   c) 示例 33

表 3.6 改进型二阶全通部分的等式

示例 11 $\gamma_{21}=1$, $\gamma_{12}=1$ $\gamma_{34}=1$, $\gamma_{43}=1$	示例 22 $\gamma_{11}=1$, $\gamma_{12}=1$ $\gamma_{33}=1$, $\gamma_{34}=1$	示例 33 $\gamma_{11}=1$, $\gamma_{21}=1$ $\gamma_{33}=1$, $\gamma_{43}=1$
$$\begin{cases} k_{w2}=\dfrac{1}{(1-\gamma_1)(1-\gamma_2)} \\ k_{d2}=(1-\gamma_1)(1-\gamma_2) \end{cases}$$	$$\begin{cases} k_{w1}=-\dfrac{(1-\gamma_1)(1-\gamma_2)}{\gamma_2} \\ k_{d1}=(1+\gamma_1)(1+\gamma_2) \end{cases}$$	$$\begin{cases} k_{w2}=\dfrac{1}{(1-\gamma_1)(1-\gamma_2)} \\ k_{d1}=-\dfrac{\gamma_2}{(1-\gamma_1)(1-\gamma_2)} \end{cases}$$
$$\begin{cases} b_1'=-\dfrac{\gamma_1}{1-\gamma_1^2}a_1'+a_2 \\ b_2=a_1'+\gamma_1 a_2 \\ b_3'=-\dfrac{\gamma_2^2}{(1-\gamma_1)(1-\gamma_2^2)}a_3'+a_4' \\ b_4'=a_3-\gamma_2(1-\gamma_1^2)a_4' \end{cases}$$	$$\begin{cases} b_1'=a_1'+a_2 \\ b_2=\dfrac{1-\gamma_1^2}{\gamma_1^2}a_1'+\gamma_1 a_2 \\ b_3'=a_3+a_4' \\ b_4'=\dfrac{\gamma_1(1-\gamma_2^2)}{\gamma_2}a_3'+\gamma_1\gamma_2 a_4' \end{cases}$$	$$\begin{cases} b_1'=a_1'+\dfrac{1-\gamma_1^2}{\gamma_1}a_2 \\ b_2=a_1'+\gamma_1 a_2 \\ b_3'=a_3+\dfrac{\gamma_1(1-\gamma_2^2)}{\gamma_2}a_4' \\ b_4'=a_3'-\gamma_1\gamma_2 a_4' \end{cases}$$

3.5　线性相位 IIR 滤波器

在许多应用中,我们希望使用具有线性相位的滤波器,典型的做法是使用 FIR 滤波器。但使用 FIR 滤波器需要较长的冲激响应序列,这将会导致非常大的计算量。因此人们开始研究具有线性相位的 IIR 滤波器。在 20 世纪 70 年代中期,Rabiner 和 Gold[61]提出了线性相位 IIR 滤波器(LF IIR),这种滤波器的优点是具有比 FIR 更高的计算效率,同时其滤波性能与 FIR 相近。线性相位 IIR 滤波器的结构如图 3.31 所示。这种滤波器由因果滤波器 $H(z)$ 和非因果滤波器 $H(z^{-1})$ 组成。

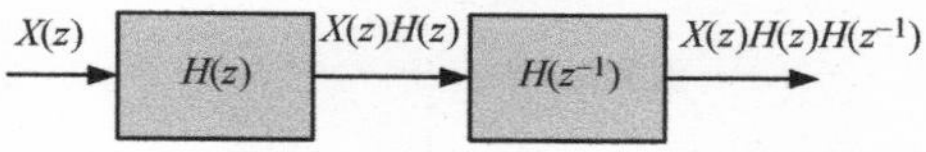

对于因果滤波器,由图 3.31 可以得到:

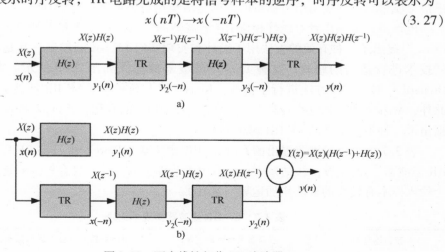

$$Y_1(z) = X(z)H(z) \qquad (3.25)$$

图 3.31　具有线性相位的 IIR 滤波器结构

而对于非因果滤波器,也可以求得:

$$Y(z) = X(z)H(z)H(z^{-1}) = X(z)\,|\,H(e^{j\omega T})\,|^2 \qquad (3.26)$$

应当注意的是,这个滤波器的幅值为 $|\,H(e^{j\omega T})\,|^2$,故在滤波器设计过程中要给予考虑。

线性相位的 IIR 滤波器可实现的方式是将非因果 IIR 滤波器 $H(z^{-1})$ 用时序反转[18,61]来代替。图 3.32 给出了实现线性相位滤波器的两种方法:滤波器级联(见图 3.32a)和滤波器并联(见图 3.32b)。在滤波器的级联连接中,输入信号先通过滤波器 $H(z)$,然后经过时序反转并再次通过滤波器 $H(z)$,然后又将时序进行反转。其中 TR 表示时序反转,TR 电路完成的是将信号样本的逆序,时序反转可以表示为

$$x(nT) \rightarrow x(-nT) \qquad (3.27)$$

图 3.32　两个线性相位 IIR 滤波器

a)级联　b)并联

对应的 z 变换为

$$X(z) \rightarrow X(z^{-1}) \tag{3.28}$$

由于在时间反转部分需要把所有的输入信号都反转了，故将时间反转的方法不适用于在线信号处理。也就是说，只有将信号分成样本块时，才能实现这个系统。但是将前一个输出信号连接信号样本块时，会出现滤波器 $H(z)$ 瞬态效应经过信号样本块后幅度失真的现象。为了避免这种失真，这里使用了增加额外 N_{ov} 样本的重叠技术[70]，图 3.33 给出了这种解决方案的框图。如果在某个应用中瞬态效应很复杂，则可以考虑在每个信号样本块之后丢弃额外的 N_{ov} 样本。图 3.34 所示为这种线性相位 IIR 滤波器的实现示意图，第一个滤波器 $H(z)$ 连续工作，而第二个滤波器使用一个采样块，同时在每个块之前进行复位。

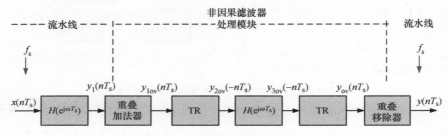

图 3.33　含重叠的 LF IIR 滤波器

LF IIR 滤波器在采样中的延迟 (N_d) 为

$$N_d = 2(N + N_{ov}) \tag{3.29}$$

通过选择信号样本块的大小 N 以及重叠大小 N_{ov}，可以改变 LF IIR 滤波器的输出信号质量。评估输出信号质量的指标是信噪比与失真比（SINAD）。

近年来，很多作者对线性相位 IIR 滤波器的实现进行了大量的研究。Powell 和 Chau[58] 提出了一种有效的方法用于设计和实现实时 LF IIR 滤波器，其是对时序反转技术进行适当的修改，这种 LF IIR 滤波器的框图如图 3.35 所示。Willson 和 Orchard[87] 对其实现方法进行了修改。Kurosu 等人则减少了 LF IIR 滤波器延迟[44]。此外，Azizi 利用零相位滤波器[9,10] 获得了信号插值器的专利。Mouffak 和 Belbachir[51] 提出了一种不含重叠的 LF IIR 解决方案。

表 3.7 中给出了本节提出的 L 阶 LF IIR 滤波器与 Powell 和 Chau LF 提出的 L 阶 IIR 滤波器[58] 的比较，从结果中可以看出本节提出的滤波器具有较少的延迟并且每个输入样本有较少的乘法累加运算（MAC）。

表 3.7　LF IIR 滤波器实现的比较

滤波器型号	滤波器采样延时，N_d	MAC 每个样品的操作数量，N_{MAC}
Powell 和 Chau 提出的	$3N$	$6L$
本节作者提出的	$2(N+N_{ov})$	$2L(2+N_{ov}/N)$

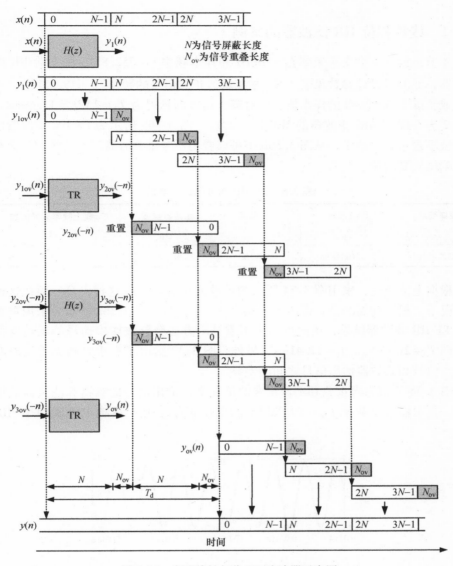

图 3.34　实现线性相位 IIR 滤波器示意图

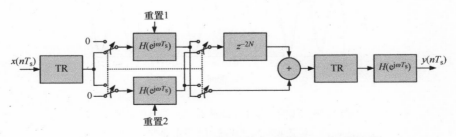

图 3.35　由 Powell 和 Chau 提出的含重叠的 LF IIR 滤波器

3.5.1　线性相位IIR滤波器的案例

本节将设计一个交越频率 f_{cr} = 20kHz 和样本频率 f_s = 352.8kHz 的 8 阶 IIR 椭圆滤波器，滤波器设计参数见表 3.8。根据输入正弦信号的频率 f_{syg} = 19.98kHz，可将其分成长度为 N = 2048 的样本块，同时输出信号的延迟为 T_d = 2N/f_s = 11.69ms。清单 3.2 为实现 LF IIR 滤波器的 MATLAB 程序。图 3.36b 所示为 LF IIR 滤波器信号样本块不含重叠的结果，从图 3.36b 中可以看出不含重叠时滤波器的瞬态效应有明显的幅度失真现象。

表 3.8　LF IIR 滤波器设计参数

采样频率，f_s	导通频率，f_p	截止频率，f_z	滤波器纹波，A_p	截止频率衰减倍数，A_z
352.8kHz	20kHz	24kHz	0.1dB	63dB

根据上节所述，采用图 3.34 所示的重叠方法可以减少这种失真。而在这种特定情况下，根据前面的公式得出重叠大小 N_{ov} 为 1024。图 3.36a 所示为采用重叠方法的 LF IIR 滤波器结果，由此可知采用重叠的方法会导致输出信号的延迟变得更长，即 T_d = 2($N+N_{ov}$)/f_s = 17.41ms。另外，图 3.37 给出了有重叠和无重叠滤波器的参考信号和滤波器输出信号之间的差异。

图 3.38 所示为含重叠和不含重叠的情况下，输出信号的频谱和滤波器的幅频特性。其中输入是频率 f_{syg} = 19.98kHz 的单位正弦信号，系统中级联两个 IIR 滤波器。

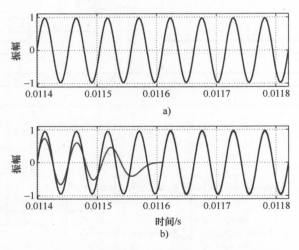

图 3.36　线性相位 IIR 滤波器输出信号的波形

a）含重叠 N_{ov} = 1024　b）不含重叠

清单 3.2　实现 LF IIR 滤波器的程序

```
1   clear all;
2   fs=352.8e3;  % 采样频率
3   fb=20e3;  % end of band of interest
4   fsyg=19e3;  % 信号频率
5   ib=6;  % 模块数量
6   N=2048;  % 模块长度
7   Ns=N*ib;  % 输入信号长度
8   t=(0:Ns-1)/fs;  % 时间矢量
9   y=zeros(1,Ns);  %space for y
10  % 输入信号的相干频率
11  fsyg_k=round(fsyg/(fs/N))*fs/N;
12  x=sin(2*pi*fsyg_k*t);  % 输入信号
13  % ---------- 滤波器设计 --------------------
14  Fg=2*fb/fs;
15  [b a]=ellip(8,0.1,63,Fg,'low');
16  % ---------- 因果滤波 --------------------
17  y1=filter(b,a,x);
18  % 非因果滤波，时间反转
19  N_ov=1024;  % 重叠样品数量
20  y3=zeros(1,N+N_ov);  %space for y3
21  for nb=1:ib-1
22  % 时间反转，滤波
23  y3=filter(b,a,y1(nb*N+N_ov:-1:(nb-1)*N+1));
24  % 时间反转
25  y3=y3(N+N_ov:-1:N_ov+1);
26  % 输出信号合成
27  y(1,(nb-1)*N+1:nb*N)=y3;
28  end
```

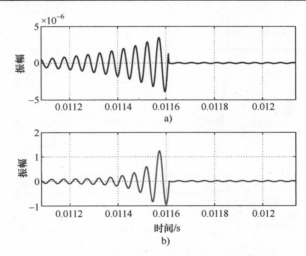

图 3.37　参考信号和 LF IIR 滤波器输出信号之间的对比
a) 含重叠 N_{ov} =1024　b) 不含重叠

3.5.2　FIR 和 LF IIR 的比较

为了进行合理的比较，本节设计了与 LF IIR 滤波器参数相似的 Parks-McClellan FIR 滤波器。两种滤波器的设计参数见表 3.9。图 3.39 所示为这两种滤波器的频率特性，从两种滤波器的幅值特性中可以看出它们在过渡带处的斜率基本相同。

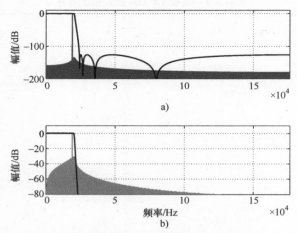

图3.38 LF IIR 滤波器输出信号的频谱和 IIR 滤波器特性（黑色曲线）

a）含重叠 $N_{ov} = 1024$ b）不含重叠

表3.9 FIR 和 LF IIR 滤波器的设计参数

采样频率，f_s	导通频率，f_p	截止频率，f_z	滤波器纹波，A_p	截止频率衰减倍数，A_z
352.8kHz	20kHz	24kHz	0.1dB	63dB（for IIR） 140dB（for FIR）

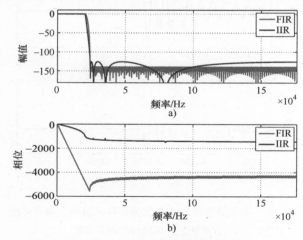

图3.39 FIR 和 IIR 滤波器的特性

a）幅频特性   b）相频特性

采用 FIR 滤波器和 LF IIR 滤波器的设计结果见表3.10。FIR 滤波器需设计在 455 阶，并且每个输入样本需要 456 次乘法累加（MAC）操作，延迟 $N_d = 228$。LF IIR 滤波器则需要两个8阶椭圆滤波器以及每个输入样本需进行 32+16 MAC 操作。延迟 $N_d = 6144$。但需明确的是，使用 LF IIR 滤波器可获得输出信号的零相移。

表 3.10 FIR 和 LF IIR 滤波器设计结果的比较

滤波器类型	滤波器指令,L	滤波器采样延时,N_d	MAC 采样延时,N_{MAC}
Parks-McClellan FIR Elliptic LF IIR for $N=2048$, $N_{ov}=1024$	455 2 * 8	228 4096+2048	456 32+16

3.6 多速率电路

引入多速率电路（系统）的目的是提高输出信号的质量，同时保持或降低系统成本。在 A/D 和 D/A 转换期间以及使用过采样时可能用到多速率电路。使用多速率电路的另一个原因是某些系统在交换数据时需要使用不同的采样率。降低信号采样率的过程通常称为抽取，而用于抽取的多速率电路称为抽取器。增加信号采样率的过程称为插值，而用于信号插值的多速率电路称为插值器。插值器和抽取器是用于改变信号采样率的最常见的多速率电路。许多书中都介绍过多速率电路，本书也可以推荐一些，如 Crochiere 和 Rabiner[17]、Vaidyanathan[82]、Flige[36]、Proakis 和 Manolakis[59] 等。数字多速率控制电路的示例性框图如图 1.12 所示。本节中主要介绍对电力电子控制电路有用的电路，其中一个典型应用为在逆变器输出电路中使用信号插值器用于滤除噪声。

3.6.1 信号插值

图 3.40a 所示为由上采样器和含有整数转换系数 R 的反成像低通滤波器组成的信号插值器，其中 R 称为过采样率。低通滤波器 $H(z)$ 被称为插值滤波器，它会滤掉上采样信号 $w(kT_s/R)$ 频谱中不需要的 $R-1$ 图像。图 3.41 描述了 $R=3$ 的插值过程，在上采样后，通带频率以外的信号是输入信号的潜在干扰源，其会显著降低信号动态比（SINAD），因此反成像低通滤波器须衰减这些信号，即选择合适的阻带截止频率 F_z 以限制输入信号中的干扰。

在实际应用中有两种阻带类型，类型 1 是在过渡带中不允许混叠（见图 3.42b），类型 2 是在过渡带中允许混叠（见图 3.42c）。两种类型滤波器的归一化阻带频率 F_z 分别为

$$F_z = \frac{F_s}{2R} \quad , \quad F_z = \frac{F_s}{R} - \frac{F_b}{R} \tag{3.30}$$

式中，F_b 为输入信号的归一化通带频率；F_s 为归一化采样率。

图 3.40b 所示为多级插值器的情况，对这种情况下进行设计可以滤掉每个阶段不需要的频带图像。每级输出的归一化通带信号频率由下式给出：

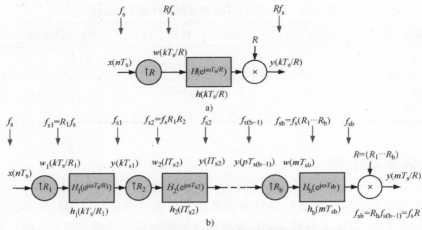

图 3.40　由上采样器和反成像滤波器组成的插值器

a）单级　b）多级

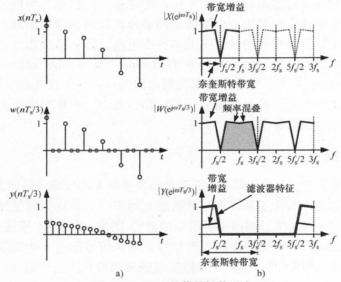

图 3.41　$R=3$ 的信号插值示意

a）波形　b）频谱

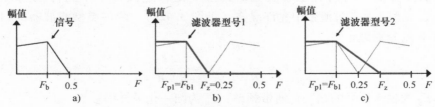

图 3.42　滤波器类型

a）输入信号带宽　b）类型 1 要求反成像滤波器在过渡带中不允许混叠（对于 $R=2$）

c）类型 2 要求反成像滤波器在过渡带中允许混叠（对于 $R=2$）

$$F_{bk} = \frac{F_{b(k-1)}}{R_k} \qquad (3.31)$$

式中，R_k 为第 k 段的插值比。

通常在实践中使用多级插值器。因为所需的算术运算次数较少，故对于类型 1 和类型 2 内插 k 级的滤波器，其阻带频率分别为

$$F_{zk} = \frac{F_{s(k-1)}}{2R_k} \quad , \quad F_{zk} = \frac{F_s}{R_k} - \frac{F_{b(k-1)}}{R_k} \qquad (3.32)$$

清单 3.3 为实现 $R=4$ 的单级信号插值器（见图 3.40a）的 MATLAB 程序。

清单 3.3　信号插值器实现的程序

```
1   clear all;
2   R=4; % 内插值
3   fs=3200;     % 采样频率
4   fs_int=fs*R; % 插值后采样频率
5   fsig=200;  % 信号频率
6   fb=500; % end of band of interest
7   N=2^10; % 样本模块长度
8   N_int=N*R; % 插值后样本模块长度
9   t=(0:N-1)/fs; % 时间向量
10  % 输入信号相干频率
11  fsigk=round(fsig/(fs/N))*fs/N;
12  x=sin(2*pi*fsigk*t); % 输入信号
13  % ----------- 上采样 ------------------------
14  w=zeros(1,N_int);
15  w(1,1:R:N_int)=x; % 上采样输入信号
16  % ----------- 滤波器设计 ------------------------
17  Fg=2*fb/fs_int;
18  [b a]=butter(2,Fg);
19  y=filter(b,a,w)*R;  % 滤波
```

假设输入的正弦信号频率为 200Hz，采样率 f_s 为 3.2kHz，内插值 $R=4$，二阶 IIR 巴特沃兹滤波器用作 $f_{cr}=500$Hz 的插值滤波器，利用上述程序进行仿真得到图 3.43 所示的结果，其中包含了 $x(nT_s)$，$w(nT_s/4)$，$y(nT_s/4)$（黑色）的频谱和插值滤波器幅频特性（灰色）。从图 3.43 中可以看出，在插值过程中产生的混叠会降低信号的动态响应范围，因此低通滤波器参数的选择对输出信号的质量尤为重要。

3.6.2　信号抽取

另一种多速率电路的应用是信号抽取器，主要用于降低采样率。在信号抽取过程中，必须先通过低通滤波器减小信号的带宽，然后再使用下采样器降低其采样率。抽取器由低通滤波器和下采样器组成，图 3.44a 所示为使用整数转换系数 M 的单级抽

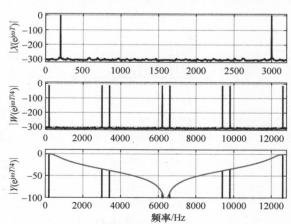

图 3.43　信号插值器（$R=4$）的频谱

取器的框图。信号的带宽需从 $f_s/2$ 减小到 $f_s/2M$，否则混叠分量会渗透到可用带宽中并使信号参数恶化（例如 SINAD）。图 3.45 给出了 $M=3$ 的信号抽取过程，与插值器一样，在抽取过程中可以定义如图 3.42 所示的两种反成像滤波器。

图 3.44b 所示为多级抽取器，与插值器类似，采用合适的方法使得每级均可衰减自身包含的混叠分量。多级抽取器通常需要比单级更少的算术运算，特别是在 M 很大的情况下，因此多级抽取器更常用。

清单 3.4 为实现 $M=4$ 的单级信号抽取器（见图 3.44a）的 MATLAB 程序。

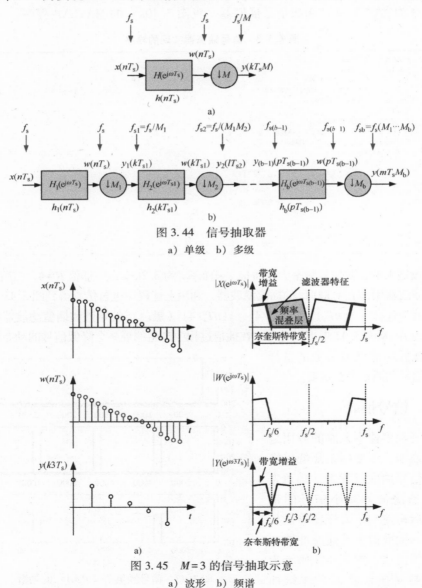

图 3.44 信号抽取器

a) 单级 b) 多级

图 3.45 $M=3$ 的信号抽取示意

a) 波形 b) 频谱

清单 3.4　信号抽取器实现的程序

```
1    clear all;
2    M=4;  % 抽取系数
3    fs=50*2^6;  % 采样频率
4    fsig=50;  % 信号频率
5    fb=2.3*fsig;  % end of band of interest
6    N=2^12;  % 模块长度
7    t=(0:N-1)/fs;  % 时间向量
8    % 输入信号相干频率
9    fsigk=round(fsig/(fs/N))*fs/N;
10   % 输入信号
11   x=sin(2*pi*fsigk*t)+0.5*sin(21*pi*fsigk*t)+...
12   0.3*sin(41*pi*fsigk*t);
13   % --------- 滤波器设计 ---------------------
14   Fg=2*fb/ts;
15   [b a]=butter(3,Fg);
16   % --------- 抽取 ---------------------
17   w=filter(b,a,x);  % 滤波
18   y=w(1,1:M:N);  % 下采样
```

假设谐波输入信号为 $x(t) = \sin(100\pi t) + 0.5\sin(1050\pi t) + 0.3\sin(2050\pi t)$，采样率 $f_s = 3.2\,\mathrm{kHz}$，抽取值 $M = 4$，抽取中使用 $f_{cr} = 115\,\mathrm{Hz}$ 的三阶 IIR 巴特沃兹滤波器，利用上述程序进行仿真得到图 3.46 所示的结果，其中包含了 $x(nT_s)$，$w(4nT_s)$，$y(4nT_s)$（黑色）的频谱和抽取滤波器幅频特性（灰色）。与插值的情况一样，在信号抽取期间，混叠部分会降低信号的动态响应范围，因此需慎重选取低通提取滤波器参数。

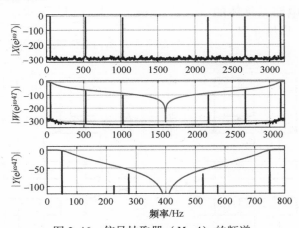

图 3.46　信号抽取器（$M=4$）的频谱

3.6.3　具有波数字滤波器的多速率电路

有一类特殊的插值器被称为双向晶格型波数字滤波器。双向滤波器的特征函数 $K(\psi)$ 需满足：

$$K(\psi) = \frac{1}{K\left(\dfrac{1}{\psi}\right)} \quad , \quad \psi = \frac{z-1}{z+1} \tag{3.33}$$

对于低通双向滤波器，通带范围一般为 $0\sim(f_s/4)$，而对于高通双向滤波器，通带范围为 $(f_s/4)\sim(f_s/2)$。对于这种类型的滤波器，其偶数系数 γ_k 都等于零，于是滤波器电路可以简化为图 3.47 所示的电路，同时滤波器中的元件数量也减半。这种双向晶格型波数字滤波器对构建多速率电路非常有效。图 3.47 中分支 S_2 中一阶全通部分用单位延迟代替，二阶全通部分用有延迟的双端口适配器代替。双向滤波器中分支以低两倍的速度工作，因此输出滤波器求和部分可以由开关代替，同时也将滤波器的速度降低一半。

图 3.48a 所示为 $R=2$ 的信号插值器，利用相同的方法，可以构建 $M=2$ 的信号抽取器，抽取器的框图如图 3.48b 所示。图 3.49 所示为采用双向晶格型波数字滤波器的多级信号插值器，同样也可以搭建相应的多级抽取器。

当然，改进的 LWDF 也可以应用于多速率电路，具体的应用会在第 6 章中详细介绍。

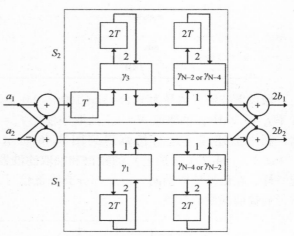

图 3.47　双向晶格型波数字滤波器的框图

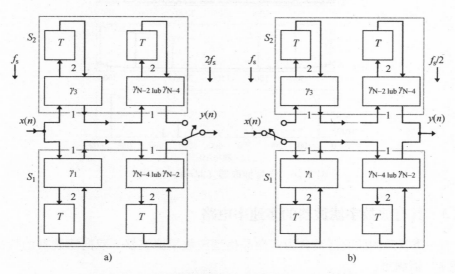

图 3.48　使用双向晶格型波数字滤波器的多速率电路的框图
a）信号插值器　b）信号抽取器

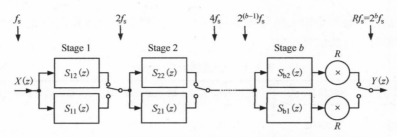

图 3.49　采用双向晶格型波数字滤波器的多级信号插值器方框图

3.6.4　具有线性相位 IIR 滤波器的插值器

信号插值器中的低通滤波器的主要作用是抑制混叠分量。而滤波器引入的信号延迟，在 IIR 滤波器的作用下会产生非线性相位响应。因此，为了获得线性相位响应，需采用 FIR 滤波器。根据前面章节的介绍，也可使用线性相位 IIR 滤波器来解决。Aziz[9,10]介绍了这种解决方案的案例。此外，本节也介绍了一个有线性相位 IIR 滤波器的插值器[70]，其框图如图 3.50 所示。其中第一个滤波器以流水线模式工作，第二个滤波器以块模式工作。L 阶 LF IIR 滤波器中信号积分器对每个输入样本的 MAC 操作数为

$$N_{\mathrm{MAC}} = 4RL\left(1 + \frac{N}{N_{\mathrm{ov}}}\right) \tag{3.34}$$

式中，N 为信号样本块的大小；N_{ov} 为信号重叠的大小；R 为过采样率。

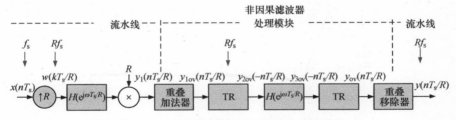

图 3.50　采用线性相位 IIR 滤波器的插值器

3.6.4.1　具有 FIR 和 LF IIR 滤波器的插值器的比较

为了比较使用 FIR 滤波器和 LF IIR 滤波器的信号插值器的效果。本节选择对典型的音频信号进行采样，其中过采样率 $R = 8$，采样频率 $f_s = 44.1\mathrm{kHz}$，通带截止频率 $f_b = 20\mathrm{kHz}$，滤波器其他的设计参数见表 3.11 和表 3.12，图 3.51 所示为两个滤波器的频率响应。

由于 FIR 滤波器的阶数 L 为 455，因此插值器的每个输入样本需要 $R(L+1) = 3648$ 次乘法累加运算，即需要大量的 MAC 操作，不过可以通过消除数值为零样本的乘法累加运算来减少整体的计算量。在这种情况下，通常有效且常用的方法是使用多相电路实现 FIR 滤波器，这种解决方案的框图如图 3.52 所示。这种方法中，

插值器只需要对每一个输入信号样本执行 $L+1$ 次乘法累加运算，因此 DSP 可以简单有效地实现这种滤波器结构。

表 3.11　滤波器的设计参数

采样频率，f_s	通带频率，f_p	截止频率，f_z	滤波器纹波，A_p	截止频率衰减倍数，A_z
352.8kHz	20kHz	24kHz	0.1dB	63dB（对于 IIR） 140dB（对于 FIR）

表 3.12　滤波器设计结果的比较

滤波器型号	滤波器采样延时，L	滤波器采样延时，N_d	MAC 采样延时，N_{MAC}
Parks-McClellan FIR Elliptic LF IIR $N = 2048$， $N_{ov} = 1024$	455 2 * 8	227.5 4096+2048	456 32+16

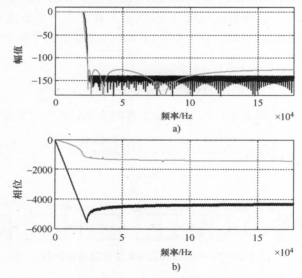

图 3.51　FIR（黑色）和 IIR（灰色）滤波器特性
a）幅频特性　b）相频特性

将使用 FIR 滤波器的插值器与 LF IIR 滤波器的插值器（见图 3.50）进行比较。图 3.53 所示为输入频率 $f_{syg} = 19.98$kHz 正弦信号的插值器中信号的频谱，其中图 3.53a 所示为上采样器输出信号的频谱，图 3.53b 所示为 FIR 插值器输出信号的频谱，图 3.53c 所示为 LF IIR 插值器输出信号的频谱。从图 3.53 中可以看出两个插值器输出信号的频谱非常相似，表 3.13 为两个插值器设计结果的比较。使用 LF IIR 插值器与使用 FIR 滤波器相比，LF IIR 滤波器需要的 MAC 操作更少。此外，该解决方案可以在输出信号中实现零相移。

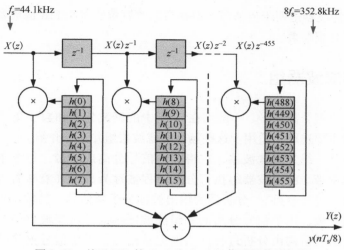

图 3.52　基于 FIR 的 $R=8$ 和 $L=455$ 信号插值器框图

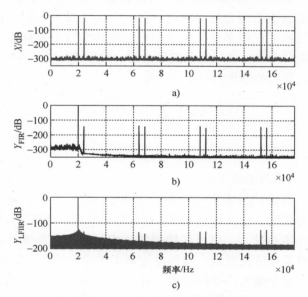

图 3.53　信号插值器的频谱

a）上采样输入信号　b）FIR 滤波器　c）LF IIR 滤波器

表 3.13　插值器设计结果的比较

滤波器类型	滤波器指令，L	MAC 采样延时，N_{MAC}
Parks-McClellan FIR Elliptic LF IIR $N=2048$，$N_{ov}=1024$	455 2 * 8	456 384

低阶 IIR 滤波器适用于插值器，但是与非常有效的多相 FIR 滤波器相比，MAC 操作数差异不是很显著。

3.7 数字滤波器组

滤波器组也可分离信号，一般用在 APF 中的谐波分离和数字交叉 D 类音频放大器中，本节主要选取了适用于这些场合的滤波器组并进行介绍。

滤波器组是一组带通滤波器，它将输入信号分离成子带，每个子带承载原始信号的单个频率带。由滤波器组执行分解过程被称为分析（意味着根据每个子带中的分量对信号进行分析），分析后的输出被称为子带信号，其数量也就是滤波器组中滤波器的个数，用于信号分离的一组滤波器称为分析滤波器组。重建过程被称为合成，意味着重构由分析过程产生的完整信号，用于信号重建的滤波器组称为合成滤波器组。使用分析滤波器组，可以将信号频谱分解为多个相邻的频带，并通过合成滤波器组重新组合信号频谱。在大多数情况下，信号被分成两个以上的子带信号。滤波器组在很多有关数字信号处理的书籍中有详细的介绍，这里推荐几个相关的书籍[17,16,82]。M 通道滤波器组的一般形式如图 3.54 所示，其中 M 是子带的个数，滤波器组的输出信号 $Y(z)$ 为

$$Y(z) = X(z) \sum_{k=0}^{M-1} (H_k(z) G_k(z)) \tag{3.35}$$

可将上式简写为

$$Y(z) = X(z) F(z) \tag{3.36}$$

式中，$F(z)$ 为重建信号的质量。

如果 $|F(e^{j\Omega})|$ 在不同频率下恒等于 1，则滤波器组不存在幅度失真现象。当 $F(e^{j\Omega})$ 具有线性相位时，滤波器组不存在相位失真现象。如果 $F(z)$ 是纯延迟，则滤波器组可以完全重构信号。可以保持幅度、相位均不失真或其中之一不失真的滤波器组，称为可重建滤波器组。这种滤波器组的主要特点是功率互补[82]，确保子带信号中包含了整个输入信号的频谱。对于 M 通道功率互补的滤波器组，传递

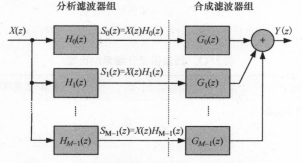

图 3.54 一个 M 通道的频带分析和合成滤波器组

函数中 $|H_k(e^{j\omega})|$ 的平方和等于常数 K，通常 $K=1$。

$$\sum_{k=0}^{M-1} |H_k(e^{j\omega})|^2 = K \tag{3.37}$$

典型的均匀 M 通道重叠频带分析和合成滤波器组的频率响应如图 3.55 所示。此外 Vaidyanathan[82]、Fliege[36] 也都很好地描述过该滤波器组。

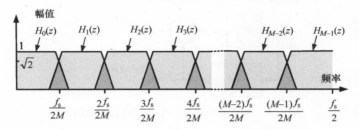

图 3.55　均匀 M 通道频带分析和合成滤波器组的频率响应

3.7.1　严格互补滤波器组

对于严格互补（SC）的 FIR 滤波器组，所有传递函数的总和 $[H_0(z), H_1(z), \cdots, H_{M-1}(z)]$ 为一个延迟环节：

$$\sum_{k=0}^{M-1} H_k(z) = cz^{n_0} \quad , \quad c \neq 0 \tag{3.38}$$

式中，c 是常数。在这种情况下，合成滤波器组可以认为是简单的叠加。对于上面提到的应用，则可以通过添加两个声波来执行合成，其中一个来自高音扬声器，而另一个来自低音/中频扬声器。同时对于双通道（$M=2$）严格互补的线性相位 FIR 滤波器组，设计过程也非常简单。如果低通滤波器 $H_0(z)$（滤波器阶数 N 为偶数）是线性相位滤波器类型 1，则：

$$H_0(z) + H_1(z) = z^{N/2} \tag{3.39}$$

其中两个滤波器的传递函数 $H_0(z)$ 和 $H_1(z)$ 为

$$\begin{cases} H_0(z) = b_{00} + \cdots + b_{0N/2}z^{-N/2} + \cdots + b_{0N}z^{-N} \\ H_1(z) = b_{10} + \cdots + b_{1N/2}z^{-N/2} + \cdots + b_{1N}z^{-N} \end{cases} \tag{3.40}$$

将式（3.40）代入式（3.39）得：

$$b_{00} + \cdots + b_{0N/2}z^{-N/2} + \cdots + b_{0N}z^{-N} + \cdots + b_{10} + \cdots + b_{1N/2}z^{-N/2} + \cdots + b_{1N}z^{-N} = z^{-N/2} \tag{3.41}$$

于是可得高通滤波器 $H_1(z)$ 的系数：

$$\begin{cases} b_{10} = -b_{00} \\ \vdots \\ b_{1N/2} = 1 - b_{0N/2} \\ \vdots \\ b_{1N} = -b_{0N} \end{cases} \tag{3.42}$$

尽管可以通过两个单独的 FIR 滤波器实现严格互补的线性相位 FIR 双通道滤波器组，但也可以直接使用下面的等式实现：

$$H_0(z)=H(z) \text{ 和 } H_1(z)=z^{N/2}-H(z) \tag{3.43}$$

图 3.56 所示为两通道严格互补 FIR 滤波器组的结构，清单 3.5 为计算严格互补 FIR 滤波器组系数的 MATLAB 程序。

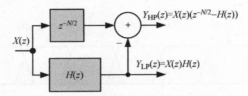

图 3.56 两通道严格互补 FIR 滤波器组的结构

清单 3.5 计算严格互补 FIR 滤波器组系数的程序

```
1  function [b,a]=stricomp(b,a)
2  dlug=length(b);
3  N=dlug-1;
4  if rem(N,2)~=0
5      error('Filter_order_should_be_even.')
6  end
7  b_srodek=b(N/2+1);
8  b=-b;
9  b(N/2+1)=1-b_srodek;
```

3.7.2 DFT 滤波器组

电力电子信号的频谱分析是一个非常重要的环节。常用的频谱分析方法是离散傅里叶变换（DFT），典型的实现方法是快速傅里叶变换（FFT）。对于实际信号 $x(n)$ 的 DFT 为

$$X(k)=\sum_{n=0}^{N-1}(x(n)W_N^{kn}) \tag{3.44}$$

式中，N 为信号的长度，通常等于信号周期；k 为频率带的个数，通常 $k=0$, 1, $\cdots$, $N-1$；指令因子 $W_N=\mathrm{e}^{-\mathrm{j}2\pi/N}$。

将上式写为复数形式为

$$X(k)=\Re(X(k))+\mathrm{j}\cdot\Im(X(k))$$
$$=\sum_{n=0}^{N-1}(x(n)\cos(2\pi kn/T))-\mathrm{j}\sum_{n=0}^{N-1}(x(n)\sin(2\pi kn/T)) \tag{3.45}$$

其中，

$$|X(k)|=\sqrt{\Re(X(k))^2+\Im(X(k))^2},$$
$$\varphi(k)=\arctan\left(\frac{\Im(X(k))}{\Re(X(k))}\right) \tag{3.46}$$

DFT 可用作分析滤波器组，其框图如图 3.57 所示。图 3.58 所示为对每个样本

个数 N 的输入信号进行 DFT 的过程。该滤波器组简化的幅频特性如图 3.59 所示。

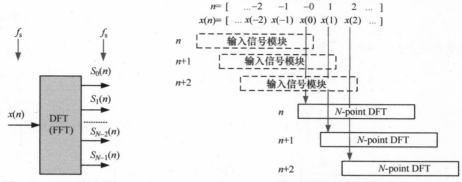

图 3.57　DFT 滤波器组　　　　　　　　图 3.58　典型 DFT 的信号流框图

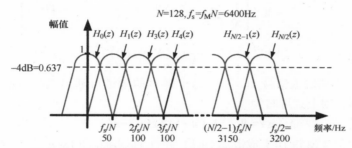

图 3.59　N 通道频带 DFT 分析滤波器组简化的频率响应

DFT 滤波器组的常见缺点主要有：

1）N^2 次复数乘法，可以通过使用 FFT 降到 $N \log N$；

2）频率响应较差；

3）DSP 的计算量大；

4）需要相干采样。

许多应用中不需要分析信号 $x(n)$ 对应 $X(k)$ 的所有频谱，比如在谐波补偿系统中，只需评估一个或多个谐波。因此当只需 N 点 DFT 中的某一中心频率附近的部分频谱时，分析所有频带的频谱显然是多余的。对于这种情况，使用 Goertzel 算法就很有用[38]。关于这种算法的介绍可以在许多出版物中找到，这里推荐 Oppenheim 等撰写的文献[52]和 Zieli'nski 撰写的文献[88]。

3.7.3　滑动 DFT 算法

在控制系统中，通常需要确定下一个信号序列的频谱。因此在这种情况下，应用频谱的迭代是一个有效的解决方法。第 k 个频率单元当前的频谱值为

$$X_k(0) = \sum_{n=0}^{N-1} (x(n) W_N^{kn}) \tag{3.47}$$

式中，$k=0$，1，$\cdots$，$N-1$，则下一个时刻的值为

$$X_k(1)=\sum_{n=1}^{N}\left(x(n)\,W_N^{k(n-1)}\right)\tag{3.48}$$

于是重新将式（3.48）写为

$$X_k(1)=\frac{1}{N}\left[\sum_{n=1}^{N}\left(x(n)\,W_N^{kn}\right)W_N^{-k}+x(N)\,W_N^{k(N-1)}\right]$$

$$=\frac{1}{N}\left[x(0)-x(0)+\sum_{n=1}^{N-1}\left(x(n)\,W_N^{kn}\right)W_N^{-k}+x(N)\,\overbrace{W_N^{kN}}^{=1}W_N^{-k}\right]$$

$$=\frac{W_N^{-k}}{N}\left[\sum_{n=0}^{N-1}\left(x(n)\,W_N^{kn}\right)+x(N)-x(0)\right]$$

$$=W_N^{-k}\left[\frac{1}{N}\sum_{n=0}^{N-1}\left(x(n)\,W_N^{kn}\right)+\frac{1}{N}(x(N)-x(0))\right]$$

$$=W_N^{-k}\left[x_k(0)+\frac{1}{N}(x(N)-x(0))\right]\tag{3.49}$$

即式（3.49）表明输入信号 $x(n)$ 的每个样本的频谱可通过迭代计算。若不考虑比例因子 $1/N$，则上式可写为

$$X_k(n)=W_N^{-k}\left[X_k(n-1)+x(n)-x(n-N)\right]\tag{3.50}$$

该算法被称为递归 DFT 或滑动 DFT，并且 Jacobsen 和 Lyons[41,42] 以及其他文献 [13, 28, 49, 50, 61, 88]等都介绍过。若仅需分析少数的频谱，则滑动 DFT 算法比普通 DFT 更有效，同时在连贯的采样情况下也非常简单有效。使用滑动 DFT 滤波器的第 k 个频率单元的 z 域传递函数为

$$H_{\text{SDFT}}(z)=\frac{W_N^{-k}-W_N^{-k}z^{-N}}{1-W_N^{-k}z^{-1}}=\frac{e^{j2\pi k/N}-e^{j2\pi k/N}z^{-N}}{1-e^{j2\pi k/N}z^{-1}}\tag{3.51}$$

滑动 DFT 滤波器单个频率单元的实现框图如图 3.60 所示。由此计算出输入信号的一个谐波分量的频谱：

$$S_k(n)=e^{j2\pi k/N}(x(n)-x(n-N)+S_k(n-1))$$
$$=(\cos(2\pi k/N)+j\sin(2\pi k/N))(x(n)-x(n-N)+\text{Re}(S_k(n-1))+j\text{Im}(S_k(n-1)))$$
$$=\cos(2\pi k/N)(x(n)-x(n-N)+\text{Re}(S_k(n-1)))-\text{Im}(S_k(n-1))\sin(2\pi k/N)+$$
$$j(\sin(2\pi k/N_M))(x(n)-x(n-N)+\text{Re}(S_k(n-1))+\text{Im}(S_k(n-1))\cos(2\pi k/N))\tag{3.52}$$

由于微处理器中一般没有复数运算，因此需将上式转换为方程组：

$$\begin{cases}S_{kr}(n)=\cos(2\pi k/N)(x(n)-x(n-N)+S_{kr}(n-1))-S_{ki}(n-1)\sin(2\pi k/N)\\S_{ki}(n)=\sin(2\pi k/N)(x(n)-x(n-N)+S_{kr}(n-1))+S_{ki}(n-1)\cos(2\pi k/N)\end{cases}\tag{3.53}$$

式中，$S_{kr}(n)=\text{Re}(S_k(n))$，$S_{ki}(n)=\text{Im}(S_k(n))$。图 3.61 所示为滑动 DFT 滤波器第 k 个频率单元的实现框图。

$N=20$ 和 $k=1$ 的单个滑动滤波器的幅频特性如图 3.62a 所示。通带和阻带非常差，但它们足以用于相干采样信号。从图 3.62b 中可以看出滑动 DFT 滤波器处于邻近稳定，因为它的极点位于 z 域的单位圆上，可以通过改变阻尼系数 r 使得其在单位圆内。该解决方案的传递函数由等式描述：

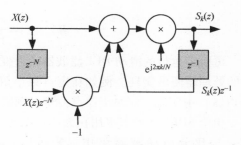

图 3.60　滑动 DFT 滤波器
单个频率单元的实现框图

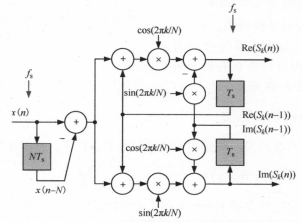

图 3.61　滑动 DFT 滤波器第 k 个频率单元的实现框图

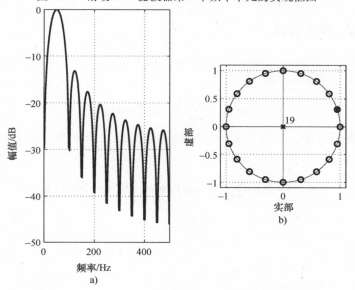

图 3.62　$N=20$，$k=1$ 和 $f_s=1000\text{Hz}$ 的滑动 DFT 特性

a）幅频特性　b）z 域极点/零点位置

$$H_{\mathrm{SDFT}}(z) = \frac{1 - r^N z^{-N}}{1 - re^{j2\pi k/N} z^{-1}} \qquad (3.54)$$

可稳定运行的滑动 DFT 滤波器的方框图如图 3.63 所示，使用低分辨率定点计算的处理器便可实现。例如在定点数字信号处理器（DSP）和现场可编程门阵列（FPGA）中实现。而对于浮点 DSP，例如 SHARC，可用在图 3.60 中的电路。

单个 SDFT 滤波器也用在为选定的频带构建分析滤波器组中，N 通道 SDFT 分析滤波器组的方框图如图 3.64 所示。当然对需知所有 DFT 频率的情况，这组滤波器没有任何价值。但是，对于选定的频率（如电力系统中的谐波）应用滤波器组可以非常有效，简化的频率特性如图 3.59 所示。

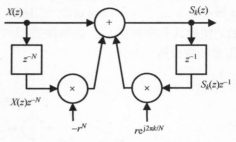

图 3.63　稳定滑动 DFT 滤波器的方框图

3.7.4　滑动 Goertzel 算法

基于 Goertzel 算法的另一种允许频谱递归的类似算法，被定义为

$$H_{\mathrm{SG}}(z) = \frac{(1 - e^{j2\pi k/N} z^{-1})(1 - z^{-N})}{1 - 2\cos(2\pi k/N) z^{-1} + z^{-2}} \qquad (3.55)$$

图 3.65 所示为这种滑动 Goertzel DFT（SGDFT）滤波器第 k 个频率单元的框图。采用该算法滤波器的计算量小于 SDFT。

3.7.5　移动 DFT 算法

滤波器组实现的另一个简单方法是使用傅里叶级数。一个周期信号可以表示为无数个正弦分量的和，即

$$x(t) = X_0 + \sum_{k=1}^{\infty} X_k \sin(2\pi kt + \varphi_k) \qquad (3.56)$$

式中，X_0 为直流分量；X_k 为第 k 个分量的幅值；φ_k 为第 k 个分量的相角。于是可将上式写为

$$x(t) = X_0 + \sum_{k=1}^{\infty} (A_k \cos(2\pi kt) + B_k \sin(2\pi kt)) \qquad (3.57)$$

其中，

$$X_0 = \frac{1}{T} \int_0^T x(t)\, dt$$

$$X_k = \sqrt{A_k^2 + B_k^2}$$

$$\varphi_k = \arctan \frac{A_k}{B_k} \qquad (3.58)$$

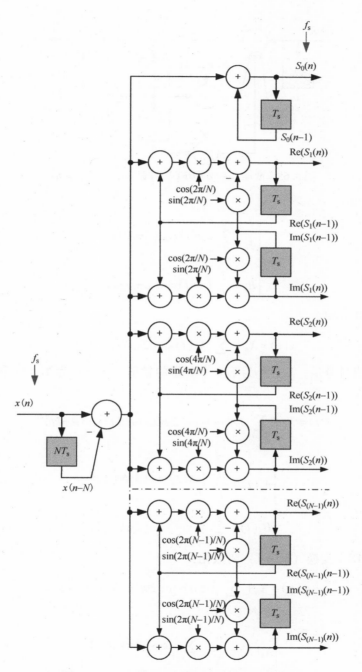

图 3.64 N 通道 SDFT 分析滤波器组的方框图

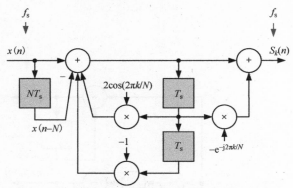

图 3.65　滑动 Goertzel DFT 滤波器第 k 个频率单元

系数 A_k 和 B_k 为

$$\begin{cases} A_k = \dfrac{2}{T} \displaystyle\int_0^T x(t)\cos(2\pi kt)\,\mathrm{d}t \\[2mm] B_k = \dfrac{2}{T} \displaystyle\int_0^T x(t)\sin(2\pi kt)\,\mathrm{d}t \end{cases} \tag{3.59}$$

而移动傅里叶变换为

$$x(t) = X_0 + \sum_{k=1}^{\infty} X_k(t)\sin(2\pi kt + \varphi_k(t)) \tag{3.60}$$

式中，X_0 为直流分量；$X_k(t)$ 为第 k 个分量的幅值；$\varphi_k(t)$ 为第 k 个分量的相角。于是有：

$$x(t) = X_0 + \sum_{k=1}^{\infty} (A_k(t)\cos(2\pi kt) + B_k(t)\sin(2\pi kt)) \tag{3.61}$$

其中，

$$\begin{cases} A_k(t) = \dfrac{2}{T} \displaystyle\int_{t-T}^{t} x(t)\cos(2\pi k\tau)\,\mathrm{d}\tau \\[2mm] B_k(t) = \dfrac{2}{T} \displaystyle\int_{t-T}^{t} x(t)\sin(2\pi k\tau)\,\mathrm{d}\tau \end{cases} \tag{3.62}$$

将移动 DFT 变换（MDFT）离散化：

$$x(n) = X_0 + \sum_{k=1}^{N} X_k(n)\sin(2\pi kn/N + \varphi_k(n)) \tag{3.63}$$

其中，

$$\begin{cases} A_k(n) = \dfrac{2}{N} \displaystyle\sum_{n=k-N+1}^{k} \cos(2\pi kn/N) \\[2mm] B_k(n) = \dfrac{2}{N} \displaystyle\sum_{n=k-N+1}^{k} \sin(2\pi kn/N) \end{cases} \tag{3.64}$$

系数 $A_k(n)$ 和 $B_k(n)$ 的值可以通过递归方程来计算:

$$\begin{cases} A_k(n) = A_k(n-1) + \dfrac{2}{N}(x(n) - x(n-N))\cos(2\pi kn/N) \\ B_k(n) = B_k(n-1) + \dfrac{2}{N}(x(n) - x(n-N))\sin(2\pi kn/N) \end{cases} \quad (3.65)$$

于是有第 k 个分量的输出为

$$y_k(n) = A_k(n)\cos(2\pi kn/N) + B_k(n)\sin(2\pi kn/N) \quad (3.66)$$

一个移动 DFT 滤波器的框图如图 3.66 所示。图 3.67 所示为 $k=1$、$N=32$ 和

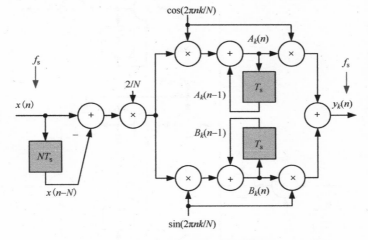

图 3.66   移动 DFT 滤波器的框图

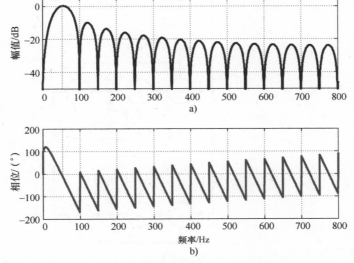

图 3.67   移动 DFT 滤波器 ($k=1$、$N=32$、$f_s=1600\text{Hz}$) 的频率响应

a) 幅频特性   b) 相频特性

$f_s = 1600\text{Hz}$ 的移动 DFT 滤波器的频率响应。从图中可以看出，通带的中心频率为
50Hz，其对应的增益为 1，相角为零。这种滤波器的效果与之前基于 DFT 算法的滤波
器组一样，不具备良好的滤波性能，更适合于连续采样系统中滤除谐波的滤波器。

使用图 3.66 中的过滤器可以构建分析过滤器组，图 3.68 描绘了 N 通道移动
DFT 分析滤波器组的框图。

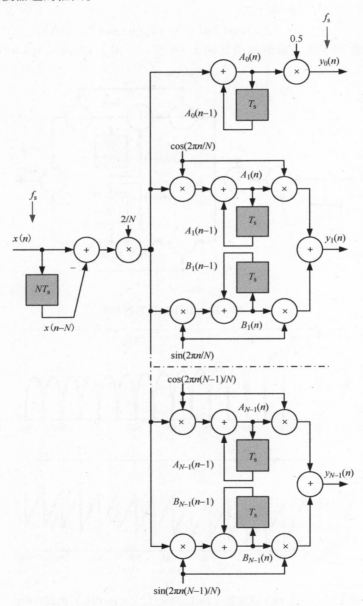

图 3.68 N 通道移动 DFT 分析滤波器组的框图

3.7.6 晶格型波数字滤波器组

晶格型波数字滤波器非常适合构建滤波器组。图3.69所示为采用晶格型波数字滤波器的分析和合成滤波器组，滤波器组之间的潜在连接由虚线表示。特别注意的是使用双向晶格型波数字滤波器的滤波器组。双通道分析滤波器组用于将信号分离为两个子带信号，$f/f_s = 0.25$。子带编码滤波器组由分析滤波器组和合成滤波器组组成。分析和合成滤波器组是最大抽取滤波器组。图3.70a和b显示了双通道，也称为正交镜像滤波器（QMF）库。如果将滤波器组相连，则采样率$f_{s1}/2 = f_{s2}$，相应的合成滤波器组重新组合子带信号以再次获得原始信号。具有有效伪功率恢复的晶格型波数字滤波器组[22]具有以下独特优点：更大的动态范围、低水平的舍入噪声，以及在循环条件下更大的范围。成对的两个互补滤波器如图3.70所示。图3.70c和d所示为滤波器组的多相实现。在这些滤波器中，下采样器和上采样器通过简单的开关实现。

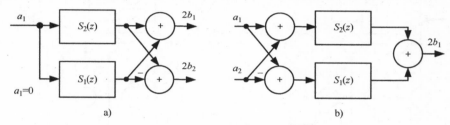

图3.69 晶格型波数字滤波器组

a）分析滤波器组 b）合成滤波器组

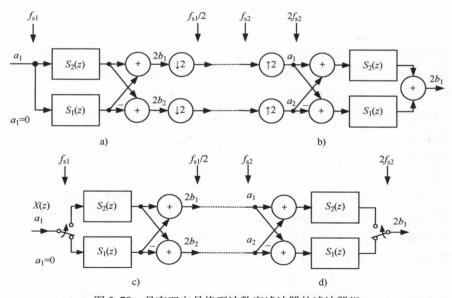

图3.70 具有双向晶格型波数字滤波器的滤波器组

a）具有抽取的分析滤波器组 b）具有内插的合成滤波器 c）多相分析滤波器组 d）多相合成滤波器组

　　使用 Gazsi[37] 提出的方法，可以设计出双向晶格型波数字滤波器，其系数可用于实现低分辨率定点算术。本节举例采用 7 阶椭圆滤波器，其系数的二进制值为 $\gamma_1 = 0.01011001b$、$\gamma_3 = 0.010001b$、$\gamma_5 = 0.00011b$，十进制表示为 $\gamma_1 = 0.34765625$、$\gamma_2 = 0.09375$、$\gamma_3 = 0.265625$。该滤波器用于构建分析和合成滤波器组。图 3.71 显示了具有恢复有效伪功率的滤波器组完整细节的图表。滤波器分支的传递函数为

$$S_2(z) = \frac{\gamma_1 + z^{-1}}{1 + \gamma_1 z^{-1}}, \quad S_1(z) = \frac{\gamma_3 + z^{-1}}{1 + \gamma_3 z^{-1}} \frac{1 - \gamma_5 + z^{-1}}{1 + (1 - \gamma_5) z^{-1}} \tag{3.67}$$

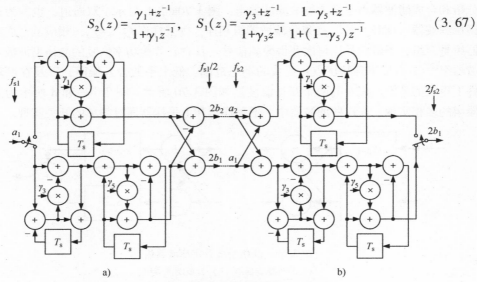

图 3.71　使用 BWDF 的滤波器组的框图

a）分析滤波器组　b）合成滤波器组

　　这种滤波器的主要优点是简单，其速率可以通过抽取倍数 $M = 2$ 而减小，且仅需要 7 个乘法器和 22 个加法器便可完整实现。滤波器实现的两个主要计算形式分为定点和浮点。若滤波器系数为定点计算中的二进制形式，可以用移位器替换乘法器，使得计算简单且快速。对于这些滤波器组，可以编写 MATLAB 程序进行仿真。合成晶格型波数字滤波器的框图如图 3.71b 所示。为了测量滤波器的频率响应，设置激励为单位脉冲，便可计算出两个滤波器输入的脉冲响应。在检查低通输入过程中，滤波器输入 a_2 上应用了一个有零采样的块，在第二个输入 a_1 上应用了一个有单位脉冲信号的块（一个非零输入）。在检查高通输入过程中，将输入交换。对于每个响应存储 $N = 2048$ 个样本，之后计算两个结果的 FFT，相应的特性如图 3.72 所示。其中图 3.72a 所示为两个输入的幅频特性，图 3.72d 所示为通带特性，其通带损耗非常小，接近 0.003dB，而幅频特性是关于 $f/f_s = 0.25$ 的镜像图像。图 3.72b 和 e 分别为高通输入和低通输入的相频特性。

　　为了得到单位阶跃响应的合成滤波器，合成输入激励之一用单位阶跃信号，另一个激励为零输入。对于第二个响应，则将输入交换，相应的特性如图 3.72 所

示。低通输入的响应（见图 3.72f）是典型的，但高通输入（见图 3.72c）的响应
与预期的不同，滤波器输出的瞬态响应会产生频率 $f=0.5\,f_s$ 的信号。这种效应在
图 3.73 中进行了解释，给出了合成滤波器组在高通和低通正弦输入信号的幅频特
性。图 3.73 的第一行为输入信号的 FFT，第二行为高通输入响应的 FFT，第三行
为低通输入响应的 FFT。分析数字滤波器组的框图如图 3.71a 所示。该滤波器也可
通过编写 MATLAB 程序来实现。对于分析滤波器组，不能使用单位输入脉冲的测
量方法，因为在这种情况下，下采样器需放置在其他滤波器元件的前面，而脉冲
将仅影响滤波器的一个分支。为了检查滤波器的特性，采用输入正弦信号和检测
输出最大幅值的方法。使用 $N=1024$ 样本块，将该方法应用于 $f/f_s=0\sim0.5$ 的频率
范围，步数为 $2/N$，每个响应的前 50 个样本归零以使阻尼瞬态失真，得到的幅频
特性如图 3.74 所示。其中分析滤波器输出的特性如图 3.74b 所示，幅频特性类似
于合成滤波器，并且是关于 $f/f_s=0.5$ 的镜像图像。图 3.74d 所示为通带特性，其
通带损耗接近 0.0001dB。在图 3.74c 中，合成滤波器的输出信号是输入信号的重
建版本，该方法的重建误差小于 0.005dB。在第二种方法中，施加相同的输入信
号，但幅度检测由 FFT 代替。对于每个正弦信号，检测 FFT 响应的最大幅度。其
获得的特性（见图 3.75）与上述方法类似。如果分析滤波器组没有输入开关，则
可以使用单位脉冲测试如图 3.47 和图 3.70a 所示的分析滤波器组。

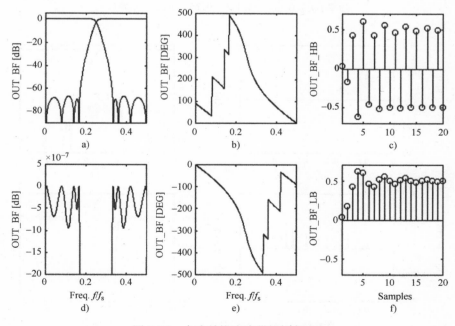

图 3.72　合成晶格滤波器的频率响应

a）低通和高通输入的幅频特性　b）高通输入的相频特性　c）高通输入　d）通带低通和高通输入

e）低通输入的相频特性单位阶跃输入信号的输出响应　f）低通输入

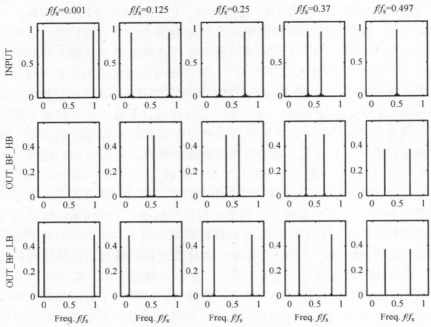

图 3.73 合成滤波器组在高通和低通正弦输入信号上的幅频特性，
频率 f/f_s：0.001、0.125、0.25、0.37、0.497

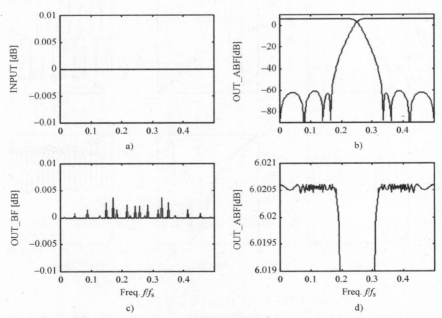

图 3.74 检测正弦输入信号的输出响应幅度得到的数字格子滤波器组的频率特性
a）输入信号 b）分析滤波器的幅度 c）滤波器组输出的幅度 d）分析滤波器的通带

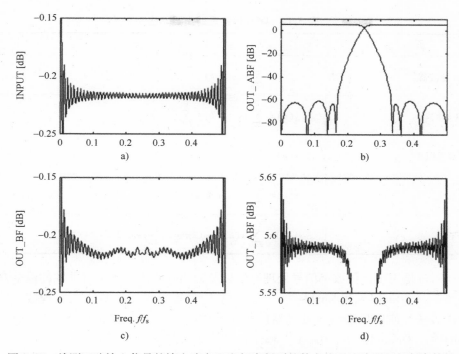

图 3.75   检测正弦输入信号的输出响应 FFT 幅度得到的数字格子滤波器组的频率特性
a）输入信号   b）分析滤波器的幅度   c）滤波器组输出的幅度   d）分析滤波器的通带

3.8   数字信号处理算法的实现

许多电力电子控制电路对延迟有限制，也就是说为了使系统工作，控制电路操作必须在一定的时间内完成，因此在这种应用中对控制系统的要求是最高的。针对数字信号处理计算而专门优化的架构是数字信号处理器（DSP）的特征。大多数通用微处理器可以很好地实现数字信号处理算法，但并不是专门用于处理数字信号算法，而且使用它们比使用 DSP 需要更多的硬件和软件资源。不过许多微处理器制造商在不断地修改其产品以接近数字信号处理器的能力。而 DSP 的一些重要特征在后面将介绍，表 3.14 中给出了使用 DSP 实现的主要算法。

目前，对于数字信号处理计算，可以考虑五种主要类型的数字设备：

1）通用微处理器（μP）和微控制器（μC）；

2）定点数字信号处理器；

3）浮点数字信号处理器；

4）可编程数字电路，现场可编程门阵列（FPGA）；

5）专用设备，如特定应用集成电路（ASIC）。

表 3.14 DSP 可实现的主要算法

算　法	公　式
FIR 滤波器	$y(n) = \sum\limits_{k=0}^{N} b_k x(n-k)$
IIR 滤波器	$y(n) = \sum\limits_{k=0}^{N} b_k x(n-k) + \sum\limits_{k=1}^{M} a_k y(n-k)$
离散卷积式	$y(n) = \sum\limits_{k=0}^{N-1} x(k) h(n-k)$
关系式	$y(n) = \sum\limits_{k=0}^{N-1} w(k) x(n+k)$
DFT	$Y(n) = \sum\limits_{k=0}^{N-1} x(k)\left(\cos(2\pi nm/N) - j\sin(2\pi nm/N)\right)$

C 语言是用于评估数字信号处理算法以及为实际应用开发实时软件的最受欢迎的高级工具。Embree 和 Kimble[27]、Press 等人[60]提出了使用 C 语言实现数字信号处理的方法。使用数字信号处理器的数字算法实现的许多方面被 Wanhammar[86]、Oshana[55]、Orfanidis[54]、Bagci[11]和作者[71,72]等人考虑。

表 3.15 显示了处理器的主要特征。在专用集成电路中，算法仅在硬件中实现，这些设备被设计用于执行一个或一系列固定功能。与可编程的方法相比，这些设备的运行速度非常快，但它们不够灵活。如果算法固定且定义明确，并需要以低功耗高速运行，那么 ASIC 将会是一个很好的解决方案。

表 3.15 DSP 硬件实现总结

	μP 和 μC	定点型 DSP	浮点型 DSP	FPGA	ASIC
灵活性	可编程	可编程	可编程	可编程	不可编程
处理速度	中低	高	高	高	高
是否支持乘法和累加	不少	是	是	不一定	不一定
可靠性	中高	高	高	中	高
分辨率	低	中低	中高	中低	中
是否有外围计数器、PWM、A/D	是	不一定	不一定	是	是
设计时间	中长	短	短	中	长
能耗	低	低	中高	中低	低
研发成本	中低	低	低	中	高
单元成本	中低	中低	中高	中低	低

现场可编程门阵列是可编程数字设备，可以在现场重新编程，但不如微处理器灵活。FPGA 制造商已经为实现数字信号处理算法准备了特殊的库。

通用微处理器和微控制器是最通用的解决方案。这种解决方案现在可用于许多微处理器和微控制器系列，同时有许多集成软件工具能对它们编程。通用处理器的缺点是它们在信号处理应用中的计算性能差。

在许多关于 DSP 和数字信号处理算法实现的出版物中，特别值得一提的包括 Chassaing[14,15]、Kuo 和 Lee[43]、Dahnoun[24]、Wanhammar[86]、Orfandis[53,54]、Dabrowski[20] 等人的著作。下面将进一步介绍数字信号处理器的特点。

3.8.1　DSP 的基本功能

在本节中讨论了主要的硬件组件，它们可以非常有效地实现数字信号处理算法。这些元素通常是通用微处理器中没有的部分，必须由其他软件替换。对于定点 DSP 而言，其位数决定了信号处理的动态范围。图 3.76 显示了典型定点 DSP 的动态范围。

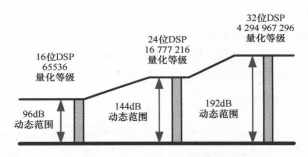

图 3.76　定点数字信号处理器的动态范围

3.8.1.1　乘法和累加

如表 3.14 所示，在数字信号处理器中，乘法累加（MAC）操作是计算两个数的乘积并将该乘积加到累加器的基本操作。MAC 运算由式（3.68）描述：

$$y(n+1) = a(n)x(n) + y(n) \tag{3.68}$$

具有乘法累加器（MAC）的典型 DSP 乘法器的框图如图 3.77 所示，输入操作数 $x(n)$ 和 $a(n)$ 具有 b 位分辨率，输出具有 $2b$ 位分辨率。使用 $2b$ 位分辨率进行累积，使得计算精度高于式（3.68）的 b 位。

$$\underbrace{y(n+1)}_{2b\text{位}} = \overbrace{\underbrace{a(n)}_{b\text{位}} \underbrace{x(n)}_{b\text{位}} + \underbrace{y(n)}_{2b\text{位}}}^{2b\text{位}} \tag{3.69}$$

这是能够扩展动态范围同时将系统成本及其功耗保持在合理限度内的一种方法。这种可实现乘法累加是 DSP 中的典型解决方案。虽然过去它很少嵌入微处理器和微控制器的内核中，但现在这种方式越来越常用。值得注意的是，用 FPGA 和

ASIC 电路也可能实现 MAC 操作。

3.8.1.2 循环寻址

在大多数数字信号处理算法中，卷积是一种主要的算法，因此在缓冲区中移动样本是基本操作之一。图 3.78 显示了这种操作的两个基本形式。在第一个（见图 3.78a）中，所有样本都在数据缓冲区中移位，这是一种效率很低的解决方案，因为在移动样本时会使得处理器难以进行其他操作。在更好的解决方案中（见图 3.78b），只需修改缓冲区开头的指针而不需移动样本。循环寻址使用指针操作通过将新的可用样本覆盖旧的样本被添加到

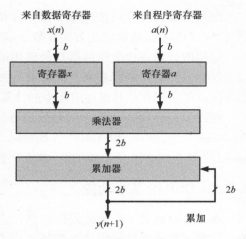

图 3.77 乘法累加器的框图

缓冲区，实现了内存缓冲区的重复利用。当指针到达最后一个位置时，它会自动地回到初始位置。该解决方案被广泛用于数字信号处理器，并且由适当的硬件支持，该硬件允许后台与主程序并行执行对地址的操作。这种类型的寻址被称为循环寻址，这种缓冲区被称为循环缓冲区。例如，DSP TMS320C6000 系列的缓冲区在文献[62]中进行了描述，DSP SHARC 系列的缓冲区在文献[5]中进行了描述。

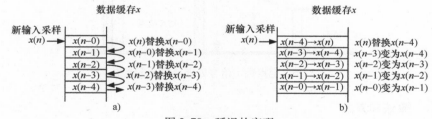

图 3.78 延迟的实现

a）使用样本移位 b）使用循环寻址进行指针操作

3.8.1.3 Barrel 移位器

下一类操作是在一个字中移动数字位。在典型的微处理器中，它由移位寄存器执行，因而每移动一位都需要一个时钟周期。例如移动十二位就需要十二个时钟周期，这是不能接受的。因此，DSP 配备了矩阵移位系统，也称为桶形移位器，它可以在一个机器周期内将数据字移动或旋转任意位。这种实现方式与多路复用器相似，每个输出都可以连接到任一输入，这取决于移位距离。

3.8.1.4 硬件控制循环

对于实现卷积所必需的后续操作，循环对于重复的实现是必要的。在典型的微处理器中，操作由重复软件执行，这使得必须增加额外的周期来处理循环。在 DSP 中增加了额外的硬件，可以在后台执行程序化的循环而不会增加额外的 CPU

负担。从而在循环中只执行数字信号处理操作，不会在循环所需的机器周期方面造成额外的损失。这个功能也称为零开销循环——使用专用硬件来检查循环中的计数器和点阵。

3.8.1.5　饱和算法

控制系统中使用的计算单元的另一个重要功能是饱和算法，这对于定点计算很重要。当信号达到下限或上限时，系统应该像模拟系统一样。在模拟电路中，下限和上限分别与负电源电压和正电源电压相等。在典型的 ALU 中，当信号溢出时会使信号符号发生改变，这可能对控制电路造成严重的后果。因此，程序员必须确保信号不超过限制，这通常需要额外的编程工作。清单 3.6 给出了一个简单的程序，用于添加两个变量以检查溢出并限制信号的输出。

清单 3.6　软件饱和

```
1    # define max 0x7fff
2    # define min 0x8000
3    int x,u,y;
4    long y_temp;
5    ...
6    y_temp = x + u;
7    if y_temp > max
8        y = max;
9    else if y_temp < min
10       y = min;
11   else
12       y=(int)y_temp;
```

DSP 具有额外的硬件用于实现饱和算法，这通常由特殊控制寄存器中的一位来控制。因此，当饱和算法工作时，程序员不必担心检查信号溢出，处理器也不需要任何额外的程序来检查溢出。用于添加两个变量的程序很简单，如清单 3.7 所示。

清单 3.7　硬件饱和

```
1    # define max 0x7fff
2    # define min 0x8000
3    int x,u,y;
4    ...
5    y = x + u;
```

图 3.79 显示了一个做 $y=y+1$ 递增的 16 位二进制补码信号（$U2$），当递增的信号值不超过 7FFF 时，与递减的信号 $y=y-1$ 在信号值不超过 8000 时的情况类似。

3.8.1.6　流水线架构

在典型的处理器中，指令执行包括三个阶段：读取、解码和执行。该过程如图 3.80a 所示，指令执行需要三个处理器周期。DSP 具有成熟的操作并行性，同步进行读取、解码、执行，以加速处理器运行，如图 3.80b 所示。通过这种修改，相比于线性流程的程序，处理器的工作速度能够提高三倍。当然，对于程序分支中的事件，整个效果都会丢失。因此在数字信号处理器中引入了延迟分支，使其能够使用读取和解码指令。DSP 流水线更加精密和强大，因为它们还可以降低因分支、硬件控制的循环、中断等带来的处理器效率损失。

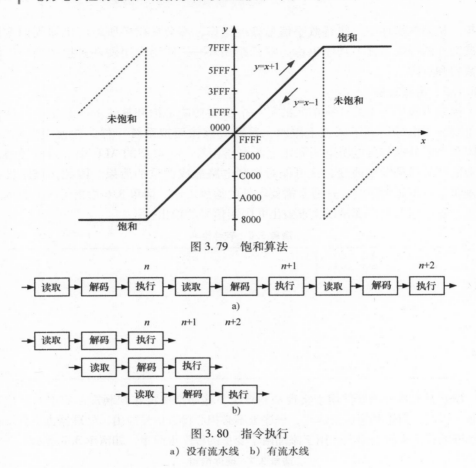

图 3.79　饱和算法

图 3.80　指令执行

a）没有流水线　b）有流水线

3.8.1.7　并行架构

如今，DSP 采用并行架构设计，允许同时执行多个操作。例如，当一条指令执行乘法和累加时，另一条指令可以在 DSP 芯片上移动数据和其他资源。

实现并行架构的另一种方法是使用多核处理器，这种技术最常用于 ARM 微处理器。这种方法的局限性在于它需要小心地将数字信号处理划分为单独的线程，这并不总是容易的，有时甚至无法实现。

3.9　适用于电力电子控制电路的微控制器

现在在市场上有很多不同的处理器，很难选出最合适的一个。在作者看来，最重要的是以下功能：

1）独立的程序处理器和数据存储器（哈佛架构），允许 DSP 在不影响计算性能的情况下读取代码；

2）流水线架构，DSP 分阶段执行指令，使其能够同时执行多条指令。例如，当一条指令正在进行乘法运算时，另一条指令可以在 DSP 芯片上读取数据和其他资源；

  3）单周期操作；

  4）具有扩展的累加分辨率的乘法器，乘法累加器（MAC 单元）；

  5）桶形移位器——单周期矩阵移位器；

  6）硬件控制的循环，以减少或消除循环操作所需的开销；

  7）存储器地址计算单元，硬件控制的循环寻址；

  8）饱和算法，其中产生溢出的操作将累积到最大（或最小）值；

  9）并行架构，并行指令集；

  10）支持分数运算；

  11）高效快速的中断系统。

  与通用处理器所提供的功能相比，上述功能能够以足够的精度快速执行计算。
表 3.16 显示了能够实现电力电子电路的控制电路的几种 DSP。

表 3.16　适用于电力电子控制电路的部分 DSP

名　称	TMS320F283x	TMS320C67x	SHARC	MC56F84xxx
系统结构	哈佛结构	浮点型 VLIW	增强哈佛结构	双哈佛结构
定点	32 位	32 位	32/64 位	32 位
浮点	IEEE 单精度	IEEE 双精度	32/40 位 IEEE	No
PWM	18PWM，150ps	有	16PWM	24PWM，312ps
A/D	2×12 位，80ns，2×SH	无	无	2×12 位高速
MAC	32×32 位或双 16×16 位乘加器	两个定点算术逻辑运算单元，64 位输出的 32 位的定点乘法器	80 位累加器	32×32 位，32 位或 64 位输出
移位器	Barrel	Barrel	Barrel	32 位
信号处理速度	300MHz 600MFLOPS	350MHz 2100MFLOPS	450MHz 2700MFLOPS	100MHz 100MIPS
ROM	256KB×16 闪存	无	高达 4MB	256KB
RAM	34KB×16	256KB	1~4MB	高达 32KB
输入/输出	88 GPIO pins	有	高达 16 位	通用 I/O
特殊寻址模式	循环寻址	有	32 硬件循环缓冲区	具有独特的 DSP 寻址模式的平行指令集
硬件循环	有	有	硬件中六个嵌套级别的零开销循环	硬件 DO 和 REP 循环
生产商	Texas Instruments	Texas Instruments	Analog Devices	Freescale

　　图 3.81 描述了三相功率电路的一个数字控制电路。通常，对表征三相电压和电流的模拟信号进行采样。正如已经在第 2 章中证明的那样，最好的方法是使用同步采样信号[25]。逐次逼近型模/数转换器的应用消除了信号的时间延迟。而 16 位分辨率的 A/D 转换器能够处理大动态范围的信号。随后，来自 A/D 转换器的数据送到数字信号处理器（DSP），在其中实现控制算法。DSP 的基本功能在前面已经描述过。然后将计算结果发送到 PWM 调制器，PWM 调制器通过产生死区时间的系统来控制逆变器晶体管。和之前一样，16 位分辨率为信号提供了大的动态范围。此外，系统还应配备数字锁相环（PLL）电路（与主电源同步），二进制输入/输出和通信接口，为了监视整个系统的运行，看门狗也是必不可少的。如果能够使用单个微控制器来实现这样的控制系统将会是非常好的结果，但是据作者所知，目前是没有这样的系统的。以下微控制器或多或少地接近所提出的系统，而最接近理想情况的是微控制器 TMS320F28377D。

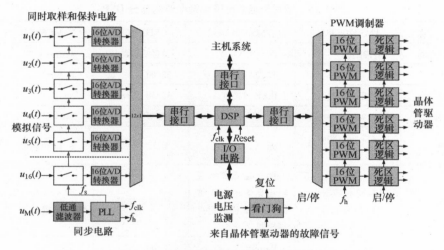

图 3.81　三相功率电路的控制电路框图

　　应当注意，还存在使用微处理器和现场可编程门阵列（FPGA）的解决方案，可以通过使用两个独立的系统或带有内置微处理器的 FPGA 来实现。但对此类系统的讨论超出了本书的范围。

3.9.1　TMS320F28335

　　DSP 系列中，大多数使用者最关注的应属德州仪器 TMS320F28x 系列[75,76]，也称为数字信号控制器（DSC）。该系列的典型代表是 TMS320F28335，它是一个完整的系统，在单个硅芯片中集成了许多有用的功能。因此，它特别适合于电力电子应用。该处理器的核心由 IEEE-754 单精度浮点单元组成。特别适合电力电子应用的功能包括：转换速率为 80ns 并且带两个采样保持电路的 16 通道 12 位 A/D 转换器，18 路 PWM 输出，具有动态 PLL 比率变化的时钟和系统控制，256K×16 闪存和 34K×16 SARAM 存储器。处理器的指令周期为 6.67ns，即处理器的时钟速率为 150MHz。为简化设计过程，可以使用带有 TMS320F28335 的 ControlCARD 模块。ControlCARD 模块是基于 F28335 的小型 100 脚 DIMM（双列直插"内存模块"）式垂直插件板。这些 ControlCARD 具有所有必要的电路，包括时钟、LDO 电源、去耦电路、上拉电路等，为 DSC 器件提供可靠的操作（见图 3.82）。该参考设计具有很强的鲁棒性，适用于噪声较大的电气环境（在电力电子设备中尤为重要）。它包括以下功能：

1）所有通用输入/输出（GPIO），A/D 转换器和其他关键信号均连接到金边连接器；

2）在 A/D 转换器输入引脚处用钳位二极管进行保护；

3）A/D 转换器引脚上有抗混叠滤波器（噪声滤波器）；

4）电隔离 UART 通信。

扩展坞是一个非常基本的小母板，能够接受插件控制卡系列的任何成员，它提供所需的 5V 电源，并允许用户访问所有 GPIO 和 ADC 信号。用于软件和硬件开发的系统如图 3.82 所示，它由 F28335 控制卡、CC28×××扩展板和 USB2000 控制器或 XDS100 USB-JTAG 仿真器组成。由于使用了仿真器，可以轻松地进行软件开发。仿真器可以访问处理器的所有寄存器和存储器，它的使用让我们能够对内部闪存进行编程。软件开发使用 Code Composer Studio™ v7，此外，德州仪器还准备了许多支持工具，例如 controlSUITE™、Baseline Software Setup、DSP2833x Header Files 等。对于这个处理器系列，已经创建了非常有用的教学工具[76,79]。

还应注意，PSIM 和 MATLAB 等仿真工具也支持 TMS320F2000 系列，MATLAB 和 PSIM 可以生成能在德州仪器 TMS320F2000 系列的硬件板上运行的代码。

3.9.2　TMS320F2837xD

德州仪器持续对 TMS320F2000 处理器系列进行开发，TMS320F2837xD[80,81] 是目前该系列中性能最好的处理器。相对于 TMS320F28335，TMS320F28377D 具有以下重要改进：

1）两个 CPU 和两个可编程控制律加速器（CLA）实时控制协处理器；

2）800 MIPS；

3）1MB 闪存、204KB SRAM；

4）24 条具有增强功能的脉宽调制器（PWM）通道；

5）16 条高分辨率脉冲宽度调制器（HRPWM）通道；

6）4 个 A/D 转换器，每个 A/D 转换器上有单个采样与保持电路（SH）；

7）16 位/12 位模式 A/D 转换器；

图 3.82　软件和硬件开发系统：F28335 控制卡、
CC28×××扩展板和 USB2000 控制器

8）对于 16 位模式，每个 A/D 转换器的吞吐量为 1.1MSPS；对于 12 位模式，每个 A/D 转换器的吞吐量为 3.5MSPS；

9）USB 2.0（MAC+PHY）；

10）多达 169 个独立的可编程、多路复用通用输入/输出（GPIO）引脚。

这种微控制器越来越接近理想状态，但要注意的是随着功能的增加，对于功能的介绍也越来越多，一般这些微控制器的典型完整描述具有数千页的量。德州仪器正试图通过创造额外的应用程序来解决这个问题，例如 controlSUITE™ 和 powerSUITE。

3.9.3　数字信号处理器——TMS320C6×××系列

德州仪器 TMS320C6000 系列是一款高性能的定点和浮点 DSP 系列。此系列处理器的特点是高速，并具有能同时运行的多个运算单元，因此它们达到了高性能的水平。例如，这个系列中的定点/浮点型低成本型号在 456MHz 时达到了 3648MIPS（每秒百万条指令）和 2746MFLOPS（每秒百万条浮点指令）[77]。

并行运算单元和 256 位超长指令字（VLIW）的使用，使得这种高速计算成为可能。DSP 内核由两条具有四个功能单元的数据路径组成，因此共有八个并行功能单元。为了利用所有的运算单元，在编写程序时需要非常小心。使用汇编语言创建程序非常复杂，原则上这个 DSP 系列的程序是用 C 语言编写的。为此，开发出了 Code Composer Studio，这是一个高效的 C 编译器和汇编优化器，也是一个为并行算术单元创建最佳程序的环境。但是，与 SHARC 处理器相比，对这些处理器编程会更复杂。TMS320C6000 系列在德州仪器出版物[77，78]、一本非常有用的教学手册[79]和独立书籍[12，14，24]等著作中有所描述。通常，TMS320C6000 系列没有特别有用的适合于电力电子应用的外围设备，因此它们只能与外部的外围设备一起使用。在作者看来，输入信号采集没有大问题，可以从德州仪器找到准备好的模块。例如，图 3.83 展示了 DSP TMS320C6713 系列评估模块 ADS8364，该模块具有一个 6 通道 16 位同步采样 A/D 转换器。该解决方案由德州仪器软件支持。

图 3.83　具有 16 位 A/D 转换器的 DSP TMS320C6713 系列评估模块 ADS8364

目前 TMS320C6000 系列正在向多核方向发展，例如 TMS320C665x 最多有两个内核，TMS320C667x 最多有八个内核。

3.9.4　数字信号处理器——SHARC 系列

在作者看来，一个经典的，也可能是对程序员最友好的 DSP 是来自 ADI 公司的 SHARC DSP 系列[1-4,47]，因为这些处理器具有非常合理且清晰的架构。汇编器是一个非常简单有效的所谓代数汇编器。SHARC 内核的框图如图 3.84 所示[5,6]。该处理器使用增强的哈佛结构，由两组总线组成，一组用于数据存储器（DM），另一组用于程序存储器（PM）。PM 总线和 DM 总线能够在每个处理器周期内支持存储器和内核之间的 2×64 位数据传输。

地址总线由两个地址计算器 DAG 1 和 DAG 2 控制。DAG 用于间接寻址和在硬件中实现循环数据缓冲区。循环缓冲器使我们能够对数字信号处理中所需的延迟线和其他数据结构进行有效编程，通常用于数字滤波器（见表 3.14）和傅里叶变

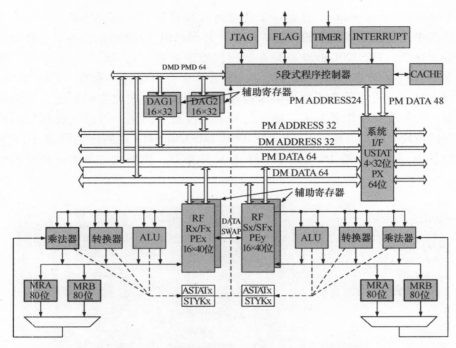

图 3.84　SHARC 系列 DSP 核心 ADSP-21367/8/9 的简化框图

换（见表 3.14）。两个 DAG 包含足够的寄存器，能形成多达 32 个循环缓冲区（16
个主寄存器组，16 个辅助寄存器组）。DAG 能自动处理地址指针环绕，减少开销，
提高性能并简化操作。SHARC 有两个计算单元（PEx、PEy），每个计算单元包括：
一个 ALU、Barrel 移位器的乘法器和 16×40 位数据寄存器文件。这些计算单元支持
IEEE 32 位单精度浮点、40 位扩展精度浮点和 32 位定点数据格式。这些单元在一个
周期内执行所有操作。每个处理元件内的三个单元并行排列，使得计算吞吐量达到最
大化。单个多功能指令执行并行的 ALU 和乘法器操作。处理器包括一个指令高速缓
存，能够完成读取一条指令和四个数据值的三总线操作。高速缓存是选择性的，只
有与 PM 总线数据访问冲突的读取指令会被缓存。高速缓冲存储器允许处理器核心
全速操作。与其他 DSP 不同，SHARC 具有程序员友好的汇编器，因此可以非常轻
松地编写与 C 语言混合的汇编程序代码。在作者看来，对于独立应用，SHARC 处
理器系列应该有一个闪存。表 3.17 说明了从地址 n 开始的指令是如何通过流水线
进行处理的。当地址 n 处的指令处于执行（Execute）阶段时，地址 $n+1$ 处的指令处
于寻址（Address）阶段，地址 $n+2$ 处的指令处于解码（Decode）阶段，地址 $n+3$ 处
的指令处于读取 2（Fetch 2）阶段，地址 $n+4$ 处的指令处于读取 1（Fetch 1）阶段。

　　使用处理器硬件资源使得在汇编器中编写简单有效的程序成为可能。清单 3.8
给出了一个用于实现 IIR 滤波器二阶部分的示例程序。

　　SHARC 处理器配备了全面的 PWM 调制器，因此可用于控制电力电子输出电

路。但模拟输入信号的采集应该由外部模块实现。

表 3.17　SHARC 流水线

循环次数	1	2	3	4	5	6	7	8	9
执行					n	$n+1$	$n+2$	$n+3$	$n+4$
地址				n	$n+1$	$n+2$	$n+3$	$n+4$	$n+5$
解码			n	$n+1$	$n+2$	$n+3$	$n+4$	$n+5$	$n+6$
获取 1		n	$n+1$	$n+2$	$n+3$	$n+4$	$n+5$	$n+6$	$n+7$
获取 2	n	$n+1$	$n+2$	$n+3$	$n+4$	$n+5$	$n+6$	$n+7$	$n+8$

清单 3.8　IIR 滤波器二阶部分的示例程序

```
1    /* IIR双二阶 */
2    /* DM(I0,M1), DM(I1,M1)  - RAM中的缓存数据 */
3    /* PM(I8,M8) -
4   程序命令中的系数缓冲区 */
5    B1=B0;
6    /* 初数据 */
7    F12=F12-F12, F2 = DM(I0,M1), F4 = PM(I8,M8);
8    Lcntr=N, do (pc,4) until lce; /* 循环体 */
9    /* 并行指令 */
10   F12=F2*F4, F8=F8+F12, F3 = DM(I0,M1), F4 = PM(I8,M8);
11   /* 并行指令 */
12   F12=F3*F4, F8=F8+F12, DM(I1,M1)=F3, F4 = PM(I8,M8);
13   /* 并行指令 */
14   F12=F2*F4, F8=F8+F12, F2 = DM(I0,M1), F4 = PM(I8,M8);
15   /* 并行指令 */
16   F12=F3*F4, F8=F8+F12, DM(I1,M1)=F8, F4 = PM(I8,M8);
17   /* 最终MAC, 延时返回 */
18   RTS(db), F8=F8+F12,
19   Nop;
20   Nop;
```

3.10　总结

　　本章基于数字信号处理器的广泛使用，考虑了用于电力电子控制电路的所选数字信号处理算法以及用于实现数字信号处理的微处理器的特性。本章主要介绍了波数字滤波器和改进的波数字滤波器，还给出了波数字滤波器在多速率电路中的有效应用。尽管它们具有良好的特性，但本章中所描述的滤波器并不常用，所提出的方法和电路将主要用于第 5 章和第 6 章中描述的应用中。

参 考 文 献

1. Analog Devices (1994) ADSP-21000 family application handbook, vol 1. Analog Devices, Inc.
2. Analog Devices (1999) Interfacing the ADSP-21065L SHARC DSP to the AD1819A AC-97 soundport codec. Analog Devices, Inc.
3. Analog Devices (2003) ADSP-21065L EZ-KIT lite evaluation system manual. Analog Devices, Inc.
4. Analog Devices (2004) ADSP-2106x SHARC Processor user's manual. Analog Devices, Inc.
5. Analog Devices (2005) ADSP-2136x SHARC processor hardware reference. Rev 1.0, Analog Devices, Inc.

6. Analog Devices (2007) ADSP-21364 Processor EZ-KIT lite evaluation system manual. Rev 3.2, Analog Devices, Inc.
7. Arriens HL (2006) (L)WDF Toolbox for MATLAB reference guide. Technical report, Delft University of Technology, WDF Toolbox RG v1 0.pdf
8. Arriens HL (2006) (L)WDF Toolbox for MATLAB, user's guide. Technical report, Delft University of Technology, WDF Toolbox UG v1 0.pdf
9. Aziz SA (2004) Efficient arbitrary sample rate conversion using zero phase IIR. In: Proceedings of AES 116th convention, Berlin, Germany. Audio Engineering Society
10. Aziz SA (2007) Sample rate converter having a zero phase filter. United State Patent, Patent No: US 7,167,113 B2
11. Bagci B (2003) Programming and use of TMS320F2812 DSP to control and regulate power electronic converters. Master's thesis, University of Applied Science Cologne
12. Bateman A, Paterson-Stephens I (2002) The DSP handbook: algorithms, applications and design techniques. Prentice Hall, London
13. Bruun G (1978) Z-transform DFT filters and FFT's. IEEE Trans Acoust Speech Sig Process 26(1):56–63
14. Chassaing R (2005) Digital signal processing and applications with the C6713 and C6416 DSK. Wiley, New York
15. Chassaing R, Reay D (2008) Digital signal processing and applications with the C6713 and C6416 DSK. Wiley, New York
16. Chen WK (ed) (1995) The circuits and filters handbook. IEEE Press, Boca Raton
17. Crochiere RE, Rabiner LR (1983) Multirate digital signal processing. Prentice Hall, Inc., Upper Saddle River
18. Czarnach R (1982) Recursive processing by noncausal digital filters. IEEE Trans Acoust Speech Sig Process 30(3):363–370
19. Dabrowski A (1988) Pseudopower recovery in multirate signal processing (Odzysk pseudo-mocy użytecznej w wieloszybkościowym przetwarzaniu sygnaów), vol 198. Wydawnictwo Politechniki Poznanskiej, Poznan (in Polish)
20. Dabrowski A (1997) Multirate and multiphase switched-capacitor circuits. Chapman & Hall, London
21. Dabrowski A (ed) (1997) Digital signal processing using digital signal processors. Wydawnictwo Politechniki Poznańskiej, Poznań (in Polish)
22. Dabrowski A, Fettweis A (1987) Generalized approach to sampling rate alteration in wave digital filters. IEEE Trans Circ Syst Theor 34(6):678–686
23. Dabrowski A, Sozanski K (1998) Implementation of multirate modified wave digital filters using digital signal processors. XXI Krajowa Konferencja Teoria Obwodów i Układy Elektroniczne, KKTUIE98, Poznan
24. Dahnoun N (2000) Digital signal processing implementation using the TMS320C6000 DSP platform. Pearson Education Limited
25. Data Translation (2009) Benefits of simultaneous data acquisition modules. Technical report, Data translation
26. Delft University of Technology (2012) (L)WDF Toolbox for Matlab. Technical report, Delft University of Technology
27. Embree PM, Kimble B (1991) C language algorithms for digital signal processing. Prentice Hall Inc., Upper Saddle River
28. Farhang-Boroujeny B, Lee Y, Ko C (1996) Sliding transforms for efficient implementation of transform domain adaptive filters. Sig Process 52(1):83–96. Elsevier
29. Fettweis A (1971) Digital filter structures related to classical filter networks. AEU, Band 25, Heft 2:79–89
30. Fettweis A (1972) Pseudo-passivity, sensitivity, and stability of wave digital filters. IEEE Trans Circ Theor 19(6):668–673
31. Fettweis A (1982) Transmultiplexers with either analog conversion circuits, wave digital filters, or SC filters—a review. IEEE Trans Commun 30(7):1575–1586
32. Fettweis A (1986) Wave digital filters: theory and practice. Proc IEEE 74(2):270–327
33. Fettweis A (1989) Modified wave digital filters for improved implementation by commercial digital signal processors. Sig Process 16(3):193–207

34. Fettweis A, Levin H, Sedlmeyer A (1974) Wave digital lattice filters. Int J Circ Theor Appl 2(2):203–211
35. Fettweis A, Nossek J, Meerkotter K (1985) Reconstruction of signals after filtering and sampling rate reduction. IEEE Trans Acoust Speech Sig Process 33(4):893–902
36. Flige N (1994) Multirate digital signal processing. Wiley, New York
37. Gazsi L (1985) Explicit formulas for lattice wave digital filters. IEEE Trans Circ Syst 32(1):68–88
38. Goertzel G (1958) An algorithm for the evaluation of finite trigonometric series. Am Math Mon 65:34–35
39. Hamming R (1989) Digital filters. Dover Publications Inc., New York
40. Izydorczyk J, Konopacki J (2003) Analog and digital filters. Wydawnictwo Pracowni Komputerowej, Gliwice (in Polish)
41. Jacobsen E, Lyons R (2003) The sliding DFT. IEEE Sig Process Mag 20(2):74–80
42. Jacobsen E, Lyons R (2004) An update to the sliding DFT. IEEE Sig Process Mag 21:110–111
43. Kuo SM, Lee BH (2001) Real-time digital signal processing, implementation, applications, and experiments with the TMS320C55X. Wiley, New York
44. Kurosu A, Miyase S, Tomiyama S, Takebe T (2003) A technique to truncate IIR filter impulse response and its application to real-time implementation of linear-phase IIR filters. IEEE Trans Sig Process 51(5):1284–1292
45. Lawson S (1995) Wave digital filters. In: Chen W-K (ed) The circuits and filters handbook. IEEE Press, Boca Raton, pp 2634–2657
46. Lawson S, Mirzai A (1990) Wave digital filters. Ellis-Horwood, New York
47. Ledger D, Tomarakos J (1998) Using The low cost, high performance ADSP-21065L digital signal processor for digital audio applications. Revision 1.0, Analog Devices, Norwood, USA
48. Lyons R (2004) Understanding digital signal processing, 2nd edn. Prentice Hall, Upper Saddle River
49. Lyons R, Bell A (2004) The swiss army knife of digital networks. IEEE Sig Process Mag 21(3):90–100
50. Mitra S (2006) Digital signal processing: a computer-based approach. McGraw-Hill, New York
51. Mouffak A, Belbachir M (2012) Noncausal forward/backward two-pass IIR digital filters in real time. Turk J Electr Eng Comput Sci 20(5):769–789
52. Oppenheim AV, Schafer RW (1999) Discrete-time signal processing. Prentice Hall, Englewood Cliffs
53. Orfanidis SJ (1996) ADSP-2181 experiments. http://www.ece.rutgers.edu/~orfanidi/ezkitl/man.pdf. Accessed Dec 2012
54. Orfanidis SJ (2010) Introduction to signal processing. Prentice Hall, Inc., Upper Saddle River
55. Oshana R (2005) DSP software development techniques for embedded and real-time systems. Newnes
56. Owen M (2007) Practical signal processing. Cambridge University Press, Cambridge
57. Pasko M, Walczak J (1999) Signal theory. Wydawnictwo Politechniki Slaskiej, Gliwice (in Polish)
58. Powell SR, Chau PM (1991) A technique for realizing linear phase IIR filters. IEEE Trans Sig Process 39(11):2425–2435
59. Proakis JG, Manolakis DM (1996) Digital signal processing, principles, algorithms, and application. Prentice Hall, Inc., Englewood Cliffs
60. Press WH, Teukolsky SA, Vetterling WT, Flannery BP (2007) Numerical recipes: the art of scientific computing, 3rd edn. Cambridge University Press, Cambridge
61. Rabiner LR, Gold B (1975) Theory and application of digital signal processing. Prentice Hall, Inc., Englewood Cliffs
62. Rao D (2001) Circular buffering on TMS320C6000. Application report, SPAR645A, Texas Instruments
63. Sozanski K (1999) Design and research of digital filters banks using digital signal processors. PhD thesis, Technical University of Poznan (in Polish)
64. Sozanski K (2002) Implementation of modified wave digital filters using digital signal processors, In: Conference proceedings of the 9th international conference on electronics, circuits and systems, ICECS 2002, pp 1015–1018

65. Sozański (2003) Active power filter control algorithm using the sliding DFT. In: Workshop proceedings of the signal processing 2003, Poznan, Poland, pp 69–73

66. Sozański K (2004) Harmonic compensation using the sliding DFT algorithm. In: Conference proceedings of the 35rd annual IEEE power electronics specialists conference, PESC 2004, Aachen, Germany

67. Sozański K (2008) Improved shunt active power filters. Przeglad Elektrotechniczny (Electr Rev) 45(11):290–294

68. Sozański K (2010) Digital realization of a click modulator for an audio power amplifier. Przeglad Elektrotechniczny (Electr Rev) 2010(2):353–357

69. Sozański K (2012) Realization of a digital control algorithm. In: Benysek G, Pasko M (eds) Power theories for improved power quality. Springer, London, pp 117–168

70. Sozański K (2013) A linear-phase IIR filter for audio signal interpolator. In: Conference proceedings of the signal processing, algorithms, architectures, arrangements and applications, SPA 2013, Poznan, Poland, pp 65–69

71. Sozański K (2015) Selected problems of digital signal processing in power electronic circuits, In: Conference proceedings of SENE 2015, Lodz, Poland

72. Sozański K (2016) Signal-to-noise ratio in power electronic digital control circuits. In: Conference proceedings of the signal processing, algorithms, architectures, arrangements and applications, SPA 2016. Poznan University of Technology, pp 162–171

73. Sozański K, Strzelecki R, Fedyczak Z, (2001) Digital control circuit for class-D audio power amplifier. In: Conference proceedings of the 2001 IEEE 32nd annual power electronics specialists conference, PESC 2001, pp 1245–1250

74. Tantaratana S (1995) Design of IIR filters. In: Chen WK (ed) The circuits and filters handbook. IEEE Press, Boca Raton

75. Texas Instruments (2008) TMS320F28335/28334/28332, TMS320F28235/28234/28232 digital signal controllers (DSCs). Data manual, Texas Instruments, Inc.

76. Texas Instruments (2010) C2000 Teaching materials, tutorials and applications. SSQC019, Texas Instruments, Inc.

77. Texas Instruments (2011) TMS320C6745/C6747 DSP technical reference manual. SPRUH91A, Texas Instruments, Inc.

78. Texas Instruments (2011) TMS320C6746 fixed/floating-point DSP. Data sheet, SPRS591, Texas Instruments, Inc.

79. Texas Instruments (2012) C6000 Teaching materials. SSQC012, Texas Instruments, Inc.

80. Texas Instruments (2016) TMS320F2837xD Dual-Core Delfino Microcontrollers. Data sheet, Texas Instruments, Inc.

81. Texas Instruments (2016) The TMS320F2837xD architecture: achieving a new level of high performance. Technical brief, Texas Instruments, Inc.

82. Vaidyanathan PP (1992) Multirate systems and filter banks. Prentice-Hall Inc, Englewood Cliffs

83. Venezuela RA, Constantindes AG (1982) Digital signal processing schemes for efficient interpolation and decimation. IEE Proc Part G 130(6):225–235

84. Vesterbacka M (1997) On implementation of maximally fast wave digital filters. Disertations no. 487, Linköping University

85. Vesterbacka M, Palmkvist K, Wanhammar L (1996) Maximaly fast, bit-serial lattice wave digital filters. In: Proceedigs of DSP workshop 1996, Loen, Norway. IEEE, pp 207–210

86. Wanhammar L (1999) DSP integrated circuit. Academic Press, London

87. Willson AN, Orchard HJ (1994) An Improvement to Powell and Chau linear phase IIR filter. IEEE Trans Sig Process 42(10):2842–2848

88. Zieliński TP (2005) Digital signal processing: from theory to application. Wydawnictwo Komunikacji i Lacznosci, Warsaw (in Polish)

89. Zieliński TP, Korohoda P, Rumian R (eds) (2014) Digital signal processing in telecommunication, basics, multimedia, transmission. Wydawnictwo Naukowe PWN, Warsaw (in Polish)

90. Zolzer U (2008) Digital audio signal processing. Wiley, New York

91. Zolzer U (ed) (2002) DAFX–digital audio effects. Wiley, New York

第 4 章
电力电子电路仿真与控制算法程序实现

4.1 简介

电子电路的分析、综合和设计通常是一个复杂的数学和计算问题，借助于计算机可以促进该领域的实质性进展。随着计算机和软件的发展，这些问题可以用数字和符号的方法来解决。详见斯莫尔和霍萨克[37]以及其他专家的相关文献[1,4,5,38]。为了解决这些问题，可以采用 Spice、PSIM、NAP2 等仿真软件。在仿真软件中，只需要输入仿真电路拓扑及其电路参数即可，无需详细了解仿真的具体数学算法。在某种意义上，用户不必完全理解由此产生的现象。

面向集成电路应用的仿真软件 Spice 是一种通用的电路仿真软件，可以用于非线性直流、非线性瞬态和线性交流分析。仿真电路中可以有电阻、电容器、电感器、互感器、独立的电压源和电流源、四种受控源、无损和有损传输线（两种独立的传输线的实现形式）、机械开关以及五种最常见的半导体器件：二极管、BJT、JFET、MESFET 和 MOSFET。Spice 是在 20 世纪 70 年代初由美国伯克利大学的专家发明的[43]。幸运的是，Spice 软件源代码诞生之初属于公共域软件，成本只包括伯克利大学收取的用于源代码存储的磁带费用。Pspice[34]是 MicroSim 公司设计的应用比较广泛的 Spice 版本软件，后来更名为 Orcad（现在更名为 Cadence），可运行在 PC Windows 和 Macintosh 环境。该软件最初是为模拟电路仿真而设计的，也可推广至电力电子和数字电路[17]。但是，对于脉冲应用，存在一定的收敛误差。Spice 软件的问世被 IEEE 认为是一个里程碑[10]。现在，一些大规模集成电路制造商仍在开发基于 Spice 的电路仿真软件：如 Analog Device 公司的 ADIsimPE、Linear Technology 公司的 LTspice、德州仪器公司的 TINA（现在更名为 Design-Soft）。其中，TINA 软件中采用了模拟电路中的传递函数分析方法，可以产生线性模拟电路的传递函数、等效电阻、阻抗以及动态响应。在直流和交流分析模式下，TINA 以全符号或半符号的形式推导公式，这对线性模拟电路非常有用。此外，还有诸如 GeckoCIRCUIT 等用于电力电子系统建模的仿真软件。

第二类支持电路分析、合成和设计过程的仿真软件是用于数字和符号运算的通用工具软件，主要有商用 MATLAB®、Mathematica、Maple、Mathcad、Magma、非商用 GNU Octave、Scilab、、SageMath、SymPy 等。与 Spice 等仿真软件不同，用户需了解基本的电路原理以及基尔霍夫定律等定律，并建立相应的数学模型。

MathWorks 公司的 MATLAB®（矩阵实验室）是用于工程和科学计算的数值计算软件[22]。MATLAB 具有丰富的图形集成功能。一开始，MATLAB 的设计是为了方便访问 linpack 和 eispack，而不必学习 Fortran。它是在 20 世纪 70 年代末由新墨西哥大学计算机科学系主任克里夫莫勒开发的。经历最初的成功之后，由 MathWorks 公司进行商业化推广。如今，MATLAB 已成为非常流行的工程和科学计算软件工具，并为应用设计提供参考。

GNU Octave 是一种用于数值计算的高级语言[9]。它通常用于解决线性和非线性方程、数值线性代数、统计分析等问题，以及运行其他数值实验。Octave 有助于数值求解线性和非线性问题，以及执行其他数值计算。它使用的语言大多与 MAT-LAB 兼容。它也可以作为一种面向批处理的自动数据处理语言。GNU Octave 是根据 GNU 通用公共许可证条款免费推广的软件。

SageMath 是一个免费的开源数学软件系统，采用通用公共许可证即可[35]。作为数学软件，SageMath 的功能涵盖了数学的许多方面，包括代数、组合、数值数学、数论和微积分。它建立在 NumPy、SciPy、matplotlib、SymPy、Maxima、GAP、FLINT、R 等开源软件包之上，可以通过 Python 语言或者直接通过接口或包装器来运行。在志愿者和赠款的支持下，SageMath 得以迅速发展，并形成了一种可以替代 Magma、Maple、Mathematica 和 MATLAB 等软件的免费开源数学软件。此外，另一种软件工具是 SymPy，它是属于符号数学的 Python 语言程序库，需采用伯克利软件发行许可[45]才能运行。其目标是利用尽可能简单的代码构成一个功能齐全的计算机代数系统，以便易于理解和扩展。SymPy 完全采用 Python 语言编写。

Scilab[36] 是另一种开源数值计算软件，也是一种面向数值计算的高级编程语言。它可以用于信号处理、统计分析、图像增强、流体动力学模拟、数值优化和建模、显式和隐式动态系统模拟和符号操作。在某些应用场合，Scilab 可以替代 MATLAB。由于 Scilab 的语法与 MATLAB 相似，Scilab 包含一个源代码转换器，可将代码由 MATLAB 格式转换为 Scilab 格式。Scilab 还包括一个名为 Xcos 混合动态系统建模器和模拟器的免费软件包，其功能与 MathWorks 的 Simulink® 相近[22]。

Mathematica、Maple、Mathcad、Magma 是通用的商业数学符号和数值计算软件[16,18-20]。它们广泛应用于科学、工程、数学和计算领域，以及可视化、数据分析、矩阵计算和连接性等技术计算领域。

4.2 基于 MATLAB®的仿真

文献[2，3，6，11-14，25，39，41，42]等均对基于 MATLAB®软件进行电路

问题仿真分析的方法进行了介绍，与 MATLAB®软件相关的书籍已多达 1500 余本，可在 MathWorks 网页[24]进行查阅。

图 4.1 给出了模拟电路的时域分析方法，可以看出，在 MATLAB®[13,44]软件中很容易实现拉普拉斯变换。

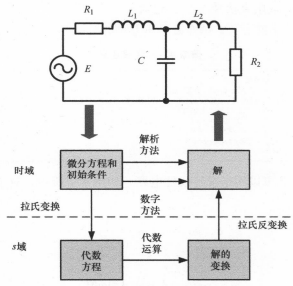

图 4.1　模拟电路的时域分析方法

4.2.1　模拟电路的直流和交流仿真分析

MATLAB®软件支持复数运算，其内置函数见表 4.1。在电气工程领域，复数的虚数部分通常用符号"i"或"j"表示。为定义复数变量 $z_1 = 3+2j$ 和 $z_2 = \dfrac{A}{\sqrt{2}} e^{j1.5\pi}$，需在 MATLAB®软件中分别输入 $z_1 = 7+2*j$ 和 $z_2 = A/sqrt(2)*exp(j*1.5*pi)$。

表 4.1　MATLAB®软件复数运算内置函数

数学运算	MATLAB
Re (z)	real (z)
Im (z)	imag (z)
$\lvert z \rvert$	abs (z)
$\angle z$	angle (z)
z^*	con (z)

在 MATLAB®中的基本变量类型是矩阵，强大的矩阵运算能力是 MATLAB®最

宝贵的优势[8,22]。其中，最特殊的矩阵有 1×1、$1 \times n$ 或 $n \times 1$ 的矩阵。在 MATLAB®
中，矩阵的数据输入有以下规则：

1）行中的元素用空格或逗号分隔；

2）每行以分号结尾；

3）元素列表必须用方括号 [ ] 括起来。

MATLAB®软件变量定义示例如清单 4.1 所示。

清单 4.1 变量定义

```
1  x = 1.3e5;              % 定义标量
2  y = [2 0.3 1e-3 5];     % 定义行向量
3  t = 1:1:10;  % 定义行向量  t=[1 2 3 4 5 6 7 8 9 10]
4  z = [2; 4; 6; 8; 10]    % 定义列向量
5  A = [4 3 2 1 0; 1 3 5 7 9] %       定义2×5矩阵
6  C = [1:5;7:-1:1]      % 定义5×7矩阵
7  B = zeros(4,5)        % 定义4×5的全0矩阵
8  C = ones(3,15)        % 定义3×15的全1矩阵
```

矩阵和复数运算可以用于求解线性电路。如图 4.2 所示，对于该 RC 电路，可以编写方程

$$U_1(j\omega) = E_1(j\omega) = \frac{A}{\sqrt{2}} e^{(j\phi)} \tag{4.1}$$

和

$$U_2(j\omega) = \frac{A}{\sqrt{2}} e^{(j\phi)} \frac{1-j\omega RC}{1+\omega^2 R^2 C^2} \tag{4.2}$$

根据式（4.1）和式（4.2），为求解该 RC
电路在频率范围 $0.002 \sim 100 f_{cr}$ 内的频率响应，建
立了清单 4.2 所示的 MATLAB®程序，其中，频
率步进按照 $df = 0.002 f_{cr}$ 进行步进计算。

对于例 4.2，MATLAB®有一个功能，即函
数 compass（U，V），它可以绘制一个包含 U、V
分量的矢量图。其中，特定频率下 RC 电路的矢
量图如图 4.3 所示。

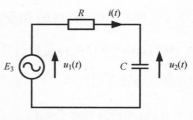

图 4.2 RC 电路示例

对于上述 RC 电路，其频率响应传递函数可以根据下式推得

$$H(j\omega) = \frac{U_2(j\omega)}{U_1(j\omega)} = \frac{1}{1+j\omega RC} = \frac{1-j\omega RC}{1+\omega^2 R^2 C^2} \tag{4.3}$$

频率传递函数可以表示为实部和虚部之和，即

$$\begin{aligned}
H(j\omega) &= |H(j\omega)| e^{j\phi(\omega)} \\
&= |H(j\omega)| \cos(\phi(\omega)) + j|H(j\omega)| \sin(\phi(\omega)) \\
&= \mathrm{Re}(H(j\omega)) + j\mathrm{Im}(H(j\omega))
\end{aligned} \tag{4.4}$$

式中，$\mathrm{Re}(H(j\omega))$ 和 $\mathrm{Im}(H(j\omega))$ 分别代表传递函数的实部和虚部。

清单 4.2　*RC* 电路频率响应

```
1   %  RC电路频率响应
2   clear all; close all;
3   l_width = 2; f_size = 12;
4   C=1; R=1; fcr=1/(2*pi*R*C);
5   df=0.002; f = (0:df:100-df)*fcr;
6   n=1:1:50000; frel=0.002*n;
7   omega=2*pi*f; fi=0;
8   A=1*sqrt(2); U1=A/(2^0.5)*exp(j*fi);
9   U2=(U1*1)./(1+j*omega*R*C);
10  figure('Name','Compass','NumberTitle','off');
11  wekt1=[U1(1) U2(20)]; wekt2=[U1(1) U2(500)]; wekt3=[U1(1) U2(1000)];
12  wekt4=[U1(1) U2(2500)];
13  subplot(221), compass(wekt1,'r'), set(gca,'FontSize',f_size),
14    title('f/f_{cr}=0.2'),
15  subplot(222), compass(wekt2,'r'), set(gca,'FontSize',f_size),
16    title('f/f_{cr}=1'),
17  subplot(223), compass(wekt3,'r'), set(gca,'FontSize',f_size),
18    title('f/f_{cr}=2'),
19  subplot(224), compass(wekt4,'r'), set(gca,'FontSize',f_size),
20    title('f/f_{cr}=5');
21    print('compass.pdf','-dpdf');
22  f_size = 16;
23  figure('Name','Nyquist','NumberTitle','off');
24  plot(U2/U1,'r','linewidth',l_width), set(gca,'FontSize',f_size),
25    xlabel('Re(H(j\omega))'); ylabel('Im(H(j\omega))');
26    grid on;
27    print('nyquist.pdf','-dpdf');
28  figure('Name','|H|,_phase','NumberTitle','off');
29    H_magdB=20*log10(abs(U2/U1));
30    phase=angle(U2)*180/pi;
31  subplot(211), semilogx(frel, H_magdB,'r'),set(gca,'FontSize',f_size),
32    title('(a)'),
33    ylabel('A(\omega)_[dB]'); grid on;
34  subplot(212), semilogx(frel, phase,'r'),set(gca,'FontSize',f_size),
35    title('(b)'),
36    ylabel('\phi(\omega)_[deg]'), xlabel('\it_f/f_{cr}'); grid on;
37    print('Mag_and_phase_log.pdf','-dpdf');
```

　　RC 电路的频率响应可以用图 4.4 所示的奈奎斯特图来表示，X 轴表示传递函数的实部 $\mathrm{Re}(H(\mathrm{j}\omega))$，$Y$ 轴表示传递函数的虚部 $\mathrm{Im}(H(\mathrm{j}\omega))$。

　　在 MATLAB® 中，可以分别用函数 **abs**(x) 和 angle(x) 计算出幅值和相角。*RC* 电路的频率响应如图 4.5 所示。MATLAB® 软件支持使用 laplace、freqs、lsim 等拉普拉斯变换函数来分析模拟电路，例如，使用 freqs 函数可以确定由传递函数式（4.5）所定义的电路的频率响应。

$$H(s)=\frac{U_2(s)}{U_1(s)}=\frac{b_1 s^N+b_2 s^{N-1}+\cdots+b_{N+1}}{b_1 s^M+b_2 s^{M-1}+\cdots+b_{M+1}} \tag{4.5}$$

对于上述 *RC* 电路，将 $s=\mathrm{j}\omega$ 代入式（4.3）可得到该电路传递函数的拉普拉斯变换形式

$$H(\mathrm{j}\omega)=\frac{U_2(\mathrm{j}\omega)}{U_1(\mathrm{j}\omega)}=\frac{1}{1+\mathrm{j}\omega RC}\overset{s=\mathrm{j}\omega}{\Longleftrightarrow}H(s)=\frac{U_2(s)}{U_1(s)}=\frac{1}{1+sRC} \tag{4.6}$$

　　计算并绘制 *RC* 电路频率响应曲线的例程如清单 4.3 所示，根据该程序绘制的频率特性曲线如图 4.6 所示。

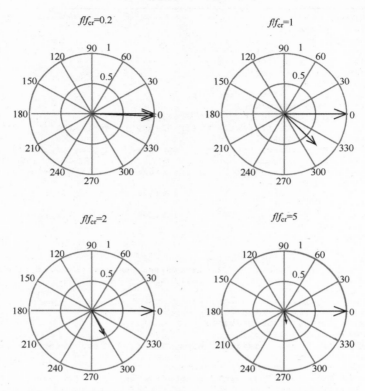

图 4.3　特定频率 f/f_{cr} 时电压 U_1（jω）和 U_2（jω）的矢量图

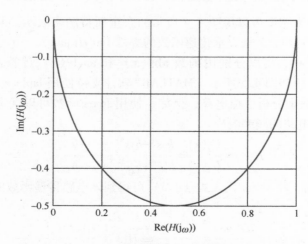

图 4.4　*RC* 电路的奈奎斯特图

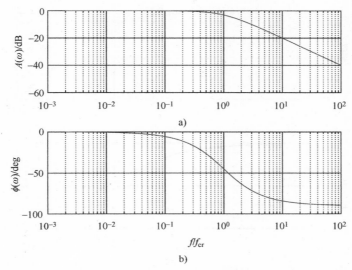

图 4.5　*RC* 电路的频率响应

a) 幅值　b) 相角

清单 4.3　基于拉普拉斯变换的 *RC* 电路频率响应计算程序

```
1   % RC电路拉普拉斯变换
2   clear all; close all;
3   l_width = 2; f_size = 16;
4   C=1; R=1;
5   b=1;  % 分子
6   a=[R*C 1];  % 分母
7   w = logspace(-2,1,200);  % 生成对数间隔向量
8   h = freqs(b,a,w);
9   mag = abs(h); phase = angle(h); phasedeg = phase*180/pi;
10  figure('Name','RC_Frequency_response','NumberTitle','off');
11    subplot(2,1,1), loglog(w,mag,'r','linewidth',l_width),
12      set(gca,'FontSize',f_size), grid on
13      title('(a)'), ylabel('Magnitude');
14    subplot(2,1,2), semilogx(w,phasedeg,'b','linewidth',l_width),
15      set(gca,'FontSize',f_size),grid on, title('(a)'),
16      xlabel 'Frequency_(rad/s)', ylabel('Phase_[deg]');
17  print('Mag_and_phase_RC_freqs.pdf','-dpdf');
```

4.2.2　电路的直流和交流节点及回路分析

节点分析法基于基尔霍夫电流定律（KCL），即电路中任意节点上所有电流的代数和等于零。

$$I = YV \tag{4.7}$$

式中，*Y* 为节点导纳矩阵；*V* 为节点电压矩阵；*I* 为节点电流向量。

对于给定的矩阵 *Y* 和向量 *I*，可以通过矩阵方程计算向量 *V*

$$V = Y^{-1}I \tag{4.8}$$

式中，Y^{-1} 为矩阵 *Y* 的逆矩阵。

在 MATLAB 软件中，可通过以下命令计算矩阵 *V*

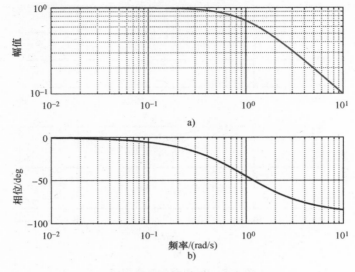

图 4.6 RC 电路的频率响应

$$V = Y / I \tag{4.9}$$

第二种方法是使用基尔霍夫电压定律（KVL），即电路中任何闭合路径周围的所有电压之和等于零。回路分析是获得回路电流的一种方法。在该方法中，描述电路的方程具有以下形式

$$E = JZ \tag{4.10}$$

式中，Z 为网格阻抗矩阵；J 为环路电流向量；E 为电压向量。通过求解矩阵方程可以得到回路电流向量。

$$J = Z^{-1} E \tag{4.11}$$

与前述方法类似，在 MATLAB 软件中可通过以下命令计算环路电流向量 J

$$J = Z / E \tag{4.12}$$

为了说明采用 MATLAB 软件进行直流回路分析的方法，以图 4.7 所示电路为例，对于所分析的电路，可以建立这些方程

$$\begin{cases} -E_1 + R_1 J_1 + R_2 (J_1 - J_2) = 0 \\ R_2 (J_2 - J_1) + R_3 J_2 + R_4 (J_2 - J_3) = 0 \\ R_4 (J_3 - J_2) + R_5 J_3 + E_3 = 0 \end{cases} \tag{4.13}$$

上式可化简为

$$\begin{cases} (R_1 + R_2) J_1 - R_2 J_2 + 0 J_3 = E_1 \\ -R_2 J_1 + (R_2 + R_3 + R_4) J_2 - R_4 J_3 = 0 \\ 0 J_1 - R_4 J_2 + (R_4 + R_5) J_3 = -E_3 \end{cases} \tag{4.14}$$

图 4.7 所示电路的环路电流计算程序如清单 4.4 所示。

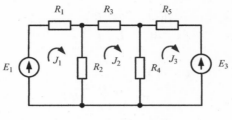

图 4.7 示例电路图

清单 4.4 环路分析

```
1  R=[ 2.5 1.8 3 1 7]  % 电阻R₁~R₅的值
2  E=[12 0 -5]  % 电压源E₁、E₂和E₃的值
3  Z=[R(1)+R(2),-R(2),0; -R(2), R(2)+R(3)+R(4),-R(4); 0,-R(4), R(4)+R(5)];
4  J=Z\E  % 环路电流计算
```

计算程序结果如下:

```
R =  2.5  1.8  3  1  7
E =  12  0  5
J =
    3.164796219728294e+00
    8.936798582398112e-01
   -5.132900177200237e-01
```

对于交流电路分析,上述计算程序同样适用[2]。

4.2.3 模拟电路的瞬态分析

对于时域分析,线性模拟电路可以用常微分方程来描述。要求解这些方程,应采用数值或解析方法。在许多关于电路分析的书中对于这类问题都有介绍,例如文献[40,41]。在 MATLAB 软件中,ode23、ode45、ode113、ode15s、ode23s、ode23t、ode23tb、ode15i 是常用的微分方程数值求解方法。其中,ode23 采用低阶方法求解非刚性微分方程,而 ode45 采用中阶方法求解非刚性微分方程。一般来说,ode45 是第一个最适于求解托盘函数的数值计算方法[22]。

RL 电路常见于电力电子电路中。为了说明如何使用 MATLAB 进行瞬态分析,使用图 4.8 所示的 *RL* 电路。在电路中,开关处于位置 1,在 *T* = 0 时,开关从位置 1 移动到位置 2。利用基尔霍夫电压定律 (KVL),可以建立方程

$$E_2 - u_L(t) - u_R(t) = 0$$

$$u_L(t) = L\frac{\mathrm{d}i(t)}{\mathrm{d}t}$$

$$E_2 - L\frac{\mathrm{d}i(t)}{\mathrm{d}t} - i_L(t)R = 0 \tag{4.15}$$

联立上式,可得微分方程

$$\frac{\mathrm{d}i(t)}{\mathrm{d}t} = \frac{E_2}{L} - \frac{R}{L}i_{\mathrm{L}}(t) \tag{4.16}$$

微分方程的解为

$$i_{\mathrm{L}}(t) = \frac{E_2}{R} + \left(i_{\mathrm{L}}(0) - \frac{E_2}{R}\right)\mathrm{e}^{-\frac{t}{\tau}} \tag{4.17}$$

式中，$\tau = \dfrac{L}{R}$为电路时间常数；$i_{\mathrm{L}}(0)$ 为电感初始电流。

假定 $t = 0$ 时刻 $i_{\mathrm{L}}(0) = \dfrac{E_1}{R}$，则可计算不同时刻的电感电流

$$i_{\mathrm{L}}(t) = \frac{E_2}{R} + \left(\frac{E_1}{R} - \frac{E_2}{R}\right)\mathrm{e}^{-\frac{t}{\tau}} \tag{4.18}$$

    计算 RL 电路阶跃响应输出的程序如清单 4.5 所示，其计算方法包括解析法〔见式（4.18）〕和数值法〔见式（4.16）〕。在 m 格式文件"diff_RL. m"中定义微分方程的方法如清单 4.6 所示，此外，还可以采用 inline 函数定义微分方程。RL 电路阶跃响应结果如图 4.9 所示。

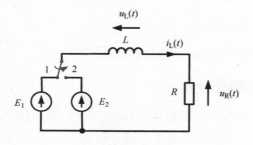

图 4.8　RL 电路示例

清单 4.5　采用解析法和数值法计算 RL 瞬态响应的例程

```
1   clear all; close all; clc;
2   global E2 R L tau
3   l_width = 2; f_size = 16;
4   E2=1.0; R=1.0; L=100e-3; tau=L/R; E1=-1;
5   i_L0 = E1/R;    % 初始（条件）电感电流
6   N=2^12; t0 = 0; tf = 500e-3;
7   [t, i_Ldiff] = ode45('diff_RL',[t0 tf],i_L0);  % 步长的解
8   t=t'; i_Ldiff=i_Ldiff';
9   i_Lana = E2/R+(i_L0-E2/R)*exp(-t/tau);  % 分析解决方案
10  % 画两个解决方案
11  figure('Name','RL_Transient_response','NumberTitle','off');
12  subplot(211), plot(t,i_Ldiff,'b',t,i_Lana,'r','linewidth',l_width)
13  set(gca,'FontSize',f_size),title('(a)'),
14  legend('i_{Lana}(t)','i_{Ldiff}(t)');grid on;
15  ylabel('Inductor_current,i_{L}(t)');
16  subplot(212), plot(t,i_Ldiff-i_Lana,'linewidth',l_width);
17  set(gca,'FontSize',f_size), grid on, title('(b)'),
18  xlabel('Time_[s]'), ylabel('i_{Lana}(t)-i_{Ldiff}(t)');
```

清单 4.6 *RL* 电路微分方程定义例程

```
1   function dy = diff_RL(t,y)
2   global E2 R L tau
3   dy = E2/L - y/tau;
4   end
```

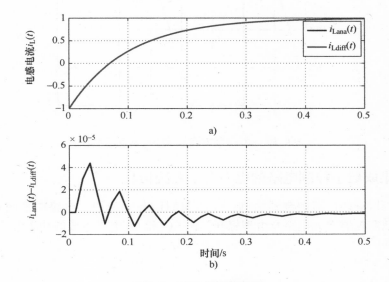

图 4.9 *RL* 电路阶跃响应

a) 电感电流 b) 解析法与数值法结果的差值

利用拉普拉斯变换可以更容易地进行仿真。在 MATLAB 中，lsim 函数能够模拟动态系统在任意输入时的时域响应。清单 4.7 给出了 *RC* 电路传递函数［见式（4.6）］在周期性方波信号输入时的时域响应计算程序，计算结果如图 4.10 所示。

清单 4.7 采用拉普拉斯变换计算 *RC* 电路方波信号输入响应计算程序

```
1   clear all; close all;
2   l_width = 2; f_size = 16;
3   C=1; R=1; N=8000; dt=0.001;
4   b=1; % 分子
5   a=[R*C 1]; % 分母
6   H=tf(b,a)    % RC传递函数
7   t=(0:N-1)*dt;
8   x=[ones(1,N/4) zeros(1,N/4) ones(1,N/4) zeros(1,N/4)];
9   y=lsim(H,x,t);
10  figure('Name','RC_impuse_response','NumberTitle','off');
11  plot(t,x,'b',t,y,'r','linewidth',l_width),
12  set(gca,'FontSize',f_size), grid on
13  ylabel('Amplitude'), xlabel 'Time_[s]'; legend('Square_wave','RC_response');
14  print('RC_imp_resp.pdf','-dpdf');
```

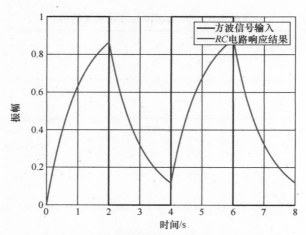

图 4.10 *RC* 电路方波信号输入响应结果

4.2.4 集成数字控制电路的电力电子系统仿真

本节将以滞环电流控制器为例，介绍 MATLAB 的应用。电路图如图 4.11a 所示，包括数字控制单元电路及由理想开关 $Q_1 \sim Q_4$ 和 *RL* 电路组成的功率电路两部分。

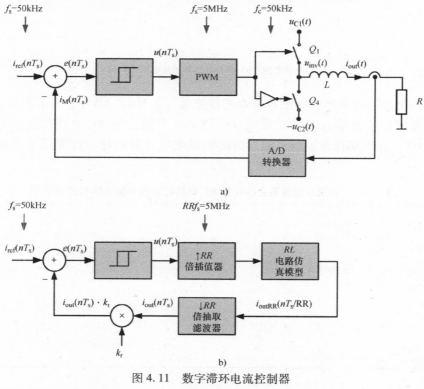

图 4.11 数字滞环电流控制器

a）电路图 b）仿真图

RL 电路的输出响应可通过式（4.16）计算。为了提高仿真精度，过采样倍率定为 RR，仿真框图如图 4.11b 所示。计算方波输入信号响应的 MATLAB 程序如清单 4.8 所示。仿真参数设置如下：$U_{C1}=400\text{V}$，$U_{C2}=-400\text{V}$，$R=0.2\Omega$，$L=5.5\text{mH}$，$h=0.1$，$f_s=50\text{kHz}$，$f_c=50\text{kHz}$，过采样倍率 $RR=100$。电流控制器 MATLAB 执行程序如清单 4.9 所示，仿真结果如图 4.12 所示。

清单 4.8　电流控制器 MATLAB 执行程序

```
1   clear all; close all; clc;
2   l_width = 2; f_size = 16;
3   Uc1=400; Uc2=-400; R=0.3; L=5.5e-3; tau=L/R;
4   N=2000; fs=50000; Ts=1/fs; f=50;
5   RR=100; kr=0.025; h=0.10;
6   t=(0:N-1)*Ts;
7   i_ref = square(2*pi*f*t,50);
8   i_out=f_inv_RL_sol_hist(i_ref,h,kr,R,L,Uc1,Uc2,RR,Ts);
9   trr=(0:length(i_out)-1)*Ts/RR;
10  figure('Name','Currents','NumberTitle','off');
11  plot(trr,i_out,t,i_ref/kr,'r','linewidth',l_width),
12  set(gca,'FontSize',f_size), grid on;
13  ylabel('i_{ref}(t)/k_r,i_{out}(t)'), xlabel('Time_[s]');
14  legend('i_{ref}(t)/k_r','i_{out}(t)');
```

清单 4.9　基于微分方程解的滞环电流控制器仿真程序

```
1   function i_out=f_inv_RL_sol_hist(i_ref,h,kr,R,L,Ep,En,RR,Ts)
2   tau=L/R; t=(0:RR-1)*Ts/RR; N=length(i_ref);
3      % 定义初始化变量
4   i_outRR=zeros(1,RR); i_out=zeros(1,RR*N); u_inv=ones(1,N)*Ep;
5   for n=1:N
6      e=i_ref(n)-i_outRR(RR)*kr;
7      if n==1
8          ; % 开始
9      elseif u_inv(n-1)==Ep&&e<-h
10         u_inv(n)=En; % 开启En
11     elseif u_inv(n-1)==En&&e>h
12         u_inv(n)=Ep; % 开启Ep
13     else
14         u_inv(n)=u_inv(n-1);
15     end
16     i_outRR = (exp(-t./tau)*(i_outRR(RR)-u_inv(n)/R))+u_inv(n)/R;
17     i_out(1,(((n-1)*RR+1):(n*RR)))=i_outRR; % 填充输出能量
18  end
```

对上述电流控制器进行仿真还可采用输出电路的数字模型来实现。此时，需建立 RL 电路输入电压到输出电流的传递函数

$$H(s)=\frac{I(s)}{U(s)}=\frac{1}{R+sL} \tag{4.19}$$

对式（4.19）采用双线性变换（详见第 3 章），可转换为离散形式的传递函数，则 RL 电路传递函数的离散化表达形式为

$$H(z)=\frac{I(z)}{U(z)}=\frac{\dfrac{T_s}{RT_s+2L}+\dfrac{T_s}{RT_s+2L}z^{-1}}{1-\dfrac{RT_s-2L}{RT_s+2L}z^{-1}} \tag{4.20}$$

式中，T_s 为传递函数离散化形式 $H(Z)$ 时的采样周期。

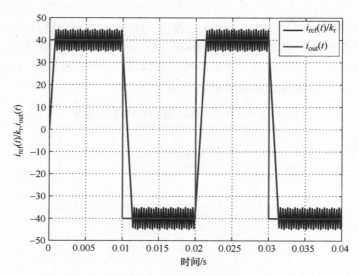

图 4.12 数字滞环电流控制器输出电流

假定 *RL* 电路参数不变，则传递函数离散化形式为

$$H(z) = 1.8181719 \cdot 10^{-5} \frac{1-z^{-1}}{1-0.9999891z^{-1}} \tag{4.21}$$

基于输出电路数字模型的电流控制器 MATLAB 执行程序见清单 4.10 和清单 4.11。

清单 4.10 基于数字模型的电流控制器 MATLAB 程序

```matlab
1   clear all; close all; clc;
2   l_width = 2; f_size = 16;
3   Uc1=400; Uc2=-400; R=0.3; L=5.5e-3;
4   N=2000; fs=50000; Ts=1/fs; f=50;
5   RR=50; kr=0.025; h=0.10; fs_rr=fs*RR; Ts_rr=1/fs_rr;
6   t=(0:N-1)*Ts;
7   i_ref = square(2*pi*f*t,50);
8   %% 将RL电路传递函数变换为数字形式
9   num_s=[1]; den_s=[L R]; % 电压与电流之间的传递函数
10  [num_d den_d]=bilinear(num_s,den_s,fs_rr)
11  i_out=f_inv_RL_filter_hist(i_ref,h,kr,num_d,den_d,Uc1,Uc2,RR,Ts);
12  trr=(0:length(i_out)-1)*Ts/RR;
13  figure('Name','Currents','NumberTitle','off');
14  plot(trr,i_out,t,i_ref/kr,'r','linewidth',l_width),
15  set(gca,'FontSize',f_size), grid on;
16  ylabel('i_{ref}(t)/k_r,i_{out}(t)'), xlabel('Time_[s]');
17  legend('i_{ref}(t)/k_r','i_{out}(t)');
```

清单 4.11　基于 *RL* 电路数字模型的滞环电流控制器程序

```
1   function i_out=f_inv_RL_filter_hist(i_ref,h,kr,num_d,den_d,Ep,En,RR,Ts)
2   N=length(i_ref);
3   %  初始化变量
4   Zf=[]; i_outRR=zeros(1,RR); i_out=zeros(1,RR*N); u_inv=ones(1,N)*Ep;
5   for n=1:N
6       e=i_ref(n)-i_outRR(RR)*kr;
7       if n==1
8           ;  % 开始
9       elseif u_inv(n-1)==Ep&&e<-h
10          u_inv(n)=En;  % 开启En
11      elseif u_inv(n-1)==En&&e>h
12          u_inv(n)=Ep;  % 开启Ep
13      else
14          u_inv(n)=u_inv(n-1);
15      end
16      for k=1:RR
17          [i_outRR(k) Zf]=filter(num_d,den_d,u_inv(n),Zf);
18      end
19      i_out(1,(((n-1)*RR+1):(n*RR)))=i_outRR; %fill the output vector
20  end
```

4.2.5　基于 Simulink® 的电力电子系统仿真

MATLAB 是一个强大的多范式数值计算环境。其集成了多个工具箱，用于解决工程和科学领域的大量问题。其中一个工具箱是 Simulink，它是用于多域仿真和基于模型设计的框图环境[21]。Simulink 的应用大大缩短了系统仿真的准备时间。Simulink 也由几十个工具箱组成，其中，Powersys 是一个为功率电子电路仿真而设计的工具箱。Simulink 程序附带了许多示例应用程序。在 MathWorks 官方网站[23]上，还可以找到许多由用户开发的示例。

图 4.13 所示为基于数字控制的 DC/DC 变换器功能框图，其 Simulink 仿真模型如图 4.14 所示。

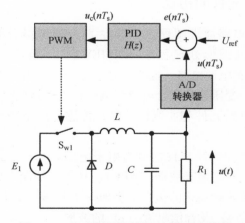

图 4.13　基于数字控制的 DC/DC 变换器

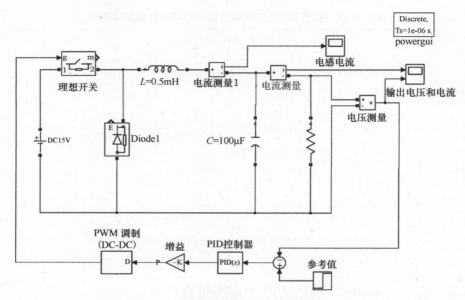

图 4.14　DC/DC 变换器 Simulink 仿真模型

4.3　基于 PSIM 的仿真

　　PSIM 是一个专门用于电气工程仿真和设计的工具软件，可用于电力电子系统以及基于 Powersim 公司数字控制系统的研究和产品开发[28,33]。作者认为，PSIM 是模拟电力电子电路最便捷的仿真软件，大大缩短了开发时间。

4.3.1　基于 PSIM 元件的仿真

　　PSIM 仿真环境由电路原理图程序 PSIM、两个模拟器引擎、一个 PSIM 引擎、新的 Spice 引擎[29]以及波形处理程序 SIMVIEW1[27,33]组成。一个典型的电路在 PSIM 中表现为四部分：电源电路、控制电路、传感器和开关控制器。电源电路由开关器件、RLC 支路、变压器和耦合电感组成；控制电路用框图表示，控制电路包括模拟和数字元件、逻辑元件和非线性元件；传感器用于测量电源电路中的电流和电压。

　　图 4.15 所示为基于 PSIM 软件的电力电子电路仿真模型，用于仿真基于三电平逆变器的三相并联有源电力滤波器（APF），其数字控制电路采用滑动离散傅里叶变换算法。负载电流阶跃变化的仿真结果如图 4.16 所示，图 4.16 中分别给出了电流 $i_M(t)$、负载电流 $i_L(t)$ 及补偿电流 $i_C(t)$ 的波形。

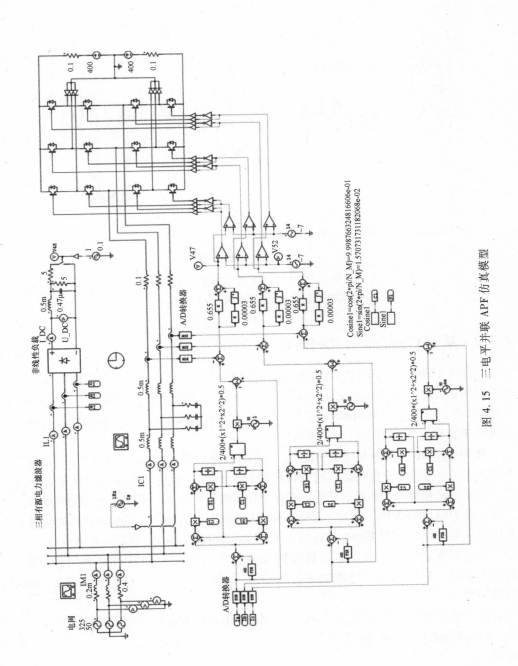

图 4.15　三电平并联 APF 仿真模型

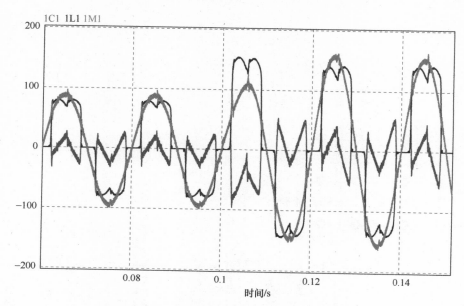

$$图 4.16 \quad 基于 PSIM 的 APF 仿真结果（电流 i_M(t)、$$
负载电流 $i_L(t)$ 及补偿电流 $i_C(t)$ 波形）

4.3.2 基于 C 语言程序代码的仿真

如图 4.15 所示，使用 PSIM 功能模块实现数字控制过于繁琐，而使用 C 语言程序代码则更方便，更容易实现复杂的控制算法，避免了采用功能模块时的许多限制。在 PSIM 中，只能采用 **Simplified C Block**、**C Block**、**Simple DLL Block**[26-28] 三种功能模块来实现电源电路或控制电路的仿真。

在 **Simplified C Block** 功能模块中，C 语言程序代码可以直接进行输入而无需任何编译。C 解释器引擎将在运行时编译和执行 C 代码。该功能模块支持自定义 C 代码，易于定义和修改功能块的功能。在每个仿真时间步长 delt 期间，该功能模块执行一次。与 **DLL Block** 的区别在于 **Simplified C Block** 允许用户在不编译代码的情况下直接输入 C 代码。与 **C Block** 的区别在于，**Simplified C Block** 使用起来更方便。

还需要注意的是，在仿真过程中时间步长设置为能被获得信号的周期整除，即相干采样。例如，对于处理频率等于 50Hz 的信号，时间步长的值应等于 20ms 除以整数。

接下来以滞环电流控制器为例介绍 **Simplified C Block** 的应用。如图 4.17 所示，**Simplified C Block** 包括两个输入和两个输出。在该功能模块中，存在以下变量：

1) t——当前时间，来自 PSIM；

2) delt——步进时间，来自 PSIM；

3）x1、x2——输入变量，来自 PSIM；

4）y1、y2——输出变量，传回 PSIM。

C 语言程序代码如清单 4.12 所示。变量 x1 代表输出电流，变量 x2 代表参考电流，输出变量 y1 和 y2 为晶体管控制脉冲。仿真结果如图 4.18 所示。

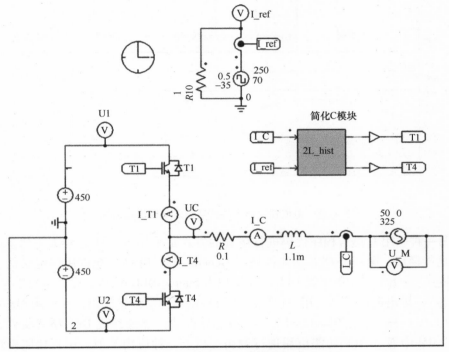

图 4.17　滞环电流控制器仿真图

清单 4.12　滞环电流控制器程序

```
0   //2L_hist3.C
1   // 简化C块
2   double e=0;  //误差
3   double iref=0;  //定位电流
4   double iout=x1;  //输出电流
5   double h=3.5;  //磁滞带的一半
6   static int S=0;  //逆变器状态
7   // if(t==delt){y1=1; y2=0; S=1;}  //复位
8   iref=x2;
9   e=iref-iout;  //误差的计算
10  if (-e>h) {
11      y1=0; y2=1; S=0;  //改变状态
12  }
13  else if (e>h) {
14      y1=1; y2=0; S=1;  //改变状态
15  }
16  else if(S==1) {
17      y1=1; y2=0;
18  }
19  else {
20      y1=0; y2=1;
21  }
```

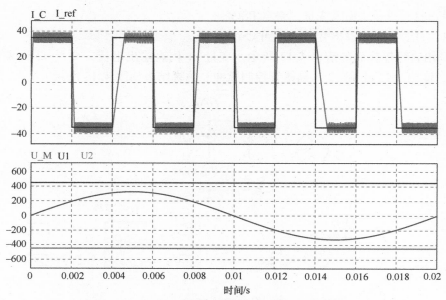

图 4.18   电流控制器方波信号输入响应仿真结果

另一种采用 C 语言程序代码进行仿真的方式是采用两类外置 DLL（动态连接库）功能模块。第一类 DLL 功能模块为 General DLL Block，允许用户定义任意数量的输入/输出端口；第二类 DLL 功能模块为 Simple DLL Block，允许用户定义 1~25 个输入/输出端口[26-28]。用户可以用 C/C++语言编写程序代码，并利用 Microsoft Visual C/C++Express、Bloodshed Dev-C++等外部编译器编译成 DLL 格式文件，然后在 PSIM 中通过 DLL 功能模块进行调用。与上一种应用类似，DLL 功能模块以 PSIM 输出作为输入，经过运算后将结果发送回 PSIM。通常每个仿真步进期间，PSIM 调用 DLL 例程一次。然而当 DLL 功能模块的输入连接到分立元件时，DLL 例程只在采样时才进行调用。如图 4.17 所示，将 Simplified C Block 替换为 General DLL Block，即可实现 General DLL Block。利用 Microsoft Visual C++2010 Express 编译器编写的 C 语言程序代码如清单 4.13 所示。

清单 4.13   基于 DLL 功能模块实现滞环电流控制的 C 语言程序代码

```
1    // 运用 Microsoft   Visual C++ 2010 Express
2    #include "stdafx.h"
3    #include <math.h>
4    using namespace std;
5    __declspec(dllexport) void simuser (double t, double delt, double *in, double *out)
6    {
7    double e=0;  // 误差
8    double iref=0;  // 设定电流
9    double iout=in[0];  // 输出电流
10   double h=3.5;  // 磁滞带的一半
11   static int S=0;  // 逆变器状态
12   iref=in[1];
13   e=iref-iout;  // 误差的计算
14   if (-e>h) {
15       out[0]=0; out[1]=1; S=0;  // 改变状态
```

（续）

```
16    }
17    else if (e>h) {
18        out[0]=1; out[1]=0; S=1; // 改变状态
19    }
20    else if(S==1) {
21        out[0]=1; out[1]=0;
22    }
23    else {
24        out[0]=0; out[1]=1;
25    }
```

4.3.3　交流分析仿真

　　交流分析用来获得某个电路或控制回路的频率响应[27]。电路可以是开关模式形式，也可以是平均电路模型形式。其中，平均电路模型形式执行交流分析所需的时间比开关模式形式要短得多。

　　交流分析的原理是在系统输入端注入一个小的交流激励信号作为扰动，在输出端提取相同频率的信号。为了获得准确的交流分析结果，必须正确设置激励源幅值。交流扫描的幅值应足够小，使扰动保持在线性范围内，并且振幅必须足够大，以免数值误差影响输出信号。开环电路的交流分析包括以下步骤：

　　1）将交流正弦电压源（Sin 源）置于输入端，作为交流扫描的激励源；

　　2）将交流扫描探头（AC Sweep Probe）置于所需输出端；

　　3）将交流扫描（AC Sweep）功能模块置于所需输出端；

　　4）运行仿真。

　　以 PWM 逆变器为例进行交流分析，如图 4.19 所示。其中，粗线显示部分为进行交流分析而单独添加的部分。交流分析耗时较长，可达数十分钟。分析结果如图 4.20 所示。

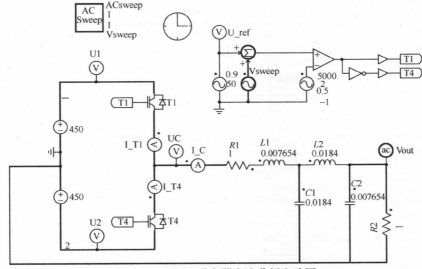

图 4.19　PWM 逆变器交流分析电路图

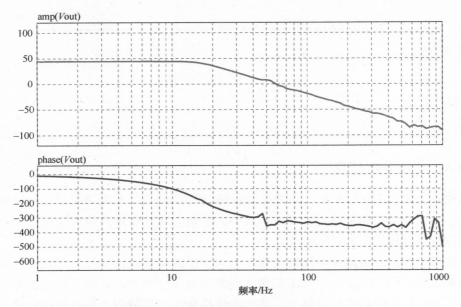

图 4.20　PWM 逆变器开环频率响应

4.3.4　硬件控制器运行仿真

电力电子电路的仿真不是最终目标。通常，数字控制算法通过数字信号处理器（DSP）、微控制器或 FPGA 来实现设计。Powersys 公司能够与德州仪器公司（TI）的一大系列 DSP 微控制器 TMS320F2000 直接互联。设计过程如图 4.21 所示。

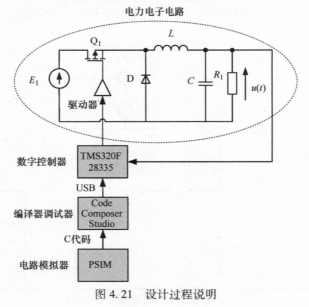

图 4.21　设计过程说明

使用硬件目标模块，可以在 PSIM 中进行原理图级别的系统仿真，然后从控制电路自动生成硬件控制器代码。它包括以下步骤：

1）用 TMS320F2000 的元件绘制电路图；

2）仿真、验证；

3）生成数字信号处理器目标代码；

4）利用 Code Composer Studio（CCS）编译代码；

5）利用 CCS 将代码加载到 DSP 硬件中；

6）利用 CCS 在 DSP 硬件中运行代码；

7）利用 PSIM 的 DSP 示波器监测波形；

8）验证，确认满足要求；

9）利用 CCS 将代码上传至 DSP 硬件（适用于带 Flash 版本的 DSP）。

SimCoder™是 PSIM 软件的附加选项[30]。从 PSIM 原理图直接生成 C 代码。使用特定的硬件目标库，SimCoder 生成的 C 代码可以直接在目标硬件平台上运行。SimCoder 支持的其中一种目标硬件平台为通用 DSP 开发板（DSP 板）[31]，它是为基于德州仪器 C28×××系列 DSP 的电力电子产品开发而设计的。如图 3.82 所示，控制板卡采用的是 TI C2000 系列数字信号处理器 F28335。开发板母板包含许多电力电子应用所需的所有信号调理电路。

图 4.22 所示为基于 TMS320F28335 DSP 控制的 DC/DC 降压变换器仿真电路

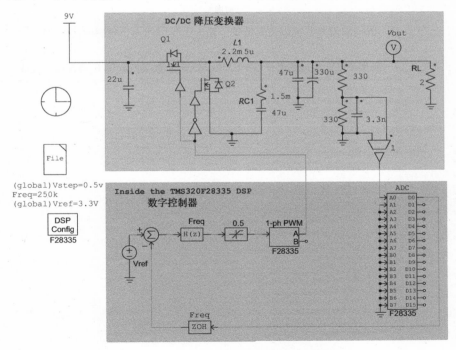

图 4.22   DC/DC 降压变换器仿真电路图

图，包括 DSP 硬件的单相 PWM 调制器和 ADC 变换器两部分。利用 DSP 实现了具有传递函数 $H(z)$ 的数字控制器。仿真结果如图 4.23 所示。仿真成功后，生成清单 4.14 所示的 TMS320F28335 DSP 的 C 语言程序代码。下一步中，利用 Code Composer Studio 对 TMS320F28335 DSP 进行代码编写。

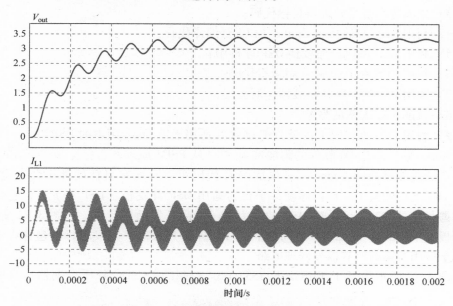

图 4.23 DC/DC 降压变换器仿真结果 [输出电压 $V_{out}(t)$，电感电流 $I_{L1}(t)$]

清单 4.14 利用 PSIM 生成的基于 TMS320F28335 的数字控制器 C 语言程序代码

```
1    /*****************************************************************
2    // 这段代码是SimCoder Version 10.0为F2833x硬件目标创建的
3    //
4    // SimCoder is copyright by Powersim Inc., 2009--2016
5    //
6    // 日期: 2017年2月16日 07:04:00
7    ******************************************************************/
8    #include     <math.h>
9    #include     "PS_bios.h"
10   typedef float DefaultType;
11   #define GetCurTime() PS_GetSysTimer()
12   interrupt void Task();
13   // 参数文件_ParamFile1中的参数
14   DefaultType Vstep = 0.5;
15   #define Freq    250000.0
16   DefaultType Vref = 3.3;
17   interrupt void Task()
18   {
19       DefaultType fLIMIT_UPPER2, fFILTER_D2, fSUM4, fZOH3, fPSM_ADC1, fVDC3;
20
21       PS_MaskIntr(M__INT3);
22
23       fPSM_ADC1 = PS_GetDcAdc(0);
```

（续）

```
24        fVDC3 = Vref;
25        fZOH3 = fPSM_ADC1;
26        fSUM4 = fVDC3 - fZOH3;
27        {
28            static  DefaultType fIn[2] = {0, 0}, fOut[2] = {0, 0};
29            fFILTER_D2 = 0.007 * fSUM4 + (-(0.01)) * fIn[0] - (-(1.0)) * fOut[0]
30            + 0.005 * fIn[1] - 0 * fOut[1];
31            fIn[1] = fIn[0];
32            fIn[0] = fSUM4;
33            fOut[1] = fOut[0];
34            fOut[0] = fFILTER_D2;
35        }
36        fLIMIT_UPPER2 = (fFILTER_D2 > 0.5) ? 0.5 : fFILTER_D2;
37        // 开始更改PWM2(1ph)寄存器
38        // 设置工作周期
39 #ifdef PWM_IN_CHECK
40        if (fLIMIT_UPPER2 <= 0) {
41            PWM_CMPA(2) = 0;
42        } else if (fLIMIT_UPPER2 >= (1 + 0)) {
43            PWM_CMPA(2) = PWM_TBPRD(2);
44        } else {
45 #else    // 检查PWM
46        {
47 #endif
48            DefaultType _val = ((fLIMIT_UPPER2 - 0) * (1.0/1));
49            PWM_CMPA(2) = (int)(PWM_TBPRD(2) * _val);
50        }
51        // 修改PWM2(1ph)寄存器结束
52        PS_ExitPwmIntr(2, M__INT3);
53 }
54 void Initialize(void)
55 {
56        PS_SysInit(30, 10);
57        PS_StartStopPwmClock(0);      // 停止Pwm时钟
58        PS_InitTimer(0, 0);
59        PS_InitPwm(2, 1, (double)Freq*1, (0E-6)*1e6, PWM_POSI_ONLY);
60        // pwnNo、waveType、frequency、deadtime、outtype
61        PS_SetPwmPeakOffset(2, 1, 0, 1.0/1);
62        PS_SetPwmIntrType(2, ePwmNoAdc, 1, 0);
63        PS_SetPwmVector(2, ePwmNoAdc, Task);
64        PS_SetPwmTzAct(2, eTZHighImpedance);
65        PS_SetPwm2RateSH(0);
66        PS_StartPwm(2);
67
68        PS_ResetAdcConvSeq();
69        PS_SetAdcConvSeq(eAdcCascade, 0, 2.0);
70        PS_AdcInit(0, !0);
71
72        PS_StartStopPwmClock(1);      // 开始Pwm时钟
73 }
74 void main()
75 {
76        Initialize();
77        PS_EnableIntr();      // 启用全局中断INTM
78        PS_EnableDbgm();
79        for (;;) { // 空循环
80        }
81 }
```

4.4　本章小结

　　本章介绍了适用于电力电子系统数字控制电路仿真的方法和软件，特别介绍了电力电子电路的仿真以及电力电子电路和数字控制电路的仿真，所选的问题和例程是根据作者在这方面的多年的经验总结出来的，供大家参考。

参 考 文 献

1. Ari N (2009) Symbolic computation techniques for electromagnetics: with MAXIMA and MAPLE. LAP Lambert Academic Publishing, Saarbrücken
2. Attia JO (1999) Electronics and circuit analysis using Matlab. CRC Press, Boca Raton
3. Blajberg F, Ionel DM (2017) Renewable energy devices and systems with simulations in Matlab and ANSYS. CRC Press, Boca Raton
4. Cohen JS (2002) Computer algebra and symbolic computation: elementary algorithms. AK Peters/CRC Press, Boca Raton
5. Cohen JS (2003) Computer algebra and symbolic computation: mathematical methods. AK Peters/CRC Press, Boca Raton
6. Conrad WR (1995) Solving RL and RC circuits using Matlab. In: Proceedings of American Society for Engineering Education, annual conference proceedings
7. Getreuer P (2009) Writing fast Matlab code. matopt.pdf. http://www.getreuer.info
8. Gecko-Simulations (2017). http://www.gecko-simulations.com/index.html
9. GNU Octave. https://www.gnu.org/software/octave/
10. IEEE (2017) List of IEEE milestones. http://ethw.org/Milestones:List_of_IEEE_Milestones
11. Irwin JD, Nelms RM (2015) Basic engineering circuit analysis, 11th edn. Wiley, Hoboken
12. Jain A (2010) Power electronics: devices, circuits and Matlab simulations. Penram International Publishing, Mumbai
13. Karris ST (2003) Circuit analysis II with Matlab applications. Orchard Publications, Fremont
14. Lonngren KE, Savov SV, Jost RJ (2007) Fundamentals of electromagnetics with MATLAB, 2nd edn. SciTech Publishing Inc, Raleigh
15. LTspice (2017) Linear technology. http://www.linear.com/designtools/software/
16. Magma (2017) Magma. Computational Algebra Group. http://magma.maths.usyd.edu.au/magma/
17. Mohan N (1999) Power electronics: computer simulation, analysis, and education using PSpice schematics. Minnesota Power Electronics Research and Education, Minneapolis
18. Maplesoft (2017) Maple. Maplesoft. http://www.maplesoft.com/solutions/education/
19. Mathematica (2017) Mathematica. Wolfram Research. https://www.wolfram.com/mathematica/
20. Mathcad (2017). http://www.ptc.com/engineering-math-software/mathcad
21. Matlab (2016) Simulink user's guide. Matlab&Simulink 2016b. MathWorks
22. Matlab (2017) Matlab documentation. MathWorks. http://www.mathworks.com
23. Matlab (2017) Matlab file exchange. http://www.mathworks.com/matlabcentral/fileexchange/
24. Matlab (2017) MATLAB and Simulink based books. https://www.mathworks.com/support/books.html
25. Patil M, Rodey P (2015) Control systems for power electronics: a practical guide. Springer, New Delhi
26. Powersys (2004) Tutorial. PSIM simulation software, Powersys Inc., How to use the DLL block
27. Powersys (2016) PSIM user's guide. Version 11.0. Powersys Inc.
28. Powersys (2016) Tutorial. Powersys Inc., How to use general DLL block
29. Powersys (2016) SPICE module user's guide. Version 11.0. Powersys Inc.
30. Powersys (2016) SimCoder user's guide. Version 11.0. Powersys Inc.

31. Powersys (2016) DSP development board user's manual. Version 11.0. Powersys Inc.
32. Powersys (2016) Tutorial. Powersys Inc., Auto code generation for F2833X target
33. Powersys (2017). https://powersimtech.com/products/psim/
34. Pspice (2017). http://www.pspice.com/
35. SageMath (2017). http://www.sagemath.org/index.html
36. Scilab (2017). http://www.scilab.org/scilab/about
37. Small DB, Hosack JM (1991) Exploration in calculus with a computer algebra system. McGraw-Hill College, New York
38. Szczesny R (1999) Computer simulation of power electronic systems. Wydawnictwa Politechniki Gdaskiej (in Polish)
39. Shaffer R (2006) Fundamentals of power electronics with Matlab. Charles River Media, Independence
40. Shenkman AL (2005) Transient analysis of electric power circuits handbook, Springer, Boston
41. Sobierajski M, Labuzek M (2005) Programming in Matlab for electrical engineering. Oficyna Wydawnicza Politechniki Wroclawskiej, Wroclaw (in Polish)
42. Sozaski K (1998) Zastosowanie programu Matlab w elektrotechnice. In: Stryjski R (ed) Magnucki K. Wybrane metody komputerowe stosowane w technice. WSP, Zielona Gra (in Polish)
43. SPICE (2017). http://bwrcs.eecs.berkeley.edu/Classes/IcBook/SPICE/
44. Sturm RD, Kirk DE (2000) Contemporary linear systems using Matlab. Brooks/Cole Publishing Company, Pacific Grove
45. SymPy (2017). http://www.sympy.org/en/index.html
46. TINA (2017) DesignSoft. https://www.tina.com/

第 5 章
有源电力滤波器控制算法的选择

5.1 引言

在 20 世纪 80 年代末和 20 世纪 90 年代初，有源电力滤波器（APF）的早期阶段，通常使用由模拟和数字元件组成的混合控制电路。例如，作者在此类控制电路中使用了模拟设备[1]中的集成电路交流矢量处理器 AD2S100。在随后的几年中，出现了向全数字控制系统的缓慢过渡。数字控制系统是目前最常用的系统。数字控制系统允许人们使用更复杂的数字信号处理算法。因此，本章主要研究用于控制有源电力滤波器的数字信号处理算法。

本章介绍了作者对所选 APF 控制算法的修改[48]。首先，考虑谐波检测器：IIR 滤波器、LWDF、滑动 DFT[39,41]和滑动 Goertzel、移动 DFT；然后讨论了作者基于改进的 P-Q 算法设计的经典控制电路的实现[49]。

由于有源电力滤波器中存在动态失真，所以无法完全消除滤波器中的线性谐波，在某些情况下，采用有源电力滤波器补偿的系统的线电流 THD 可以达到百分之十几左右。因此，有必要对有源电力滤波器的动态问题进行研究。电力负荷可分为两大类：可预测负荷和类噪声负荷。大多数负荷都属于第一类。因此，在对其观察了几段周期后，可以预测后续阶段的电流值。作者提出了适合于分析和模拟这种现象的 APF 模型，并且找到了解决这些问题的方法[41,44,47,48]。对于这种可预测的线电流变化，可以开发一种对其进行预测的控制算法，从而显著地减少 APF 动态补偿误差。以下章节描述了作者使用预测电路对 APF 进行修正，从而减少动态补偿误差[41,44,48]。

后续章节中包括带滤波器组的控制电路，这些滤波器组允许选择补偿谐波。该控制电路中的滤波器组是基于移动 DFT 和 P-Q 算法[50,51]的。

对于不可预测的线电流变化，作者开发了多速率有源电力滤波器[44,48]。该多速率有源电力滤波器对负载电流的突变具有快速响应的能力。因此，即使当负载情况是不可预测的时候，使用多速率 APF 也可以降低线电流的 THD。

5.2 并联有源电力滤波器控制电路

图 5.1 描述了三相并联 APF 补偿器。该电路与图 1.14a 中的电路相对应，无

反馈（具有单位增益）。并联 APF 将补偿电流$i_C(t)$ 注入电网，从而对谐波和无功功率进行显著补偿。补偿电流为

$$i_C(t) = i_L(t) - I_{H1}\sin(2\pi f_M t) \tag{5.1}$$

式中，I_{H1} 为基波幅值；f_M 为基波频率。

在谐波补偿完善的情况下，线电流$i_M(t)$ 仅由基波线电流组成。

$$i_M(t) = I_{H1}\sin(2\pi f_M t) \tag{5.2}$$

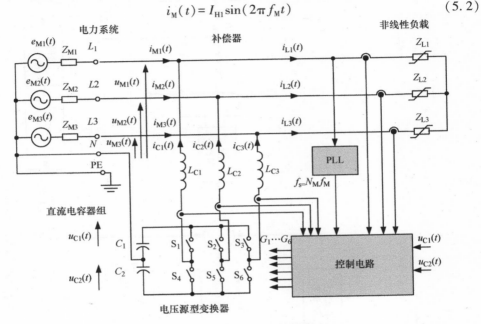

图 5.1　三相并联 APF 补偿器

当线路电压$u_1(t)$ 与线电流$i_M(t)$ 的相角等于零时，APF 还补偿了无功功率。

在 APF（见图 5.1）中，测量三个负载电流$i_{L1}(t)$、$i_{L2}(t)$、$i_{L3}(t)$，然后用负载电流确定补偿电流$i_{C1}(t)$、$i_{C2}(t)$、$i_{C3}(t)$ 的瞬时值。采用三相逆变器产生补偿电流。由于采用的是电压源型逆变器，故需要使用输出电感L_{C1}、L_{C2}、L_{C3}和带有反馈$[i_{C1}(t)$、$i_{C2}(t)$、$i_{C3}(t)]$ 的电流控制器来使其成为电流源。三相逆变器通过由两个电解电容器C_1和C_2组成的直流电组供电。电容器通过三相逆变器从电源线充电，该三相电容器使用通过 APF 主控制算法实现的附加电压控制器。

并联 APF 多速率控制电路如图 5.2 所示，但应注意的是，图 5.2 中省略了电容器电压控制器和采样率转换电路。

有许多 APF 控制方法中，可以引用 Gyugyi 和 Strycula[22]、Akagi[2-6]、Fryze[18,19]和 Czarnecki[15-17]的瞬时无功功率（IPT）理论、Kim 等人的 p-q-r 算法[29]。Asiminoaei 等人[10]对基波检测的回顾、Aredes[7]、Singh 等人[38]、Mattavelli[13,33]、Ghosh 和 Ledwich[21]的闭环谐波检测以及作者[39,41,42,48,52,53]的滑动 DFT 的闭环谐波检

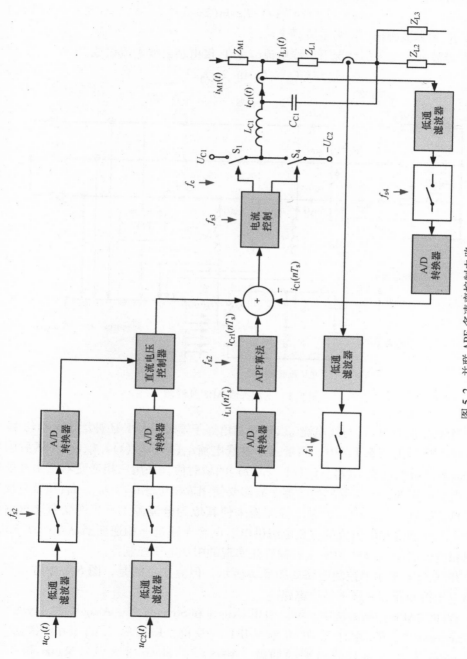

图 5. 2 并联 APF 多速率控制电路

测。Benysek 等人[11]提出了一套有用的提高电能质量的方法。Pasko 和 Maciazek 在文献 ［36］ 中也描述了电力控制原理。

5.2.1　同步

图 5.3 给出了作者在 APF 控制电路中使用的模拟同步电路。在该电路中，三相电压通过隔离变压器提供给有源低通滤波器（LPF）的输入端。这里使用通带频率为 0~50Hz 的四阶 Butterworth。对于频率$f_{cr}=50$Hz，相位响应等于$-180°$的情况，可以很容易地由反相放大器进行补偿。来自滤波器的正弦信号通过比较器转换成方波。然后，来自某一相的信号被连接到一个模拟锁相环的鉴相器输入端。PLL 产生的采样信号频率为

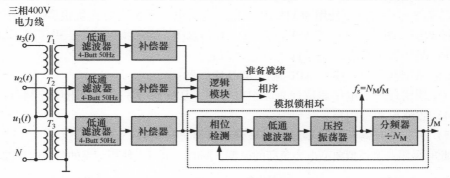

图 5.3　带锁相环的 APF 模拟同步电路

$$f_s = N_M f_M \tag{5.3}$$

式中，f_M为输电线频率，N_M为每段电源线周期$T_M=1/f_M$的采样数。电路的另一个功能是检测所有相位和相序的情况。

采用全同步控制系统可以避免电网频率与补偿电流调制频率之间的差频。同时，为了避免差频，调制频率最好是电源线电压频率的倍数。图 5.4 描述了这种解决方案的框图。在该电路中，DSP、PWM 和 A/D 转换器通过一个公共的锁相环电路与电力线路同步。

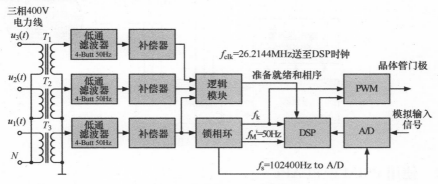

图 5.4　全同步数字控制系统

5.3 APF 仿真

数字有源电力滤波器控制算法和全有源电力滤波器补偿电路的仿真问题很难解决。作者使用了两种解决方案。在第一个方案中使用 MATLAB，并使用数字版本的 APF 输出 *RLC* 滤波器；在第二个解决方案中，使用 PSIM，其中 APF 控制算法使用 C 代码实现。

5.3.1 使用 MATLAB 模拟 APF

在第 3 章中提到，使用 MATLAB 去模拟电力电子系统需要具备很多的关于模拟电路的知识。图 5.5 显示了 APF 的 MATLAB 仿真图。在模拟过程中，做了以下简化：

1）晶体管视为在理想条件下，忽略瞬态；
2）采用数字形式模拟 APF 输出 *RLC* 滤波器；
3）使用理想的电压源取代直流组电容器，从而省去了直流组电压控制器；
4）省略电源线阻抗；
5）只有升频器和降频器才能对采样率信号进行更改。

此时采用一个模拟典型电力负荷的模型。同时，也可以使用记录的负载电流波形。

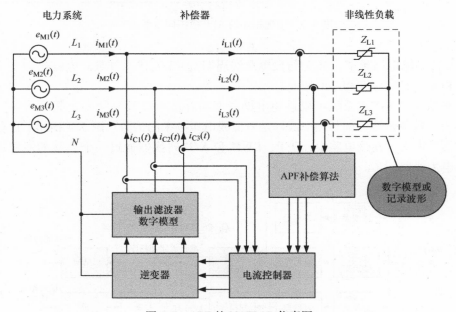

图 5.5 APF 的 MATLAB 仿真图

5.3.2 使用 PSIM 模拟 APF

图 5.6 所示为使用简化 C 代码模块的 APF 的 PSIM 仿真图。简化 C 代码模块中

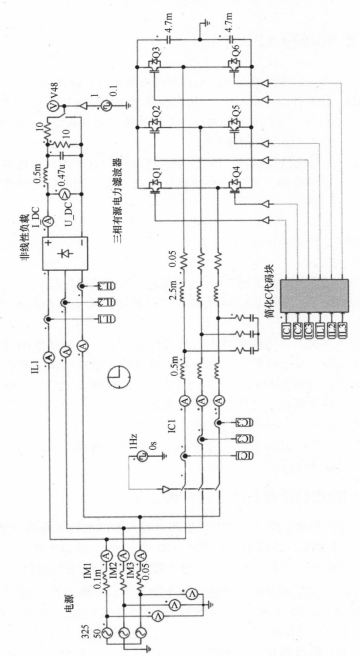

图 5.6　简化 C 代码模块的 APF PSIM 仿真图

的 C 代码由 APF 补偿算法、直流侧电压控制器、电流控制器、脉宽调制（PWM）和死区发生器组成，该方案为主导 APF 仿真研究提供了很大的灵活性。

5.4 带基波检测器的 APF 控制

图 5.7 描述了用于补偿高次谐波的三相有源电力滤波器。该补偿装置采用三个基波探测器（FHD）计算补偿电流 $i_C(t)$。从代表负载电流 $i_L(n)$ 的信号中减去代表基波分量 $i_{H1}(n)$ 的信号。补偿参考信号 $i_{Cr}(n)$ 用作输出电流控制器的参考信号，该控制器与 PWM 一起控制输出反相晶体管。

图 5.8 描述了一个带通滤波器的 APF 数字控制电路的方框图，该电路针对基波进行了调谐。利用这种电路，可以只补偿高次谐波，而不能补偿无功功率，补偿参考电流信号 $i_{Cr}(z)$ 为

$$i_{Cr}(z) = I_L(z)(1 - H_1(z)H_p(z)) \tag{5.4}$$

式中，$H_1(z)$ 为数字滤波器的传递函数；$H_p(z)$ 为相位校正数字滤波器的传递函数；$I_L(z)$ 为负载电流信号。

在这种电路中，可以使用交叉频率 $f_{Cr} = f_M$ 的低通滤波器或通过频率 $f_p = f_M$ 的带通滤波器。在第二种情况下，还可以对低次谐波进行补偿，采用移相均衡器 $H_p(z)$ 进行相位校正。

在下面的小节中，我们采用两种基本的基波检测方法：一种是使用数字滤波器，另一种是基于 DFT。基于傅里叶变换的 DFT 谐波检测方法的常见缺点是在瞬时条件下结果不精确以及需要较高的要求：设计正确的抗混叠滤波器，保持采样与基频同步，正确应用窗函数、使用零填充实现两个采样序列的功率，需要大量内存去存储所获得的采样，对 DSP 的计算能力要求高。

在下面的章节中，作者提出了自己的基波检测电路的解决方案。并且作者通过仿真和实验测试对这些电路进行了验证。

5.4.1 带低通四阶巴特沃兹滤波器的控制电路

当使用带低通滤波器的电路时，可以使用四阶或八阶的巴特沃兹数字滤波器，此时，交叉频率（50/60Hz）的移相分别等于 -180° 和 -360°，这意味着可以很容易地对移相进行补偿。使用浮点数的数字滤波器系数是用 MATLAB® 设计的。表 5.1 给出了过滤系数的值。交叉频率的单位增益等于增益系数 k 乘以 $\sqrt{2}$。滤波器的频率响应如图 5.9 所示。表 5.2 显示了谐波的滤波器衰减幅度。对于二次谐波（100Hz），衰减幅度等于 -21.09dB，由此可见二次谐波被抑制 11.3 倍。如果仍不满足要求，可以使用八阶巴特沃兹滤波器，二次谐波的衰减幅度等于 -45.39dB，此时，二次谐波被抑制 186 倍。带四阶滤波器的 APF 控制电路如图 5.10 所示。对

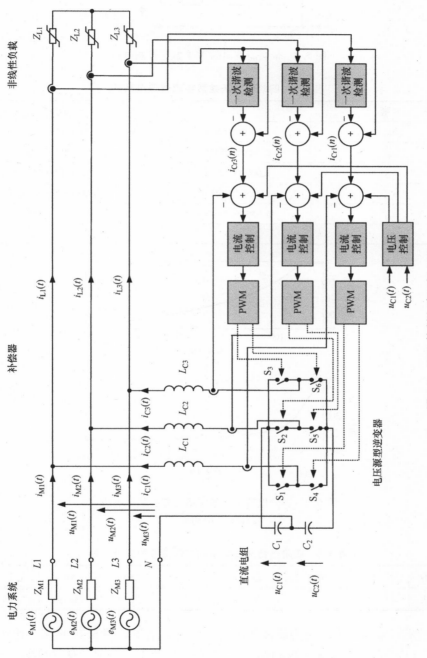

图 5.7　FHD 控制电路三相 APF

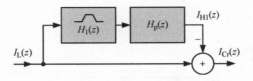

图 5.8　带通滤波器的 APF 数字控制电路

表 5.1　四阶巴特沃兹数字滤波浮点系数

系数	$n = 0$	$n = 1$
b_{n0}	1.000000000000	1.000000000000
b_{n1}	2.000000057757	1.999999942243
b_{n2}	1.000000007739	0.999999992261
a_{n1}	−1.955070062590	−1.98079495886
a_{n2}	0.955659070541	0.981391716995
k	2.196845545754. $10^{-8}\sqrt{2}$	

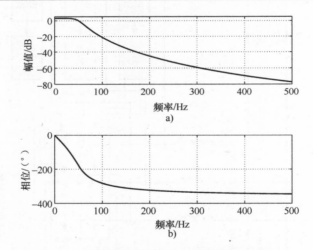

图 5.9　四阶巴特沃兹数字滤波器的频率响应
a）幅值　b）相位

表 5.2　四阶巴特沃兹数字滤波器谐波的衰减幅值

频率/Hz	50	100	150	200	250	300	350
幅值/dB	0	−21.09	−35.17	−45.18	−52.95	−59.30	−64.68

该电路进行三相补偿有源电力滤波器的仿真，仿真结果如图 5.11 所示。电流波形 $i_L(t)$、$i_C(t)$、$i_M(t)$ 如图 5.11a 所示，其频谱如图 5.11b 所示。对应的线电流参数见表 5.3，证实了这种谐波补偿的有效性。

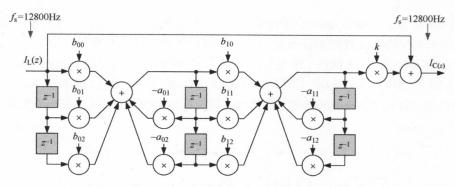

图 5.10 带有四阶巴特沃兹数字滤波器的 APF 控制电路

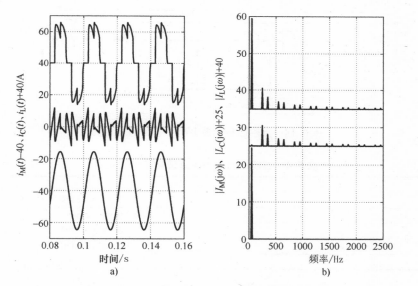

图 5.11 四阶巴特沃兹数字滤波器控制电路的 APF 仿真结果

a) 波形 b) 频谱

表 5.3 APF 补偿效果

电流 i_M	I_M (rms) /A	THD (%)	SINAD/dB	THD50 (%)
无补偿	18.0	29.7	-10.9	29.6
四阶巴特沃兹算法	17.3	0.7	-43.0	0.1

5.4.2 低通五阶巴特沃兹 LWDF 控制电路

由于 LWDF（晶格波数字滤波器）的诸多优点（如第 3 章所述），故其在 APF 控制电路中的应用将带来很多好处。但是，低通 LWDF 滤波器只能采用奇数阶，故不可能使用前一节的思路。因此，选择交叉频率为 $f_{cr} = 59.1Hz$ 的低通五阶 LWDF，以使基波的相移等于-180°。如果采样频率f_s与线电压频率f_M同步，即使频率f_M发生变化，滤波器仍将保持其衰减和相移不变。为了找到正确的补偿，滤波器的增益应校正为$k = 1.0898708$。图 5.12 描述了带五阶巴特沃兹 LWDF 的 APF 控制电路的框图。使用 MATLAB[8,9]中的（L）WDF 工具箱计算过滤系数值，结果见表 5.4 和表 5.5。与前一节的滤波器相比，该滤波器的系数值更适用于低精度的算术，尤其是定点算术。

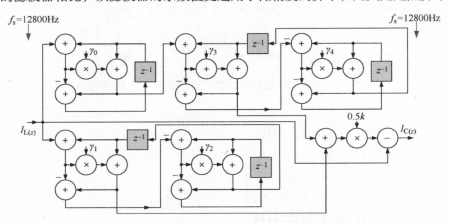

图 5.12 五阶巴特沃兹 LWDF APF 控制电路

表 5.4 五阶巴特沃兹点阵波数字滤波系数

γ	值
γ_0	0.9714041474
γ_1	-0.9541456454
γ_2	0.9995792798
γ_3	-0.9822334470
γ_4	0.9995792798

表 5.5 五阶巴特沃兹 LWDF 谐波的幅值衰减

频率/Hz	50	100	150	200	250	300	350
幅值/dB	0	-22.14	-39.71	-52.23	-61.95	-69.89	-76.60

5.4.3 滑动 DFT 控制电路

第 3 章描述了滑动 DFT 算法。作者认为滑动 DFT 非常适合 APF 控制电路[39-41,43,44]。算法原理见第 3.7.3 节。在所使用的解决方案中，仅需使用一个信号仓滑动 DFT 滤波器结构即可检测负载电流的基波[48]。负载电流的基波频谱分量信号为

$$S_1(nT_s) = e^{j2\pi k/N_M}(S_1((n-1)T_s) - i_L((n-N_M)T_s) + i_L(nT_s)) \qquad (5.5)$$

式中，$i_L(nT_s)$ 为负载电流的离散信号；$S_1(nT_s)$ 为第一相负载电流的基波复谱分量的离散信号；N_M 为每个行周期的采样数。线电压$u_1(t)$ 和线电流$i_{H1}(t)$ 之间的相角为零的负载电流的基波信号的离散信号可以描述为

$$i_{H1}(nT_s) = 2/N_M \, |S_1(nT_s)| \sin(2\pi 50 nT_s) \qquad (5.6)$$

补偿电流信号是负载电流信号与基波参考正弦信号之差

$$i_C(nT_s) = i_L(nT_s) - 2/N_M \, |S_1(nT_s)| \sin(2\pi 50 nT_s) \qquad (5.7)$$

这种控制电路的框图如图 5.13 所示。如果需要一个带谐波补偿的并联有源电力滤波器，补偿电流为

$$i_C(nT_s) = i_L(nT_s) - 2/N_M \, \mathrm{Re}(S_1(nT_s)) \sin(2\pi 50 nT_s) \qquad (5.8)$$

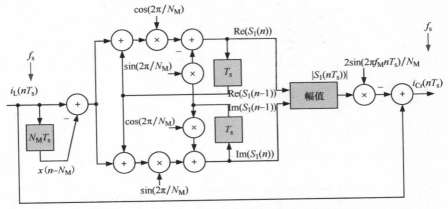

图 5.13 带谐波和无功补偿的三相有源电力滤波器控制算法

图 5.14 描述了这种解决方案的方框图。

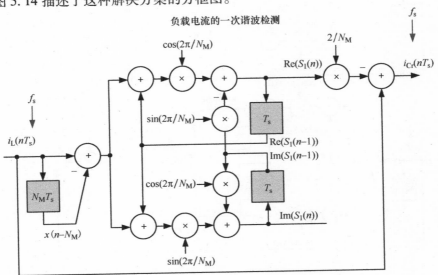

图 5.14 带谐波补偿的三相有源电力滤波器的控制算法

在电流不平衡时，必须对其进行补偿，通过下列公式计算首相的补偿电流$i_{C1}(nT_s)$

$$i_{C1}(nT_s) = i_{L1}(nT_s) - 2/N_M \frac{|S_1(nT_s)| + |S_2(nT_s)| + |S_3(nT_s)|}{3} \sin(2\pi 50 n T_s)$$

$$(5.9)$$

式中，$S_1(nT_s)$、$S_2(nT_s)$、$S_3(nT_s)$ 分别代表一、二、三相负载电流的基波复谱分量信号的离散信号。谐波、无功和不对称补偿的三相有源电力滤波器的 APF 控制算法框图如图 5.15 所示。在求和部分中，计算出三相电流的合成量。该数值用

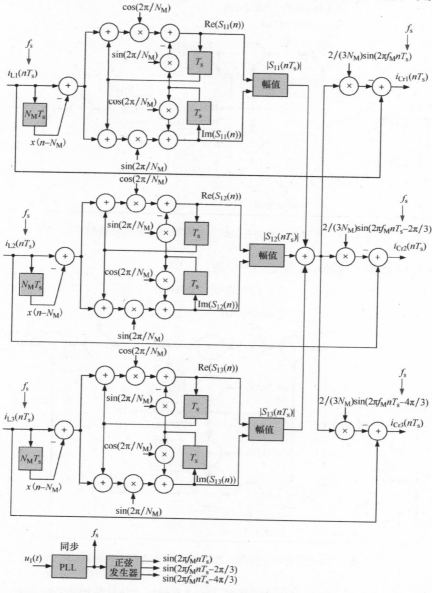

图 5.15 带谐波、无功、不对称补偿的三相有源电力滤波器的控制算法框图

于调制每个相位的基波参考信号的幅值。通过从适当的输入信号中减去这些信号，计算出输出补偿信号 $i_{C1}(nT_s)$、$i_{C2}(nT_s)$、$i_{C3}(nT_s)$。

对于控制算法来说，最困难的任务之一是使用定点算法计算量值，这里很容易产生误差，特别是在平方根的计算中。在该算法中，平方根的计算公式如下

$$\sqrt{x} \approx -0.2831102 x^2 + 1.0063284x + 0.272661 \quad 其中 \; 0.25 < x \leqslant 1 \qquad (5.10)$$

为了保证准确度，从 0 到 1 的数字至少应该分为三个范围。下面是一个用 C 语言实现平方根计算的例子，编写的程序如清单 5.1 所示。

清单 5.1　平方根计算

```
0      float x,u,y;
1      ...
2      if x < 0.0625 {
3          u=16*x;
4          y=(-0.2831102*u^2+2*0.5031642*u+0.272661)/4; }
5      else if (x >= 0.0625)&&(x<0.25) {
6          u=4*x;
7          y=(-0.2831102*u^2+2*0.5031642*u+0.272661)/2; }
8      else
9          y=-0.2831102*x^2+2*0.5031642*x+0.272661;
```

使用这种开平方根的算法的结果如图 5.16 所示。这个程序可以很容易地修改为 Q15 算法。

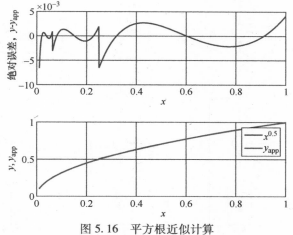

图 5.16　平方根近似计算

带谐波和无功补偿的三相有源电力滤波器的方框图如图 5.17 所示。图中所示为直流组电压比例控制器，一个用于总电压控制，另一个用于电压平衡控制。控制信号 $u_s(nT_s)$ 和 $u_r(nT_s)$ 的振幅受信号限制器的限制。它们用于降低直流电容器组放电时的涌入电流。电路输出端也有电流滞环控制器。

在图 5.17 所示系统的基础上，设定参数：$L_{C1,2,3} = 2\text{mH}$、$C_{1,2} = 4.7\text{mF}$、$U_{C1,2} = 400\text{V}$，建立了并联型有源电力滤波器（实验室版），图 5.18 给出了该并联型有源电力滤波器补偿电路的实验结果。作为负载，采用三相不可控桥式整流三相变压器。电流波形：$i_L(t)$、$i_C(t)$、$i_M(t)$ 如图 5.18a 所示，其频谱如图 5.18b 所示。

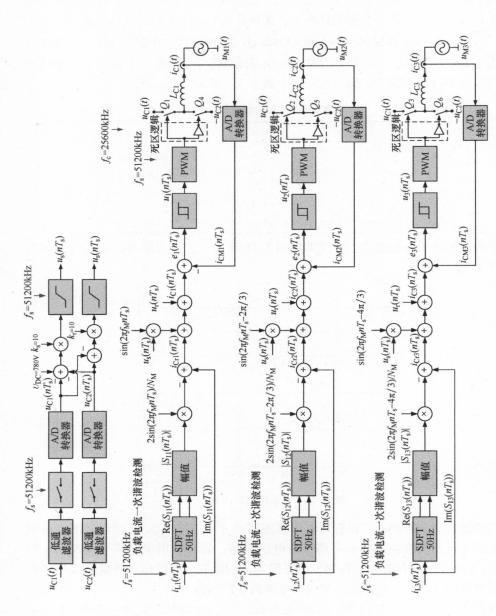

图 5.17 采用直流侧电压控制器进行谐波无功补偿的三相 APF 框图

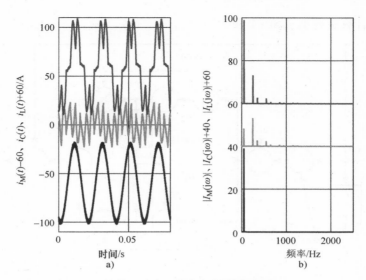

图 5.18　并联 APF 补偿电路中电流的示例实验波形：$i_L(t)$、$i_C(t)$、$i_M(t)$

a）波形　b）频谱

5.4.4　带滑动 Goertzel 的控制电路

第 3 章描述了滑动 Goertzel 算法的原理。SGDFT 算法的应用范围与 SDFT 相似。图 5.19 描述了基于 SGDFT 的谐波和无功补偿并联 APF 控制算法的框图。与 SDFT 算法一样，SGDF 算法需要确定基波的负载电流信号的大小。与 SDFT 算法相比，它只需要较少的计算量。

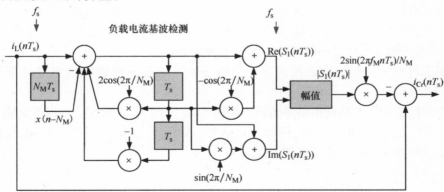

图 5.19　基于 SGDFT 的并联 APF 谐波无功补偿控制算法

5.4.5　移动 DFT 控制电路

移动 DFT 算法的详细描述见第 3 章。算法的输出结果是时域的，因为它不需要确定信号的大小。并联 APF 的移动 DFT 控制电路框图如图 5.20 所示。移动 DFT

控制电路的计算量要小于 SDFT 和 SGDFT。

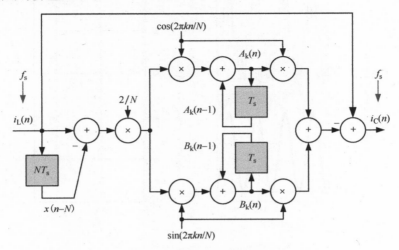

图 5.20 移动 DFT 控制电路框图

5.5 基于 *p-q* 算法的分流 APF 控制电路

APF 领域中最常用的算法之一是 *p-q* 算法。通常，*p-q* 算法基于在时域中定义的一组瞬时功率。它对电压或电流波形没有任何限制，可以应用于带或不带中性线三相系统的三相通用电压和电流波形。因此，它不仅在稳态下有效，而且在瞬态下也有效。原书英文第 1 版中的 *p-q* 算法由 Akagi 等人在日语文献 [2, 3] 和 1984 年在 IEEE Transactions on Industry Applications 中发表，也包括实验验证[4]。Akagi 等人考虑了应用于 APF 的 *p-q* 算法的详细描述[6]。

用于对称三相和三线系统的并联 APF *p-q* 算法控制算法测试电路的框图如图 5.21所示。

作为稳态测试电路模拟结果的波形如图 5.22 和图 5.23 所示。三相正交输入信号 $i_{L1}(t)$、$i_{L2}(t)$ 和 $i_{L3}(t)$ 用作测试信号，如图 5.22 所示。使用 Clark 变换将输入信号转换为 α-β 系统（见图 5.22）

$$\begin{bmatrix} i_{L\alpha}(t) \\ i_{L\beta}(t) \end{bmatrix} = \sqrt{\frac{2}{3}} \begin{bmatrix} 1 & -\dfrac{1}{2} & -\dfrac{1}{2} \\ 0 & \dfrac{\sqrt{3}}{2} & -\dfrac{\sqrt{3}}{2} \end{bmatrix} \begin{bmatrix} i_{L1}(t) \\ i_{L2}(t) \\ i_{L3}(t) \end{bmatrix} \tag{5.11}$$

然后通过 Park 变换转换为 *p-q* 系统（见图 5.22）

$$\begin{bmatrix} p(t) \\ q(t) \end{bmatrix} = \begin{bmatrix} \cos(2\pi ft) & -\sin(2\pi ft) \\ \sin(2\pi ft) & \cos(2\pi ft) \end{bmatrix} \begin{bmatrix} i_{L\alpha}(t) \\ i_{L\beta}(t) \end{bmatrix} \tag{5.12}$$

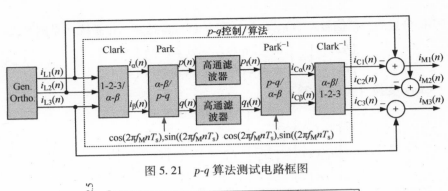

图 5.21　$p\text{-}q$ 算法测试电路框图

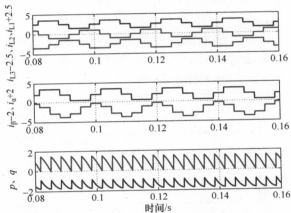

图 5.22　$p\text{-}q$ 控制算法的仿真波形：正交负载电流 $i_{L1}(t)$、
$i_{L2}(t)$、$i_{L3}(t)$、分量 $i_{\alpha}(t)$、$i_{\beta}(t)$、$p(t)$、$q(t)$

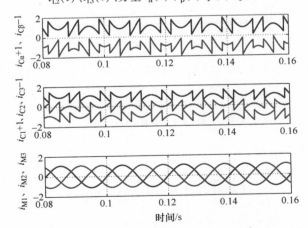

图 5.23　$p\text{-}q$ 控制算法的仿真波形，分量：$p_{f}(t)$、$q_{f}(t)$、$i_{C\alpha}(t)$、$i_{C\beta}(t)$，
补偿电流 $i_{C1}(t)$、$i_{C2}(t)$、$i_{C3}(t)$，线电流 $i_{M1}(t)$、$i_{M2}(t)$、$i_{M3}(t)$

　　作为该变换的结果，50Hz 分量被移动到直流分量。在下一阶段，通过一阶高通滤波器去除直流分量。滤波器交叉频率等于 10Hz。然后，通过逆 Park 变换将得到的

没有 50Hz 分量的补偿信号 $i_{C1}(t)$、$i_{C2}(t)$ 和 $i_{C3}(t)$ 传送到三相系统（见图 5.23）

$$\begin{bmatrix} i_{C\alpha}(t) \\ i_{C\beta}(t) \end{bmatrix} = \begin{bmatrix} \cos(2\pi ft) & \sin(2\pi ft) \\ -\sin(2\pi ft) & \cos(2\pi ft) \end{bmatrix} \begin{bmatrix} p_f(t) \\ q_f(t) \end{bmatrix} \qquad (5.13)$$

逆 Clark 变换（见图 5.23）

$$\begin{bmatrix} i_{C1}(t) \\ i_{C2}(t) \\ i_{C3}(t) \end{bmatrix} = \sqrt{\frac{2}{3}} \begin{bmatrix} 1 & 0 \\ -\dfrac{1}{2} & \dfrac{\sqrt{3}}{2} \\ -\dfrac{1}{2} & -\dfrac{\sqrt{3}}{2} \end{bmatrix} \begin{bmatrix} i_{C\alpha}(t) \\ i_{C\beta}(t) \end{bmatrix} \qquad (5.14)$$

最后，通过减去来自负载电流的补偿电流来确定线电流 $i_{M1}(t)$、$i_{M2}(t)$ 和 $i_{M3}(t)$。用于 p-q 仿真算法的 MATLAB 程序清单如清单 5.2 所示。

所选信号的频谱如图 5.24 和图 5.25 所示。

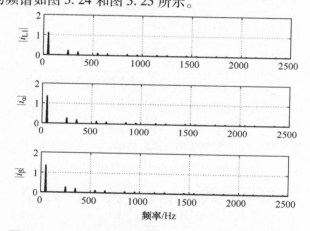

图 5.24 p-q 控制下的电流频谱 $i_{L1}(t)$、$i_{\alpha}(t)$、$i_{\beta}(t)$

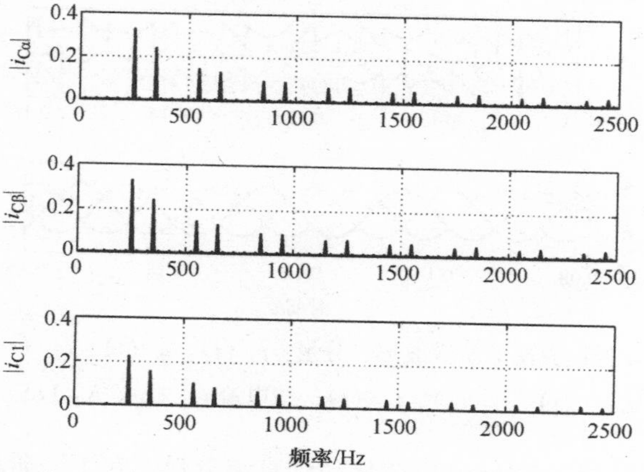

图 5.25 p-q 控制下的电流频谱 $i_{C\alpha}(t)$、$i_{C\beta}(t)$、$i_{C1}(t)$

清单 5.2　*p-q* 仿真算法

```
0    clear all; close all;
1    NM=2^8; % number of samples per line period
2    fs=50*NM; % sampling frequency
3    fM=50; % line frequency
4    N_period=4; % number of periods
5    N=N_period*NM; % number of samples
6    fi=0; %phase shift
7    t=(0:N-1)/fs; % time
8    s1=sin(2*pi*fM*t+fi); c1=cos(2*pi*fM*t+fi);
9    % ------- Orthogonal signals -------
10   fi2=-5*pi/6;
11   inA=sin(2*pi*fM*t+0+fi2);
12   inB=sin(2*pi*fM*t-2*pi/3+fi2);
13   inC=sin(2*pi*fM*t-4*pi/3+fi2);
14   in1=sign(inA)/2; in2=sign(inB)/2; in3=sign(inC)/2;
15   iL3=in1-in2; iL2=in2-in3; iL1=in3-in1;
16   % ------- Clark transformation -------
17   ialfa=(iL1 - 0.5*iL2 - 0.5*iL3)*(2/3)^0.5;
18   ibeta =( (3^0.5)/2*(iL2-iL3))*(2/3)^0.5;
19   % ------- Park transformation -------
20   p=c1.*ialfa-ibeta.*s1;
21   q=s1.*ialfa+c1.*ibeta;
22   % ----- Butterworth first-order high-pass filter
23   fcr=10; % crossover frequency 10\,Hz
24   Fcr=fcr/fs*2; % relative crossover frequency
25   [b a]=butter(1,Fcr,'high');
26   pf=filter(b,a,p); qf=filter(b,a,q);
27   % ------- Park inverse transformation -------
28   iCalfa = pf.*c1 + qf.*s1;
29   iCbeta = -pf.*s1 + qf.*c1;
30   % ------- Clark inverse transformation -------
31   iC1 = (iCalfa)*(2/3)^0.5;
32   iC2 = (-1/2*iCalfa + (3^0.5)/2*iCbeta)*(2/3)^0.5;
33   iC3 = (-1/2*iCalfa - (3^0.5)/2*iCbeta)*(2/3)^0.5;
34   % ------- Line current calculation -------
35   iM1=iL1-iC1; iM2=iL2-iC2; iM3=iL3-iC3;
```

5.6　分流 APF 经典控制电路

图 5.26 描述了具有非线性负载的传统 75kVA 三相并联有源电力滤波器的简化图。APF 由 Zielona Gora 大学（UZ）团队[54]建造，其中作者参与了控制电路的设计[49]。UZ 实验室 APF 的图片如图 5.27 所示。APF 由信号处理控制电路和带电压源换流器（VSC）的输出电路组成[34]。APF 控制电路应强制 VSC 表现为受控电流源。输出电路由两种储能元件组成：电感器 L_{C1}、L_{C2}、L_{C3} 和两个直流电容器 C_1、C_2。有源电力滤波器将谐波电流 $i_{C1}(t)$、$i_{C2}(t)$ 和 $i_{C3}(t)$ 注入电力网络，并为谐波、无功功率和不平衡提供显著的补偿。该滤波器设计用于三线或四线负载。非线性负载由晶闸管功率控制器和电阻负载组成。补偿电路在稳态下带电阻负载的实验波形如图 5.28 所示，从上到下依次为：负载电流 $i_L(t)$、补偿电流 $i_C(t)$、线电流 $i_M(t)$。所提出的 APF 的控制算法基于 *p-q* 控制算法。基于 Strzelecki 和 Sozanski 等人设计的电路，图 5.29描述了 APF 控制算法的简化框图[49]。该算法使用具有采样率 f_s 的定点 16 位数字信号处理器 TMS320C50 实现。数字信号处理器使用 PLL 电路与线电压 U_1 同步，并且算法在每个线周期执行 N_M 次。可以使用下式计算采样周期：

$$T_s = \frac{T_M}{N_M} \tag{5.15}$$

式中，T_M 为线电压的周期；$f_M = T_M^{-1}$ 为线电压的频率；N_M 为线电压每周期的采样总数。对于 $f_M = 50\text{Hz}$ 的线电压频率和 $N_M = 256$ 的样本采集总数，采样周期为 $T_s = 78.125\mu\text{s}$，采样率为 $f_s = 12800$ 样本/s。

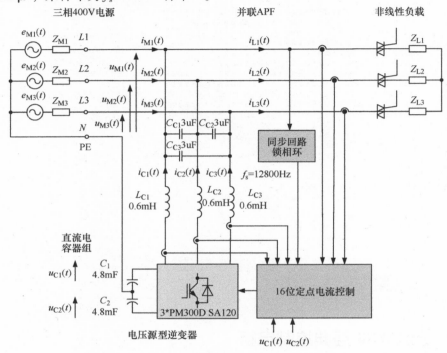

图 5.26　经典三相并联型有源电力滤波器测试电路

图 5.27　UZ 实验室三相分流 APF

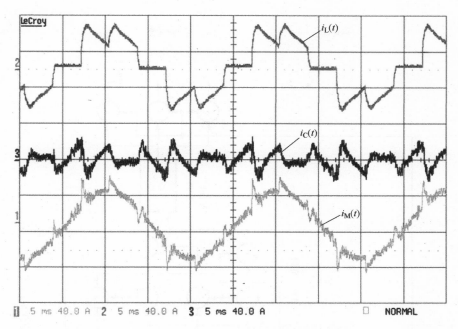

图 5.28　并联 APF、i_L (t)、i_C (t)、i_M (t) 三相补偿电路的实验波形（单相图）

三相电流信号可以转换成等效的两相表示。从三相电流信号 $i_{L1}(nT_s)$、$i_{L2}(nT_s)$、$i_{L3}(nT_s)$ 到两相 $i_{L\alpha}(nT_s)$、$i_{L\beta}(nT_s)$ 的变换（1-2-3→α-β-0）具有附加的中性信号 $i_{L0}(nT_s)$ 可以写成矩阵形式：

$$
\begin{bmatrix} i_{L\alpha}(nT_s) \\ i_{L\beta}(nT_s) \\ i_{L0}(nT_s) \end{bmatrix} = \sqrt{\dfrac{2}{3}} \begin{bmatrix} 1 & -\dfrac{1}{2} & -\dfrac{1}{2} \\ 0 & \dfrac{\sqrt{3}}{2} & -\dfrac{\sqrt{3}}{2} \\ \dfrac{1}{\sqrt{2}} & \dfrac{1}{\sqrt{2}} & \dfrac{1}{\sqrt{2}} \end{bmatrix} \begin{bmatrix} i_{L1}(nT_s) \\ i_{L2}(nT_s) \\ i_{L3}(nT_s) \end{bmatrix} \tag{5.16}
$$

式中，$i_{L\alpha}$ (nT_s) 为信号 $i_{L\alpha}$ 在采样周期 T_s 下的数字表示；n 为电流样本的指数。

在下一步骤中，将两相信号从旋转参考系变换到静止参考系。这种变换通常称为反向 Park 变换，可以通过下式进行数字计算：

$$
p(nT_s) = i_{L\alpha}(nT_s)\sin\left(\frac{2\pi n}{N_M}\right) + i_{L\beta}(nT_s)\cos\left(\frac{2\pi n}{N_M}\right)
$$
$$
q(nT_s) = i_{L\alpha}(nT_s)\cos\left(\frac{2\pi n}{N_M}\right) - i_{L\beta}(nT_s)\sin\left(\frac{2\pi n}{N_M}\right)
\tag{5.17}
$$

数字正弦参考信号由下式给出：

$$
\sin(2\pi f_M nT_s) = \sin\left(2\pi f_M n \frac{T_M}{N_M}\right) = \sin\left(\frac{2\pi n}{N_M}\right) \tag{5.18}
$$

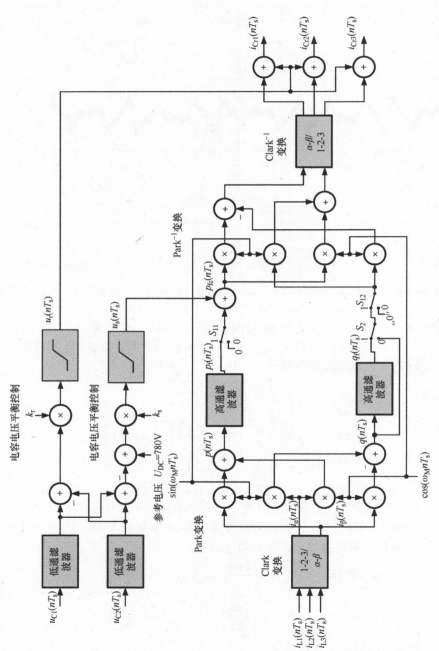

图 5.29 APF 控制算法的简化框图

5.6.1　高通 IIR 滤波器

为了产生参考正弦和余弦信号，在数字信号处理器程序存储器中分配包含正弦函数值的表。信号 $p(nT_s)$ 表示瞬时有功功率，信号 $q(nT_s)$ 表示瞬时无功功率。通过一阶高通数字 IIR 滤波器去除信号 $p(nT_s)$ 和 $q(nT_s)$ 的直流分量。滤波器设计基于使用双线性变换的模拟参考原型。高通滤波器传递函数由下式描述：

$$H(z) = \frac{b_0 + b_1 z^{-1}}{1 + a_1 z^{-1}} \qquad (5.19)$$

同时，

$$b_0 = -b_1 = \frac{2\dfrac{T_1}{T_s}}{1 + 2\dfrac{T_1}{T_s}}, \quad a_1 = \frac{1 - 2\dfrac{T_1}{T_s}}{1 + 2\dfrac{T_1}{T_s}} \qquad (5.20)$$

式中，T_1 为参考（模拟）滤波器时间常数。假设 $T_1 = 0.016\mathrm{s}$ 且 $f_s = 12.8\mathrm{kHz}$，滤波器传递函数由下式确定：

$$H(z) = \frac{0.9975645 - 0.9975645 z^{-1}}{1 - 0.995129 z^{-1}} \qquad (5.21)$$

高通数字滤波器的频率响应如图 5.30 所示，这种滤波器的截止频率约为 10Hz。该滤波器以及整个控制算法是使用具有 Q15 算法的 16 位数字信号处理器实现的。该滤波器的原理图实现如图 5.31 所示。

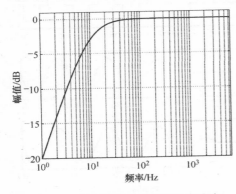

图 5.30　高通数字滤波器的频率响应

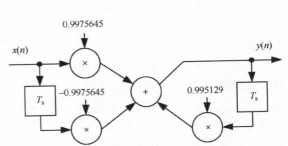

图 5.31　高通数字滤波器实现框图

5.6.2　改进的高通滤波器

在用于去除基波的算法中，通常使用两个截止频率约为 10Hz 的高通 IIR 滤波器 $H(z)$。这些滤波器引入了等于三个线电压周期的额外延迟。因此，为了避免这种情况，作者提出了一种使用基于移动平均值（MA）的高通滤波器的改进解决方案。该滤波器的脉冲响应比 IIR[37,59] 短，响应时间等于线电压的一个周期。这种滤波器的传递函数由下式描述：

$$H(z) = 1 - \frac{1}{N_M} \sum_{k=0}^{N_M-1} z^{-k} = 1 - \frac{1}{N_M} \frac{1 - z^{-N_M}}{1 - z^{-1}} \tag{5.22}$$

式中，N_M 为线电压每个周期的样本数。

这种滤波器的结构框图如图 5.32 所示。该滤波器的响应计算如下

$$y(n) = x(n) - \left((x(n) - x(n-N_M)) \frac{1}{N_M} + \omega(n-1) \right)$$

$$= x(n) \left(1 - \frac{1}{N_M} \right) - x(n-1) + \frac{1}{N_M} x(n-N_M) + y(n-1) \tag{5.23}$$

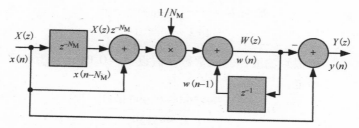

图 5.32　带有 MA 的高通滤波器的方框图

为了证明这一点，已经使用补偿系统进行了仿真研究，如图 5.21 所示。作为输入测试信号 $i_{L1}(t)$、$i_{L2}(t)$、$i_{L3}(t)$，使用单位正交三相信号（见图 5.22）。单相的模拟结果如图 5.33 所示。

波形 $i_{M1}(t)$ 呈现由具有传统 IIR 滤波器电路产生的补偿信号，而波形 $i_{M1-MA}(t)$ 由具有 MA 滤波器的电路产生。如图 5.33 所示，MA 滤波器电路的响应时间比 IIR 滤波器短三倍。因此，p-q 算法的这种简单修改允许降低整个 APF 的动态响应。此外，具有 MA 滤

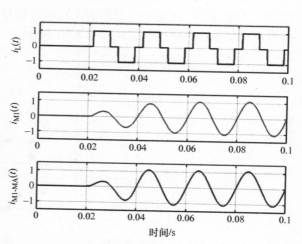

图 5.33　采用经典 IIR 和 MA
滤波器的 p-q 算法的响应

波器的 p-q 算法比 IIR 滤波器的补偿误差要小。两个滤波器的补偿误差波形如图 5.34 所示（请注意图表之间的比例差异）。

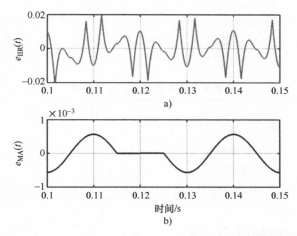

图 5.34　采用 a) 经典 IIR 和 b) MA 滤波器的 $p\text{-}q$ 算法的补偿误差

5.6.3　直流电压控制器

除了补偿谐波和补偿无功功率外，控制算法还必须控制直流电容器组（C_1、C_2）上的电压。为了稳定直流电压，使用比例控制器并使用下式计算其响应：

$$u_s(nT_s) = k_s(U_{DC} - (u_{C1}(nT_s) + u_{C2}(nT_s)))\tag{5.24}$$

式中，$u_{C1}(nT_s)$、$u_{C2}(nT_s)$ 为电容器 C_1 和 C_2 上的电压；k_s 为电压控制器的增益；U_{DC} 为直流组参考电压。

信号 $u_s(nT_s)$ 从组件 $p_f(nT_s)$ 添加：

$$p_{fc}(nT_s) = p_f(nT_s) + u_s(nT_s)\tag{5.25}$$

5.6.4　*p-q* 算法的其余部分

在下一步中，通过 Park 变换将成分 p_{fc} 和 q_f 变换为两相表示：

$$\begin{cases} i_{C r\alpha}(nT_s) = p_{fc}(nT_s)\sin\left(\dfrac{2\pi n}{N_M}\right) - q_f(nT_s)\cos\left(\dfrac{2\pi n}{N_M}\right) \\[2mm] i_{C r\beta}(nT_s) = -p_{fc}(nT_s)\cos\left(\dfrac{2\pi n}{N_M}\right) - q_f(nT_s)\sin\left(\dfrac{2\pi n}{N_M}\right) \end{cases}\tag{5.26}$$

然后转换回三相参考电流信号：

$$\begin{bmatrix} i_{Cr1}(nT_s) \\ i_{Cr2}(nT_s) \\ i_{Cr3}(nT_s) \end{bmatrix} = \sqrt{\dfrac{3}{2}} \begin{bmatrix} 1 & 0 & \dfrac{1}{\sqrt{2}} \\[2mm] -\dfrac{1}{2} & \dfrac{\sqrt{3}}{2} & \dfrac{1}{\sqrt{2}} \\[2mm] -\dfrac{1}{2} & -\dfrac{\sqrt{3}}{2} & \dfrac{1}{\sqrt{2}} \end{bmatrix} \begin{bmatrix} i_{Cr\alpha}(nT_s) \\ i_{Cr\beta}(nT_s) \\ i_{L0}(nT_s) \end{bmatrix}\tag{5.27}$$

然后将来自电容器电压平衡控制器的信号 $s_{df}(nT_s)$ 加到参考补偿信号

$i_{Cr1}(nT_s)$、$i_{Cr2}(nT_s)$ 和 $i_{Cr3}(nT_s)$。由于这种控制，两个电容器上的电压相等。

所提出的 APF 控制算法基于 p-q 控制算法，该算法最初由 Akagi 等人开发[4]。被添加到经典的 p-q 算法中的附加控制开关的功能见表 5.6。

表 5.6 APF 控制算法切换函数

开关	位置	功能
S_2	1	谐波补偿
S_2	0	无功功率全补偿
S_{11} 和 S_{12}	1	APF 补偿器打开
S_{11} 和 S_{12}	0	APF 补偿器关闭，只有电容电压控制器工作，电容 C_1 和 C_2 充电到额定工作电压

5.6.5 输出电流控制器

在下一步中，输出补偿参考电流信号 $i_{Cr1}(nT_s)$、$i_{Cr2}(nT_s)$ 和 $i_{Cr3}(nT_s)$ 由 12 位 D/A 转换器转换为模拟形式。单相控制电路的框图如图 5.35 所示。最后，输出补偿参考电流信号由电流控制器转换为晶体管控制脉冲。最初，所提出的电路采用滞环电流控制器算法，该算法使用模拟比较器和附加的胶合逻辑实现。滞后控制算法基于具有两级滞后比较器的非线性反馈回路。逆变器的开关速度很大程度上取决于负载参数。在所提出的 APF 中，应用具有可变宽度滞后的先进磁滞电流控制器。该控制器的框图如图 5.36 所示。它还有其他改进：

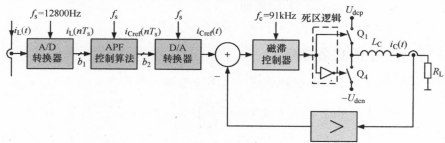

图 5.35 单相控制电路的框图

1）最大开关速度有限；

2）开关速度取决于"速度存储"；

3）开关速度取决于参考补偿电流信号 $i_{Cr1}(t)$，信号电平越高，开关速度越低。

图 5.37 显示了参考补偿电流信号 $i_{Cr1}(t)$ 的电平与开关速度的

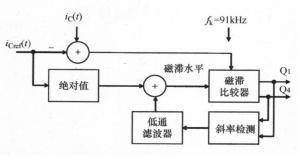

图 5.36 单相输出控制器框图

关系。对于较低的信号电平，开关速度约为 25kHz，对于较高的信号电平，速度约为 10kHz。没有引导程序，分流器 APF 不应连接到主电源。在接通补偿之前，必须将电容器充电至 700V 的工作电压。

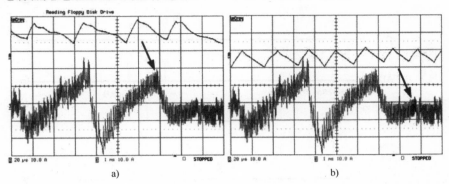

图 5.37　实验波形，说明了参考补偿电流信号 $i_{C1}(t)$（t）电平对开关速度的依赖关系
a）高电平信号　b）低电平信号

启动程序包括以下步骤：

1）逆变器晶体管关闭，电容器 C_1 和 C_2 充电至峰值线电压高达 560V；

2）APF 补偿器关闭，只有电容器稳压器工作，电容器 C_1 和 C_2 充电到额定工作电压（$S_{11}=0$、$S_{12}=0$）；

3）APF 补偿器接通（$S_{11}=1$、$S_{12}=1$）。

5.6.6　用于 APF 的现代化数字控制器

三相并联型有源电力滤波器的控制电路进行了现代化改造。基于 TMS320C50 数字信号处理器的旧电路控制被现代 TMS320F28377D 数字信号微控制器取代[57]。TMS320F28377D 包括四个独立的高性能 16 位的 ADC 模块，两个 CPU 子系统均可以访问这些模块，从而使器件能够有效地管理多个模拟信号，进而提高整体系统的吞吐量。每个 ADC 模块都有一个采样保持（SH）电路，使用多个 ADC 模块可以实现同步采样或独立操作。ADC 模块使用逐次逼近（SAR）型 A/D 转换器实现，其可配置分辨率为 16 位，执行差分信号转换，性能为 1.1MSPS（每秒百万次采样）。微控制器仅由四个独立的采样保持电路组成，因此所需的十二个模拟输入信号分为三组：

1）$i_{L1}(t)$、$i_{L2}(t)$、$i_{L3}(t)$、$i_{L0}(t)$；

2）$i_{C1}(t)$、$i_{C2}(t)$、$i_{C3}(t)$、$u_{DC1}(t)$；

3）$u_{M1}(t)$、$u_{M2}(t)$、$u_{M3}(t)$、$u_{DC2}(t)$。

同时对每组的信号进行采样，各个组按顺序采样。该解决方案最小化了与非同时采样所有信号相关的误差。所提出的采样方法的时序图如图 5.38 所示。这种解决方案允许 APF 控制电路的相当大的简化。

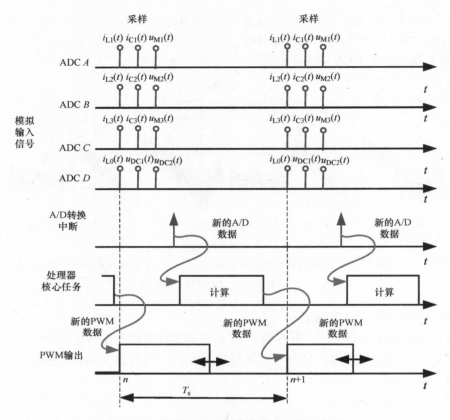

图 5.38　并联 APF 的现代化控制电路时序图

5.7　分流 APF 的动力学

用于晶闸管控制器电阻性负载补偿电路中的线电流 $i_M(t)$、补偿 $i_C(t)$ 和负载 $i_L(t)$ 电流的波形示例如图 5.39 所示。当负载电流值快速变化时，如图 5.39b 中的电流 $i_L(t)$，APF 瞬态响应太慢，线电流 $i_M(t)$ 受到动态失真的影响。这些失真的幅度取决于负载电流变化的值。这种失真导致线电流中的谐波含量增加，这主要取决于输出电路的时间常数。所呈现的线电流波形的总谐波失真（THD）比值为 10% 以上。如此大的 THD 值与由补偿电流的低转换速率导致的动态失真相关联。对输出系统时间常数的最大影响具有输出电感器 L_{C1}、L_{C2}、L_{C3} 的电感值。然而值得注意的是，图 5.39b 中的曲线代表了最坏情况之一。

并联有源电力滤波器的输出电路用作可控电流源。输出电路通常使用三相晶体管逆变器实现（见图 5.39a）。这种输出电路是电压源逆变器，因此必须将其转换为受控电流源。为此，应使用电流控制器和输出电感器 L_{C1}、L_{C2}、L_{C3}。

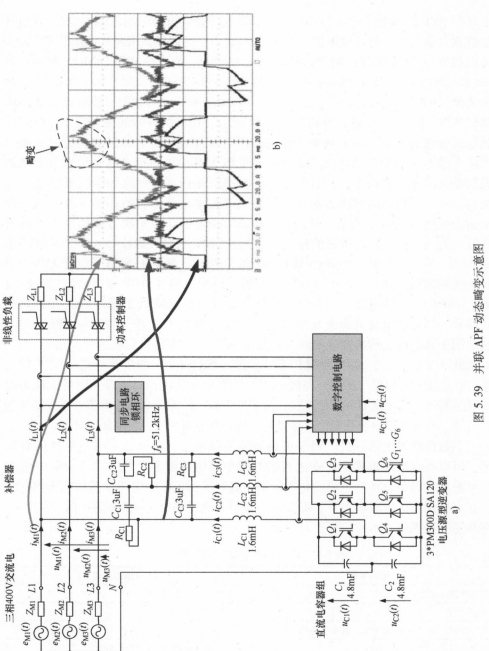

图 5.39　并联 APF 动态畸变示意图
a) 并联 APF 电路　b) 波形

5.7.1　降低 APF 动态失真的方法

并联 APF 控制电流的动态特性主要取决于逆变器输出时间常数，包括 APF 输出阻抗和负载与线路的合成阻抗。有关 APF 动力学的问题在文献中没有广泛描述，但可以找到一些出版物：例如，Mariethoz 和 Rufer 撰写的文献［31］、Marks 和 Green 撰写的文献［32］、Wojciechowski 和 Strzelecki 撰写的文献［61］以及作者撰写的文献［41，44，45，48］。表 5.7 列出了改善 APF 动力学的可能解决方案。用于降低 APF 动态失真的建议电路如图 5.40 所示。在最简单的解决方案中，应降低负载电流变化的速度。为了减少这种现象在实际补偿电路中的影响，通过增加一个串联电感 L_k 来降低负载电流的变化率（见图 5.40a）。然而，这种解决方案增加了补偿系统的重量和成本，并且就额外的功率损耗而言，在每种情况下都是不可接受的。另一个简单的解决方案是具有高频开关输出晶体管的高速 APF。这允许减小输出电感器电感 L_c 的值，从而减小输出时间常数。该解决方案的缺点是输出晶体管中的功率损耗大。折衷的解决方案是使用两个 APF 滤波器：一个是高功率慢速 APF，另一个是低功率高速 APF（见图 5.40b）。然后补偿信号应分为两个子带：低通和高通。然而，为了确保良好的补偿结果，高速 APF 输出电流应具有与"慢速" APF 中相同的值，与单个快速滤波器相比，这降低了这种解决方案的益处。但是，当负载电流值快速变化时，可以仅在瞬态中打开"快速" APF。这个想法应用于具有改进输出逆变器的多路复用 APF[44]，本章稍后将进行介绍。

负载可以分为两类，即可预测和不可预测（类似噪声）的负载电流[23,30,37,48,61,62]。如果负载电流的方均根（RMS）与线电压的周期相比变化相对缓慢，则可以认为电流是可预测的。情况就如可控整流器、功率控制器、脉冲功率脉冲电源、逆变器等例子。另外，不可预测的负载变化经常发生，例如在电弧炉中、放电加工时等。

大多数负载属于第一类。对于可预测的负载电流，根据前一时段电流的观察结果，可以高度准确地预测正在进行的时段中的电流波形[31,41]。图 5.39b 中给出的波形是负载经历可预测电流变化的示例。具有预测控制的电路框图如图 5.40c 所示。在不可预测的负载情况下，提出了一种带有改进输出逆变器的多功能 APF[44]。电路和逆变器都将在本章后面进行介绍。

表 5.7　减少 APF 动态畸变的方法

可预测负载	不可预测负载
附加串联电感的负载	附加串联电感的负载
高速 APF	高速 APF
两种形式：高功率低速 APF，低功率高速 APF	两种形式：高功率低速 APF，低功率高速 APF
输出变换器的多路复用 APF	输出变换器的多路复用 APF
带预测控制算法的 APF	

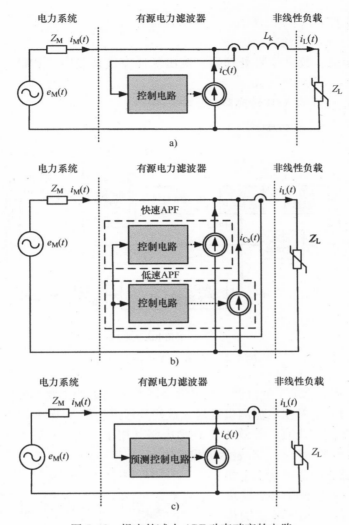

图 5.40　提出的减小 APF 动态畸变的电路

a）通过减小负载电流变化率　b）通过采用快、慢两种 APF　c）通过采用预测控制电路

5.7.2　控制电路

图 5.41 描述了单相并联有源电力滤波器控制电路的示意图。其主要目的是根据补偿参考信号 $i_{Cr1}(nT_s)$ 产生输出电流 $i_C(t)$。由于开关 S_1、S_5 在输出端以脉冲模式工作，因此必须使用电感器 L_{C1}。电感器 L_{C1} 的电感值需要在输出电流的纹波幅度和 APF 反应的速度之间取得平衡。对于功率晶体管开关频率的典型值，该电感是决定 APF 电路输出时间常数的主要因素。如图 5.41 所示，APF 电路中的典型延迟的引起包括以下原因：

1）输出电路：S_1、S_4、L_{C1}；

2）主要的 APF 算法；

3）控制电路：数字信号处理器、输出脉冲宽度调制器（PWM）、$i_{L1}(t)$ 的 A/D转换器；

4）用于 $i_{C1}(t)$ 的 A/D 转换器。

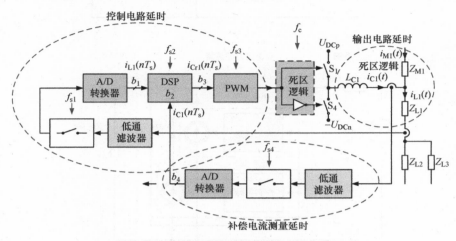

图 5.41　分流 APF 中的延迟

在图 5.41 中，指示了分流器 APF 中发生的信号延迟的主要来源：控制电路延迟、输出电路延迟、补偿电流测量延迟。这些延迟产生图 5.28 和图 5.39b 中可见的电力线电流的动态失真。等效 APF 输出电路（用于一相）如图 5.43a 所示，其中 Z_M 表示合成电源线阻抗，Z_L 表示负载阻抗。

控制电路模型的框图如图 5.42所示。该模型由三个模块组成：$H_{alg}(z)$ 用于 APF 算法的传递函数表示，$z^{-N_{alg}}$ 用于控制算法的"纯"延迟表示，$H_{out}(z)$ 用于输出电路的传递函数表示。

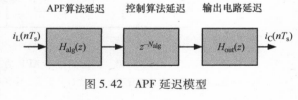

图 5.42　APF 延迟模型

APF 输出电路时间常数主要取决于 APF 输出阻抗，因此可以简化电路（对于一个相位），如图 5.43b 所示，其中 Z_C 表示 APF 输出阻抗和电源线阻抗的合成阻抗。该电路作者已在文献 [41，44，48] 中提出，并且作者认为该简化电路允许以足够的精度模拟动态系统。通过下式描述简化电路的电压-电流传递函数：

$$H(s) = \frac{I_C(s)}{E_C(s) - E_M(s)} = \frac{1}{R_C + sL_C} \tag{5.28}$$

式（5.28）描述了模拟 APF 输出电路的电压-电流传递函数使用双线性变换转

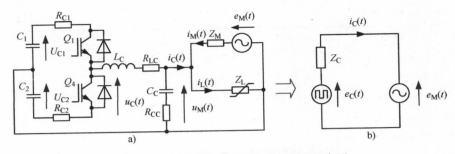

图 5.43 接入电源的 APF 输出逆变器示意图

a) 等效电路 b) 简化电路

换至数字域。由于模拟的准确性更高，输出电路的响应比整个算法（过放大）计算的频率高 R 倍，因此其采样频率等于 Rf_s。APF 输出电路电压-电流传递函数的数字表示，对于电路元件的假定值 $R_C = 0.1\Omega$、$L_C = 0.6\text{mH}$、过采样率 $R = 8$ 并且采样频率 $Rf_s = 102.4\text{kHz}$，由下式描述：

$$H(z) = \frac{I_C(z)}{E_C(z) - E_M(z)} = \frac{0.008131 + 0.008131z^{-1}}{1 - 0.9984z^{-1}} \tag{5.29}$$

已对该电路进行了仿真研究。在代码清单 5.3 中，给出了作者用于实现该数字电路的 MATLAB 程序。

清单 5.3：输出电路仿真程序

```
0    clear all; close all;
1    line_thickness=2; font_size=18;
2    R=8; % oversampling ratio
3    NM=2^8; % number of samples per line period
4    NP=100; % number of predios
5    fs=50*NM*R; % sampling frequency
6    Ts=1/fs;
7    N=NM*R*NP;
8    L_C=0.6e-3; R_C=0.1;
9    %% ----- Analog transfer function --------
10   num_s=[1];
11   den_s=[L_C R_C];
12   tf(num_s,den_s)        % check the transfer function
13   %% -------- Bilinear Transform -----------
14   [num_d den_d]=bilinear(num_s,den_s,fs)
15   % check the digital transfer function
16   tf(num_d,den_d,Ts)
17   tf(num_d,den_d,Ts,'variable','z^-1')
18   % check the frequency response of RL
19   figure('Name','Freq._resp.','NumberTitle','off');
20   freqz(num_d,den_d);
21   title('Freq._response');
22   %% algorithm delay
23   Nop=R*50; % number of samples for algorithm delay
24   aop=1;
25   bop=zeros(1,Nop+1); bop(1,Nop+1)=1;
26   %% step response
27   t=(0:N-1)*Ts;
28   x_step=ones(1,N); % step
29   i_C_step=filter(bop,aop,x_step);
30   i_C_step=filter(num_d,den_d,i_C_step);
31   figure('Name','Step_response','NumberTitle','off');
32     plot(t,i_C_step,'r','LineWidth',line_thickness);
33     set(gca,'Xlim',[0 0.05]);
34     set(gca,'FontSize',[font_size],'FontWeight','d'),
```

（续）

```
35      ylabel('i_C(t)'); grid on;
36      xlabel('Time_[s]');
37      print('APF_out_step.pdf','-dpdf');
38      %% impulse response
39      x_imp=[1 zeros(1,(N-1))]; % impulse
40      i_C_imp=filter(bop,aop,x_imp);
41      i_C_imp=filter(num_d,den_d,i_C_imp);
42      % frequency response
43      i_C_freq=fft(i_C_imp);
44      %% Frequency response
45      f=(0:N-1)*fs/N;
46      i_C_freq_abs_db=20*log10(abs(i_C_freq));
47      figure('Name','Frequency_response','NumberTitle','off');
48      plot(f,i_C_freq_abs_db,'r','LineWidth',line_thickness);
49      set(gca,'Xlim',[0 500]);grid on;
50      set(gca,'FontSize',[font_size],'FontWeight','d'),
51      ylabel('|I_C(e^{j\omegaT})|');
52      xlabel('Frequency_[Hz]');
53      print('APF_out_freq.pdf','-dpdf');
```

使用清单 5.3 所示的程序代码确定补偿电路的阶跃响应。输出 *RL* 电路的阶跃响应和算法延迟如图 5.44 所示。频率响应使用相同的 MATLAB 程序计算。幅度响应如图 5.45 所示。然而，应该注意的是，这些特性是用于输出电流控制器开环的。

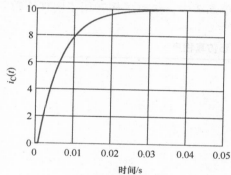

图 5.44　APF 输出电路的阶跃响应

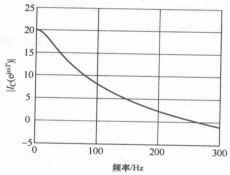

图 5.45　APF 输出电路的频率响应

5.7.3　APF 输出电流纹波计算

连接到主电源的简单功率逆变器模型图如图 5.43a 所示，其中 C_C 是用于阻尼调制元件的输出滤波器电容。在该电路中，时间常数通常并且主要取决于电感器 L_C 的值。因此，当晶体管开关周期 $T_c = 1/f_c$ 远小于电路主时间常数 τ_C 时，可以将图 5.43a 简化到图 5.46a 所示的电路。可以假设所得到的电路电阻 R_C 主要取决于电感器 L_C 的电阻

$$R_C \cong R_{LC} \tag{5.30}$$

假设在切换周期 T_c 期间，电压 $e_M(t)$、$u_{C1}(t)$ 和 $u_{C2}(t)$ 是恒定的，对于切换状态 $S_1 = 1$、$S_4 = 0$ 并且对于时间 t 从 0 到 t_1，补偿电流 $i_C(t)$ 可以使用下式计算：

$$i_C(t) = \frac{u_{C1}(t_0) - e_M(t_0)}{R_C}(1 - e^{-t/\tau}) + i_C(t_0) \tag{5.31}$$

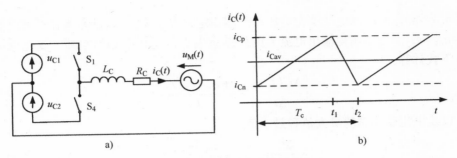

图 5.46 APF 输出电流纹波

a) 用于电流纹波计算的简化电路 b) 理想补偿电流 i_C (t) 时间图

其中,

$$\tau = \frac{L_C}{R_C} \tag{5.32}$$

对于状态 $S_1 = 0$、$S_4 = 1$ 并且对于从 t_1 到 t_2 的时间 t,可以通过下式计算 $i_C(t)$:

$$i_C(t) = \frac{-u_{C2}(t_0) - e_M(t_0)}{R_C}(1 - e^{-(t-t_1)/\tau}) - i_C(t_1) \tag{5.33}$$

如果假设:

$$f_c \gg \frac{1}{\tau} 和 f_c \gg \frac{1}{T_M} \tag{5.34}$$

式中,T_M 为主周期。

假设平均电流 i_{Cav} 也是常数,那么输出电流可以通过简化方程计算:对于状态 $S_1 = 1$、$S_4 = 0$

$$i_C(t_1) = \frac{u_{C1}(t_0) - u_s(t_0)}{L_C}(t_1 - t_0) + i_{Cn} \tag{5.35}$$

对于状态 $S_1 = 0$、$S_2 = 1$

$$i_C(t_2) = \frac{-u_{C2}(t_0) - e_M(t_0)}{L_C}(t_2 - t_1) + i_{Cp} \tag{5.36}$$

式中,$t_1 - t_0$ 为 S_1 的接通时间;$t_2 - t_1$ 为 S_4 的接通时间。

理想化补偿电流 $i_C(t)$ 的时间图如图 5.46b 所示。输出纹波可以通过下式计算:

$$\Delta|i_C(t_1)| = \left| \frac{u_{C1}(t_0) - e_M(t_0)}{L_C}(t_1 - t_0) \right|$$

$$\Delta|i_C(t_2)| = \left| \frac{-u_{C2}(t_1) - e_M(t_1)}{L_C}(t_2 - t_1) \right| \tag{5.37}$$

电容器 C_1 和 C_2 的电压值由电压控制器稳定，等于 u_{DC}；这就是为什么可以假设 $u_{DC} = u_{C1} = u_{C2}$。为了实现输出电流 i_C 的低动态失真，变化率必须很高。变化率可以通过下式计算：

$$\left| \frac{\Delta i_C(t_1)}{\Delta t} \right| = \left| \frac{\pm u_{DC} - e_M(t_0)}{L_C} \right| \tag{5.38}$$

以及电流变化率的最大值和最小值

$$\frac{\Delta i_C(t)}{\Delta t} \bigg|_{max} = \frac{u_{DC} + e_{Mmax}}{L_C}$$

$$\frac{\Delta i_C(t)}{\Delta t} \bigg|_{min} = \frac{u_{DC} - e_{Mmax}}{L_C} \tag{5.39}$$

目前，IGBT 晶体管主要用作逆变器中的开关元件。对于普通 IGBT 的最大开关频率等于 20kHz[34]，对于快速 IGBT 的最大开关频率约为 60kHz[20]。晶体管开关功率损耗可以使用下式近似计算：

$$P = P_{cond} + f_c E \tag{5.40}$$

式中，E 为在单个开关周期中的能量损失；P_{cond} 为在接通状态下的功率损耗。

因此可以假设晶体管功率损耗与开关频率成正比。

鉴于上述问题，选择合适的电感器 L_C 值非常困难。选择正确的 APF 输出逆变器电感值时要考虑的因素见表 5.8。对于较高的 L_C 值，时间常数较高且动态失真较大，而对于较低的 L_C 值，电路动态失真较小，但补偿电流纹波 i_C 的值较高。降低动态失真并将电流纹波保持在合理值的方法之一是增加晶体管开关频率，但在这种情况下，开关损耗和开关转换的影响会增加。

表 5.8 使用不同电感值的利弊

电感值较大	电感值较小
优点	优点
• 电流纹波小	• 过渡响应快
• 开关管开关频率低	• 成本低和重量小
缺点	缺点
• 过渡响应慢	• 电流纹波大
• 成本高和重量大	• 开关管开关频率高
	• 受开关过渡影响大

5.7.4 APF 控制电路仿真

由于整个 APF 控制电路是使用定点或浮点 DSP 实现的，因此实现整个补偿系统的数字仿真是合理的。对于模拟仿真，通过 p-q 算法计算参考补偿信号 $I_C(z)$，并且由具有电阻负载的功率控制器计算负载电流 $I_L(z)$。APF 控制电路的数字实现时序图如图 1.11 所示。模拟信号以 f_s 的频率采样，然后由 A/D 转换器转换为数字形式（见图 5.41）。该数字信号稍后由 APF 的主控制算法和输出电流控制器处理，然后被发送到 PWM 调制器。因此，整个控制算法的最小延迟是至少一个采样周期 T_s。在模拟期间必须考虑这种延迟。对于所考虑的情况，选择等于两个采样周期的算法延迟时间，$N_{alg} = 2$。简化数字仿真电路的框图如图 5.47 所示。在这种情况下，在输出电路中，传输函数

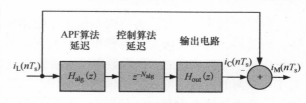

图 5.47　单相补偿电路数字仿真框图

$H_{out}(z)$ 也包括在输出电流控制器传递函数中（没有 PWM）。模拟的线电流 $i_M(z)$ 来自减去信号 $i_L(z)$ 和 $i_C(z)$。补偿电路的模拟电流信号波形如图 5.48 所示。从模拟中获得的波形非常接近实验波形（见图 5.28）。为简单起见，在仿真模型中，省略了 PWM 调制器，因此波形不具有调制分量。电流 $i_L(z)$、$i_C(z)$、$i_M(z)$ 的光谱如图 5.48b 所示。在表 5.9 中，给出了线电流 $i_M(z)$ 的一些参数，展示了没有补偿的电路和具有经典补偿的电路的线路参数。例如，对于没有补偿的电路，模拟电流的 THD 比等于 39.3%；对于具有补偿的电路，模拟电流的 THD 比高达 27.8%。这表明经典的补偿电路在负载电流的快速变化下不能有效地工作。

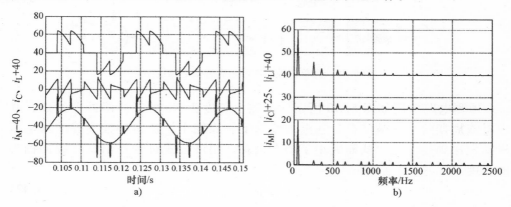

图 5.48　补偿电路的仿真电流，负载电流 i_L（上）、补偿电流 i_C（中）、线电流 i_M（下）

a）波形　b）频谱

表 5.9　线路电流参数

补偿类型	$i_M(rms)/A$	THD(%)	SINAD/dB	THD50(%)
无补偿	15.0	39.3	-8.7	39.0
经典关联 APF	14.5	27.8	-11.5	27.2
带预测控制算法 $T_A = 214\mu s$ 并联 APF 型	14.0	3.2	-29.8	1.3

5.8 APF 的预测控制算法

对于可预测的负载，补偿误差依赖于输出电路的动态特性，并且周期性地发生，因此可以通过提前发送补偿电流进行部分补偿。这样的解决方案在模拟控制系统中是不可能实现的，但在数字控制系统中很容易实现。在提出的解决方案中，对于可预测的负载，可以使用预测电路[31,41,44,48]，如图 5.49 所示。以前的负载电流信号样本存储在内存中，然后发送到输出设备。这种补偿依赖于逆变器输出时间常数。由于时间常数主要依赖于逆变器输出电感值，因此可以为超前时间 T_A 设置一个常数。在考虑的 APF 中，离散超前时间 T_A 为

$$T_A = N_A T_s \tag{5.41}$$

式中，$T_s = \dfrac{1}{f_M N_M}$ 为采样周期；N_M 为每条电力线电压周期的采样数；N_A 为预先发送的采样数。

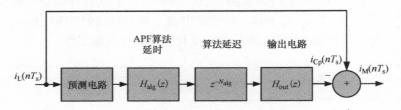

图 5.49 为单相预测数字仿真补偿电路框图

预测电路框图如图 5.50 所示。电路由长度为 N_M 的采样缓冲器组成，其中电流周期的采样被储存。在电力线的下一周期中，从缓冲抽头提前将电压样本发送到输出端，从而减小了动态失真。用该公式可计算出试样缓冲抽头的长度

$$L = N_M - N_A \tag{5.42}$$

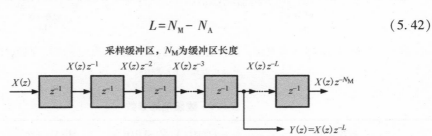

图 5.50 简单预测电路框图

在模拟补偿电路里的数字提前时间 $T_A = 214\mu s$。预测补偿电路的模拟电流信号波形如图 5.51a 所示。从线电流 $i_M(t)$ 的波形可以看出，补偿的目标

已经达到，电流的波形非常接近正弦曲线。这也得到了图 5.51b 所示频谱的支持。同样地，表 5.9 中列出的信号参数也是如此。通过预测算法，THD 值由 27.8% 降低到 3.2%。

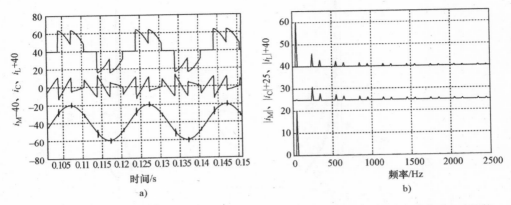

图 5.51　预测补偿电路仿真电流，负载电流 i_L（上）、补偿电流 i_C（中）、线电流 i_M（下）

a）波形　b）频谱

5.8.1　提前时间 T_A

为了实现线电流 THD 最小值的目标，提前时间 T_A 的值应该是多少？假设对于正弦波，最小 THD 值对应于最小 RMS 值，通过寻找最小 RMS 值可以达到这个目标，这更容易确定。本书就采用了这种方法

$$\text{THD}_{I_M}\big|_{\min} \to I_{Mrms}\big|_{\min} = f(T_A)\big|_{\min} \tag{5.43}$$

由于函数 $f(T_A)$ 的复杂性，用解析法求其最小值比较困难。因此，为了实现这个目标采用了数值方法，并进行了仿真研究，研究了超前时间 T_A 对 RMS 电流线值的影响。仿真框图如图 5.52 所示。当 T_A 等于阶跃响应的 APF 输出达到最终值的 50% 时，线电流的最小有效值为 T_A。同样的关系也存在于线电流 THD 比中。因此，THD 电流线的最小值为

$$T_A = T_{alg} + T_{step(50\%)} \tag{5.44}$$

式中，T_{alg} 为"纯"延时 APF 算法；$T_{step(50\%)}$ 为整个 APF 控制算法的步进响应时间的 50%。

对于预测 APF，T_A 是线电流使用最小 RMS 值的时间。采用具有预测谐波补偿的新控制算法，可使线电流谐波含量 THD 比由约 20% 降至 10% 以下。经典 APF 和预测 APF 对 T_A 最优值的补偿电路电流波形如图 5.53 所示。

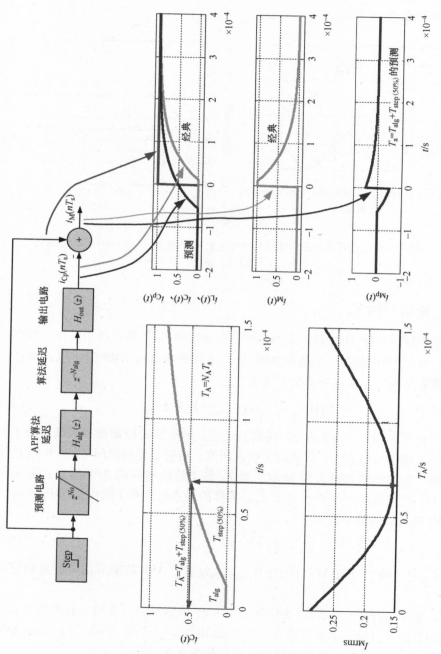

图 5.52 补偿阶跃响应的线电流值 I_{Mrms} 与时间 T_A 的依赖关系

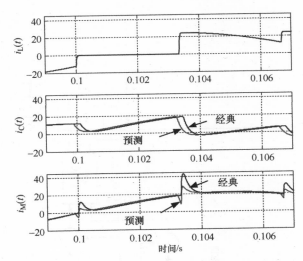

图 5.53　采用经典 APF 和预测并联 APF 的补偿
电路电流波形，得到 T_A 的最优值

5.8.2　稳态实验结果

实验研究采用如图 5.26 所示的补偿系统 EFA1。有源电力滤波器控制算法的简化框图如图 5.29 所示。本章详细介绍了采用定点 16 位数字信号处理器的控制算法的实现。对 p-q 控制算法的修改如图 5.54 所示，在经典控制电路的基础上增加了两个预测电路[47,48]。图 5.55 和图 5.56 所示分别为经典 APF（见图 5.55a）和修正后的预测补偿电流 APF 电路（见图 5.56a）在相同稳态条件下的实验波形。图中描述了线电流 $i_M(t)$ 波形及其归一化谱幅。最佳的结果是预先发送的样本数量等于 3，即 $N_A = 3$；对于更多的样本，补偿器是不稳定的。采用具有预测谐波补偿的新控制算法，在 $N_A = 3$ 时，可以将电网电流中谐波含量 THD 比由约 22% 降低到约 5%。

5.8.3　APF 的阶跃响应

当将 APF 与预测电路一起使用时，首要问题是确定当负载电流值快速变化时它将如何工作。为此，作者研究了考虑并联 APF 的负载电流阶跃响应[48]。图 5.58a 所示为带阻性负载的功率控制器在无 APF 补偿的情况下调节负载电流波形。负载电流值由晶闸管相位控制的功率控制器通过改变触发角来调节。触发角由一个如图 5.58a~d 所示的信号控制（最上面的波形）。考虑并联 APF 的经典控制算法的负载电流阶跃响应如图 5.58b 所示，负载电流值与图 5.58a 相同。APF 阶跃响应设置时间等于线路电压的一个周期。图 5.58c 所示为改进控制算法的 APF 阶跃响应，预测电路不断打开。在第一个线路电压周期内，当负载电流的值发生变化

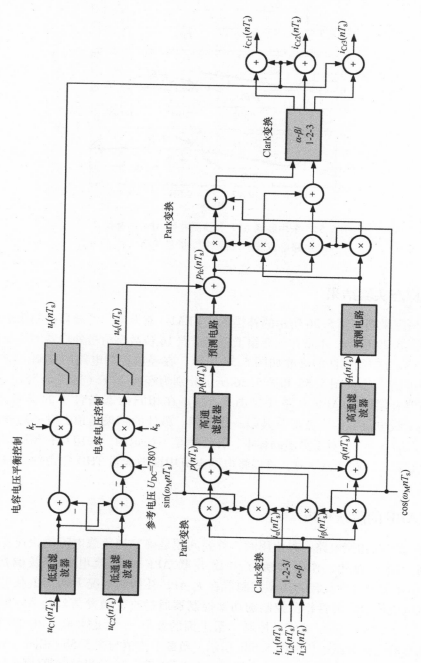

图 5.54　带有预测电路的控制算法框图

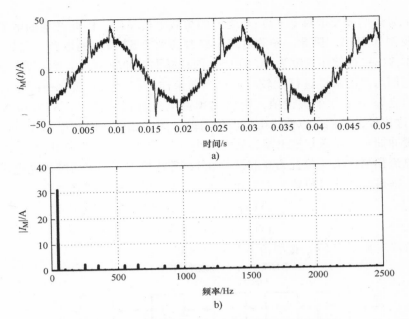

图 5.55　三相 APF 稳态负载电流 $i_M(t)$ 实验波形

a) 波形　b) 标准化谱幅值

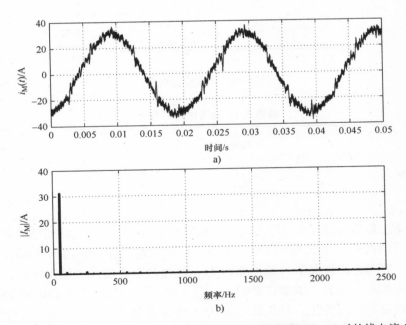

图 5.56　修改后的三相 APF 在带导入负载的稳态实验波形，$N_A = 3$ 时的线电流 $i_M(t)$

a) 波形　b) 标准化谱幅值

后，APF 发送的补偿电流 $i_c(t)$ 与之前的负载电流足够，因此产生的电流是非正弦的（见图 5.58c）。因此，预测电路应修改为图 5.57 所示的电路。在该电路中，电流样本 $X(z)$ 存储在长度为 N_M 的 DSP 内存样本缓冲器中。在下一段线电流周期中，将它们与当前采样进行比较，如果当前采样值与存储在内存中的各自采样值的绝对值之差小于一个假设值，则启动预测电流补偿算法（开启在位置 1 中的 S_1）。通过比较，我们可以假设电流波形与前一周期相同，因此样本 $X(z) \ z^{-L}$ 可以提前从缓冲抽头 L 发送到输出端，从而减小了动态失真。如果负载电流发生变化，则关闭电流预测算法（位置为 0 的开关 S_1），等待稳态，如果后续周期电流波形没有变化，则再次打开（位置为 1 的开关 S_1）。输出信号用公式表示为

$$\begin{cases} Y(z) = X(z)z^{-L}; S_1 = 1 \\ Y(z) = X(z); S_1 = 0 \end{cases} \tag{5.45}$$

决策块（见图 5.57）按照清单 5.4 中的关系运行。

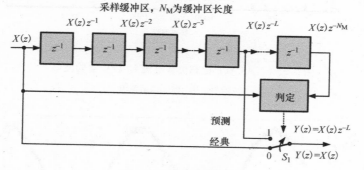

图 5.57　预测电路框图

清单 5.4　决策块的 C 程序

```
0   if abs(x(n) - x(n - NM)) > Emax {
1           S1 = 0;          //经典
2           y(n) = x(n);
3           }
4   else {
5           S1 = 1;          //预测
6           y(n) = x(n - L);
7           }
```

常数 E_{max} 是指当前样本与电力线电压最后一个周期的样本之间的最大差值。

修正后的波形如图 5.58d 所示。负载电流值快速变化后，预测（非因果）电路被关闭。在考虑的情况下（见图 5.58d），经过两个半线路电压周期后，再次打开预测（非因果）电路。需要注意的是，有一个有趣的现象，负载电流的快速变化会引起线电流谱的变化。对负载电流的二次方变化进行了直接的合理性分析，其结果如图 5.59 所示。用负载电流 $i_M(t)$（对于 $N_A = 3$）的二次方变化描述了电流 $i_M(t)$ 的波形。然而，线电流谱的三维谱振图如图 5.60 所示。

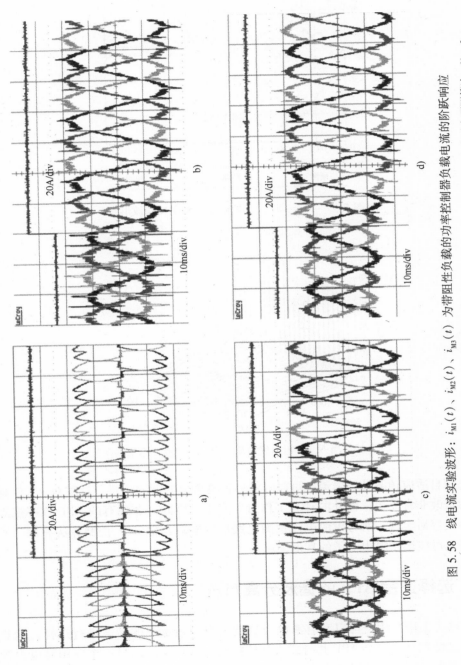

图 5.58　线电流实验波形：$i_{M1}(t)$、$i_{M2}(t)$、$i_{M3}(t)$ 为带阻性负载的功率控制器负载电流的阶跃响应

a) APF 被关闭　b) 具有经典控制算法的 APF　c) 带有预测算法的 APF 不断打开，$N_A = 3$　d) APF 与自适应预测算法，$N_A = 3$

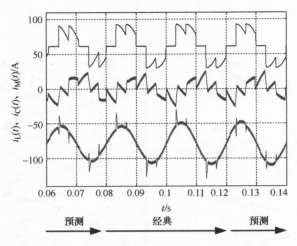

图 5.59　$N_A = 3$ 时，线电流 $i_M(t)$ 的实验波形

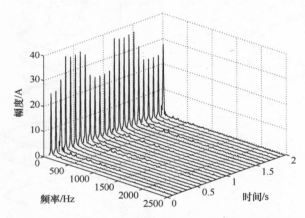

图 5.60　当 $N_A = 3$ 时，线电流 $i_M(t)$ 的实验三维谱振图

采用自适应预测补偿电流，可以降低可预测负荷的谐波含量。这种对 $p\text{-}q$ 控制算法的修改非常简单，额外的计算工作量非常小。因此，在现有的 APF 数字控制电路中很容易实现。所考虑的电流预测电路也可能对其他 APF 控制算法有用。所述电路也可应用于电力电子的其他领域。

5.9　选择适合 APF 的谐波分离方法

在该方案中，用户可以对有源电力滤波过程中最重要的谐波进行选择。这非常重要，特别是当多个 APF 并行或级联连接时。这种电路的另一个应用是电力线路谐波谐振阻尼器。选择性 K 谐波 APF 控制电路框图如图 5.61 所示。

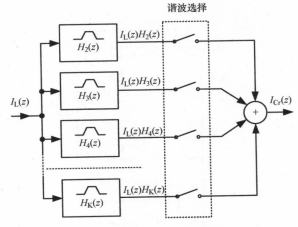

图 5.61　选择性 K 谐波补偿控制电路

$K=\{5,7,11,13\}$

在该电路中，采用了 K 带通滤波器，可对选定的谐波进行调谐。对于这样的电路，用该方程计算出补偿电流的信号

$$I_{\mathrm{Cr}}(z)=I_{\mathrm{L}}(z)\sum_{k=0}^{K}H_{\mathrm{K}}(z) \tag{5.46}$$

式中，$H_{\mathrm{K}}(z)$ 为 K 次谐波带通滤波器传递函数。

在控制系统中增加了一个电路，使用户可以选择由 APF 补偿的谐波，从而允许用户根据当地情况调整 APF 补偿。设定选择消去的谐波（二次谐波、三次谐波……）组合，并在合成滤波器组中将谐波信号合成为合适的电流补偿信号。在这种情况下，合成滤波器组非常简单，只包含一个求和块。这种方法也可以用于谐波预测，消除永久性动态误差（对于可预测的负载），如作者在文献［41］中所述。

5.9.1　MDFT 控制电路

MDFT 算法[35]作为分析滤波器组，这在第 3 章中进行了描述。该分析方法的框图如图 3.68 所示。该滤波器组幅值的简化特征如图 3.59 所示。采用 MDFT 滤波器组对四次谐波（$k=\{5,7,11,13\}$）进行 APF 控制电路如图 5.62 所示。通过分析滤波器组将负载电流信号 $i_{\mathrm{L}}(z)$ 在 z 域中的离散表示划分为 $N=256$ 个均匀子带，此时只选取 4 个。分析滤波器组由一个共同的梳状滤波器和四个分支组成。该电路的频率响应如图 5.63 所示。需要注意的是，四个选定的谐波相移是 0°。针对图 5.62 所示的控制系统，对三相 APF 补偿电路进行了仿真研究。仿真结果如图 5.64 所示。

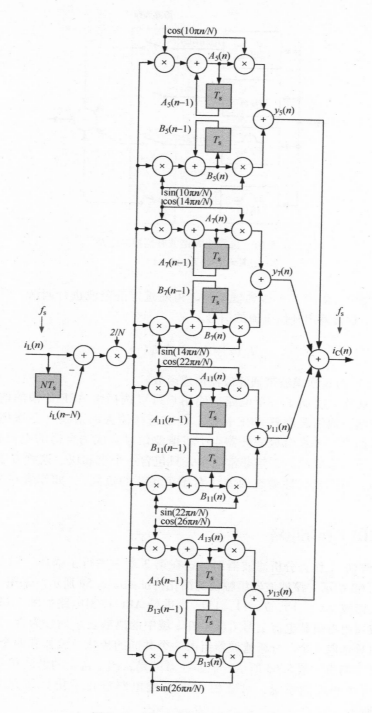

图 5.62 MDFT APF 控制电路框图

5.9.2　采用 *p-q* 算法的控制电路

  p-q 算法也可用于分析滤波器组。该电路对 5 次、7 次、11 次谐波的补偿框图如图 5.65 所示。该电路由三个模块组成：第一个模块的工作频率为 $5f_M$，第二个模块的工作频率为 $7f_M$，第三个模块的工作频率为 $11f_M$。每相的合成补偿信号 $i_{Cr}(n)$ 是所选谐波输出信号之和。

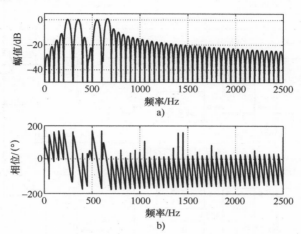

图 5.63　MDFT 滤波器组频率响应 $N=256$，$k=\{5,7,11,13\}$
a）幅值　b）相位

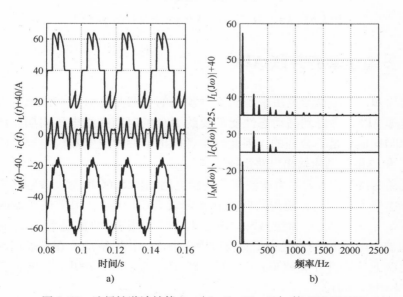

图 5.64　选择性谐波补偿 $k=\{5,7,11,13\}$ 的 APF MDFT
a）波形　b）光谱

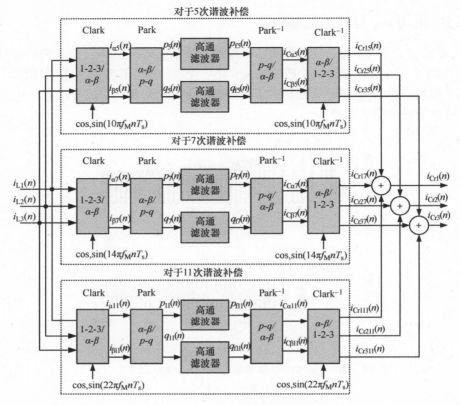

图 5.65 $k=\{5, 7, 11\}$ APF $p\text{-}q$ 算法控制电路框图

5.10 多重速率的并联 APF

众所周知，应用预测算法来预测不可预测的负载是低效的。因此，作者建议使用多速率 APF。考虑到高动态性能需要约 10% 的时间在线电压周期，增加开关频率到 60kHz 似乎是不合理的。因此，作者提出了一种逆变器输出级，该输出级由"快"和"慢"两组输出电路组成[44-46]。

改进逆变器单相有源电力滤波器的补偿电路如图 5.66 所示。该电路有一个共同的电源电压 U_{C1}、U_{C2}，使用共同的直流母线（C_1、C_2），用于逆变器的两个部分：慢（S_{s1}、S_{s2}、L_{Cs}）和快（S_{f1}、S_{f2}、L_{Cf}）。电感 L_{Cs} 的值是为了实现较低的 $i_C(t)$ 电流波，电感 L_{Cf} 的值是为了实现对输出电流的快速响应。在考虑周到的电路中，采用以下晶体管开关频率：$f_{cs} = 12$，800Hz，$f_{cf} = 51$，200Hz 和电感值：$L_{Cs} = 2.5$mH，$L_{Cf} = 0.5$mH。

众所周知，"快"和"慢"逆变器连续工作的解决方案（如文献［14］）与作者的解决方案的最大区别在于"快"逆变器的工作模式。在该电路中，"快速"

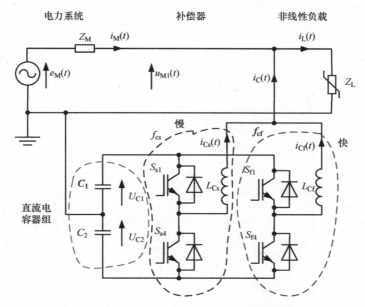

图 5.66　改进逆变器单相有源电力滤波器的补偿电路

逆变器只在过渡状态下工作。图 5.67 给出了经典 APF 和多速率 APF 单相电流 $i_L(t)$、$i_C(t)$、$i_M(t)$ 波形比较。需要注意的是，如图 5.67 所示，"快速"晶体管只在过渡状态下工作。根据这种关系，可以近似地确定晶体管的功率损耗值

$$P = P_{cond} + \frac{T_f}{T_M} f_{cf} E + f_{cs} E \tag{5.47}$$

式中，P_{cond} 为传导损耗；E 为变换能量损耗；T_f 为按周期计算时，"快"晶体管接通的时间长度。

假设"快"逆变器的工作时间仅为 10%，则输出晶体管的功率损耗可以用公式近似

$$P = P_{cond} + 1.4 f_{cs} E \tag{5.48}$$

在这种情况下，功率损耗比经典的 APF 输出电路增加了 40%，似乎可以接受。

图 5.68 所示为作者提出的功率为 75kVA、动态性能得到改善的多速率 APF 三相有功补偿电路的简化框图[44,45,48]。

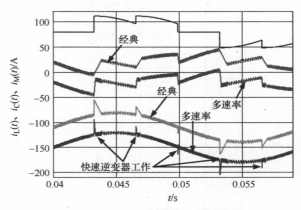

图 5.67　单相电流波形比较：$i_L(t)$、$i_C(t)$、$i_M(t)$，用于经典 APF 和多速率 APF

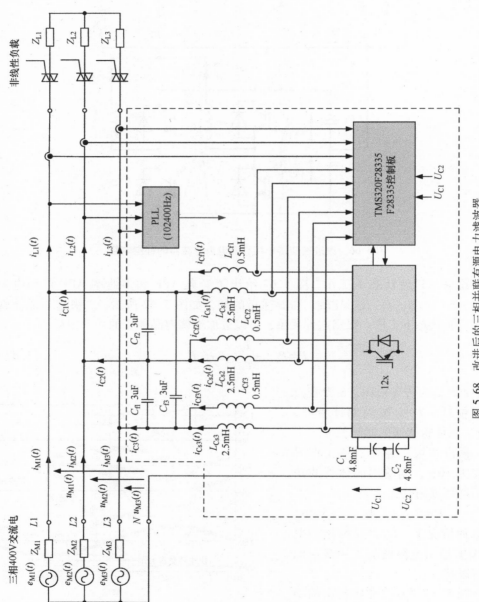

图 5.68 改进后的三相并联有源电力滤波器

电路的电源部分由两个三相 IGBT 功率晶体管桥组成,通过电感器 L_{Cs1}、L_{Cs2}、L_{Cs3}、L_{Cf1}、L_{Cf2} 和 L_{Cf3} 组成的电感滤波系统连接到交流线路。APF 电路包含共直流储能,由两个电解电容 C_1 和 C_2 提供,APF 输出电路示意图如图 5.69 所示。控制电路采用浮点数字信号处理器 TMS320F28335 实现[56,58]。APF 控制算法框图如图 5.70 所示。控制算法采用滑动 Goertzel DFT[25,26,41,43] 来进行负载电流基波检测。由于 Goertzel DFT(SGDFT)的滑动特性(如第 3 章所示),控制电路必须通过同步单元与线路电压 $u_1(t)$、$u_2(t)$ 和 $u_3(t)$ 同步,这就是为什么它是控制电路中最重要的部分之一。它由低通滤波器和锁相环路(PLL)组成。

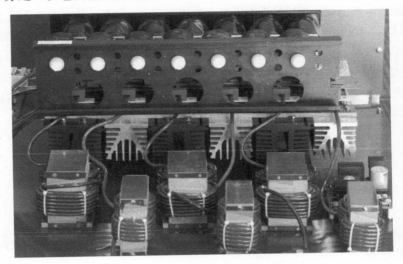

图 5.69 三相 APF 输出电路

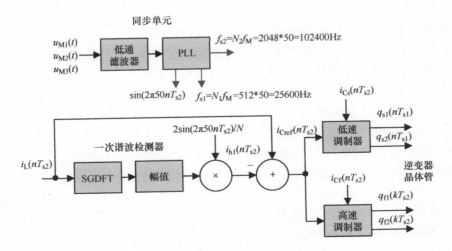

图 5.70 单相 APF 控制算法框图

5.10.1 模拟输入电路

APF 有 11 个模拟输入信号：3 个来自负载电流 $i_{L1}(t)$、$i_{12}(t)$ 和 $i_{13}(t)$，6 个来自逆变器输出电流 $i_{Cs1}(t)$、$i_{Cs2}(t)$、$i_{Cs3}(t)$、$i_{Cf1}(t)$、$i_{Cf2}(t)$ 和 $i_{Cf3}(t)$，2 个来自直流电容电压 U_{DCp} 和 U_{DCn}。所有信号的采样速率为 $f_s = 102,400Hz$。在电子电路电流的测量中，在主电路（大功率）和次级电路（电子电路）之间采用电流隔离，使用电流传感器 LEM LA 125-P。根据转换比 K_N 将一次电流转换为二次电流。对于一次电流 $i_{pCT} = 125A$，二次电流 $i_{sCT} = 125mA$。与电流类似，电压也发生了变化。将一次电压 $u_{DC}(t)$ 转换为电流信号，再转换为电压二次电流 $i_{sVT}(t)$。在考虑的电路中采用了 LEM 电压传感器 LV25-P。对于一次电流 $i_{pVT} = 10mA$，二次电流 $i_{sVT} = 25mA$。TMS320F28335 有一个 12 位 A/D 转换器，电压输入范围为 $0 \sim 3V$[56,58]。遗憾的是，这些输入是单极的，因此所有的类似信号都需要转换到这个范围。所以，对于模拟信号，我们制作了一个 +1.5V 的虚拟地面。它由参考电压 1.5V 的二极管 D1 制成。图 5.71 所示为模拟输入电路的简化图。这个公式可以计算电流传感器的 A/D 转换器的输入电压

$$U_{ADCIN0} = \frac{I_C}{K_{NCT}} R_1 - U_{D1} \tag{5.49}$$

式中，K_{NCT} 为电流传感器的电流传输率，对于电压传感器

$$U_{ADCIN7} = \frac{U_{DCp}}{R_4} \frac{1}{K_{NVT}} R_5 - U_{D1} \tag{5.50}$$

这样的解决方案，由作者设计，可以大大地简化输入电路，只使用了一个电压 3.3V 的电源。

5.10.2 输出电感器

输出电感器在整个输出电流范围内应具有线性特性。另一个重要的电感参数是电感值的频率特性。由于高频调制元件产生的输出逆变器，电感值必须线性跨越一个频率范围。电感器设计考虑的因素并不小，也没有完美的设计程序。一些学者介绍了电感器设计中的一些问题，其中包括 Bossche 和 Valchev[12]。在考虑产品应用价值时，选择电感[43,44]：$L_{Cf} = 0.5mH$ 和 $L_{Cs} = 2.5mH$。设计的电感器 L_{Cf} 和 L_{Cs} 如图 5.72a 所示。为了减少高频损耗，选用了带气隙的 U100/50/25 铁氧体铁心和 litz 线。电感绕组设置在距气隙一定距离的位置，以避免该位置的横向场对绕组产生感应加热。绕组的位置如图 5.72b 所示。采用安捷伦 4294A 精密阻抗分析仪对设计的电感器进行了小信号频率响应的测试。测量结果如图 5.73a 所示。电感阻抗的频率响应在 1MHz 以下是线性的。此外，使用高功率正弦电压源（见图 5.73b），调节输出 0~500V/50A，频率范围为 500~8000Hz，检查电感器参数是否存在大电流（见图 5.73b）。该电机电压源由作者设计，采用的是原用于感应加热的老式同步变频器。该电机变频器由两台同步电机组成：输入端为三相，输出端为第二相，均固定在同一轴上。

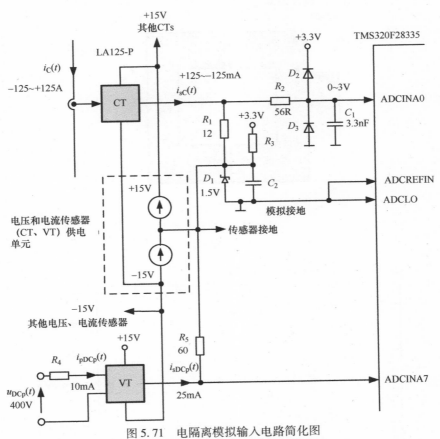

图 5.71　电隔离模拟输入电路简化图

a)

图 5.72　电感器

a) 电感器视图

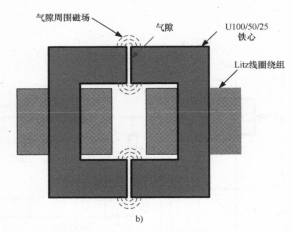

图 5.72 电感器（续）

b）绕组位置

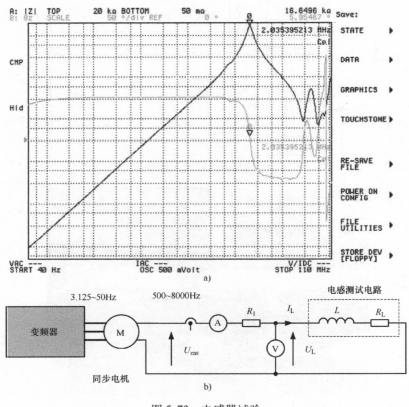

图 5.73 电感器试验

a）小信号频率响应　b）电感测试电路示意图

5.10.3 APF 仿真结果

简化后的 APF 输出电路如图 5.74 所示。该电路由两个输出级组成：一个是开关 S_{s1}、S_{s4} 和电感 L_{Cs}，另一个是开关 S_{f1}、S_{f4} 和电感 L_{Cf}。第一输出阶段以最慢的开关频率 f_{cs} 连续工作。在第二输出阶段，开关 S_{f1}、S_{f4} 只有在输出电流变化非常快（通常为线路电压功率周期的 10%）的情况下，才会以高几倍的频率 f_{cf} 工作。Watanabe 等人对类似的电路进行了一些有趣的分析[60]。本章首先设计了一种数字滞回调制器来控制改进型逆变器。仿真分析中考虑了改进型逆变器和经典逆变器。仿真参数为：L_{Cf} = 0.5mH，L_{Cs} = 2.5mH，U_{C1} = 390V，f_{cf} = 102，400Hz，f_{cs} = 25，600Hz。改进后的逆变器仿真电路简化图如图 5.74 所示。在 MATLAB 中实现了两个附加条件控制逻辑的迟滞数字调制器的控制算法，如图 5.75 所示。两个滞后调制器的 MATLAB 程序如清单 5.5 所示。

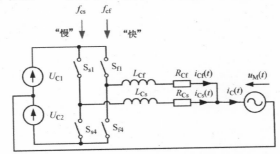

图 5.74 修改后的逆变器模型与电力线连接简化图

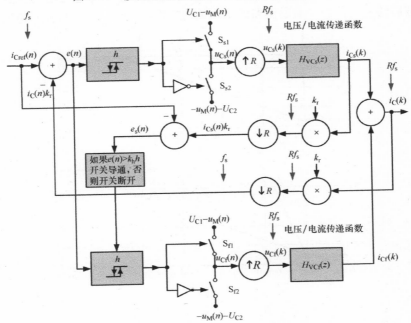

图 5.75 输出逆变器仿真电路简化框图

清单 5.5   两个滞后调制器程序

```
0   e=i_Cref(n)-i_C(n)*kr;
1   e_s=i_Cref(n)-i_Cs(n)*kr;
2   if u_Cs>=0
3      if e_s>kh*h
4         u_Cs=u_C1-u_M(n);
5         if e<-h&&u_Cf>=0
6            u_Uf=u_C2-u_M(n);
7         elseif e>h&&u_Cf<=0
8            u_Cf=u_C2-u_M(n);
9         end
10     else
11        u_Cf=0;
12        if blad<-h
13           u_Cs=u_C2-u_M(n);
14        else
15           u_Cs=u_C1-u_M(n);
16        end
17     end
18  else %u_Cs <0
19     if e_s<-kh*h
20        u_Cs=u_C2-u_M(n);
21        if e<-h&&u_Cf>=0
22           u_Cf=u_C2-u_M(n);
23        elseif e>h&&u_Cf<=0
24           u_Cf=u_C1-u_M(n);
25        end
26     else
27        u_Cf=0;
28        if e>h
29           u_Cs=u_C1-u_M(n);
30        else
31           u_Cs=u_C2-u_M(n);
32        end
33     end
34  end
```

改进后的逆变器和经典逆变器的阶跃响应如图 5.76 所示。典型的逆变器响应

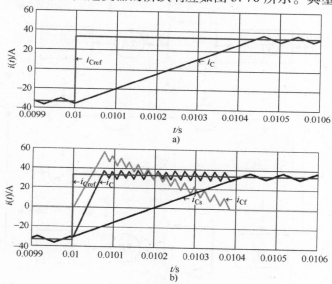

图 5.76 两个逆变器的阶跃响应

a）经典逆变器 $i_{Cref}(t)$、$i_C(t)$ b）改进型逆变器 $i_{Cref}(t)$、$i_C(t)$、$i_{Cf}(t)$、$i_{Cs}(t)$

时间约为 $420\mu s$，是 $70\mu s$ 点附近为修改后的逆变器。滞回数字调制器是最简单、最安全的调制器之一，尤其是在早期的实验阶段，但它有很多缺点，尤其是对于数字实现[27,28]，因此在未来的研究中，还将设计和采用其他调制器控制算法[24]。

实验验证了该方法的有效性。直接采用图 5.68 所示的补偿电路。实验 APF 电路参数见表 5.10。作为一种带有电阻负载的非线性负载功率控制器。这种负载是最坏的情况，因为负载电流变化非常快，如图 5.39 所示。表 5.11 给出了考虑可预测负载的补偿电路的示例结果。

表 5.10　实验 APF 电路参数

参　　数	值
f_{cf}	51，200Hz
f_{cs}	12，800Hz
L_{Cs}	2.5mH
L_{Cf}	0.5mH

表 5.11　不同补偿电路的比较

补偿类型	I_M/A	THD（%）	THD_{50}（%）
无补偿	29.4	30.1	29.7
传统并联补偿	29.2	17.8	17.2
带预测电路的并联 APF $T_A = 214\mu s$	29.0	5.9	5.3
多速率并联 APF	29.0	6.5	6.3

图 5.77 所示为改进逆变器电路的实验波形。描述了以下波形：负载电流 $i_L(t)$、补偿电流 $i_C(t)$、线电流 $i_M(t)$。采用改进后的逆变器，可以将电力线电流中的谐波含量（THD 比）从十几个百分点降低到几个百分点。仿真分析结果表明，改进后的并联有源电力滤波器具有良好的动态性能。对于可预测的负载，预测并联 APF 的性能最佳，而多速率并联 APS 的性能稍差。需要注意的是，尽管负载电流变化如此之快，但补偿量达到了线电流的 7% THD 左

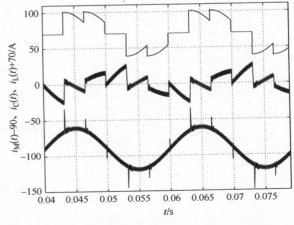

图 5.77　单相有源电力滤波器在负载为电阻负载、输出逆变器为改进型时的稳态实验波形：负载电流 $i_L(t)$、补偿电流 $i_C(t)$、线电流 $i_M(t)$

右。对于典型负载，负载电流的变化通常要慢得多，THD 值应该低于 5%。

仿真分析结果表明，改进后的并联型有源电力滤波器具有良好的动态性能。在假定的仿真参数下，逆变器最快部分切换时电流脉动较大，但与经典逆变器相比，THD 比的结果值较小。

5.11 多速率并联预测 APF

通过将预测电路与多速率 APF 相结合，可以引入 APF 另一种改进。这种解决方案可以将使用预测电路用于可预测的负载，而多速率电路将用于不可预测的负载和过渡状态。这种新的电路将允许使用这两种解决方案的最佳特性。所提出的解决方案如图 5.78 所示。APF 电路参数见表 5.10。控制算法（见图 5.78）按照清单 5.6 中描述的关系运行。

清单 5.6　决策块的 C 程序

```
0    if abs(x(n) - x(n - NM)) > Emax {
1        S1 = 0;        // 多速率
2        y(n) = x(n);
3        }
4    else {
5        S1 = 1;        // 预测
6        y(n) = x(n - L);
7        }
```

其中，E_{max} 为与电力线电压的最后一个周期相比，电流和电流之间的最大差异。

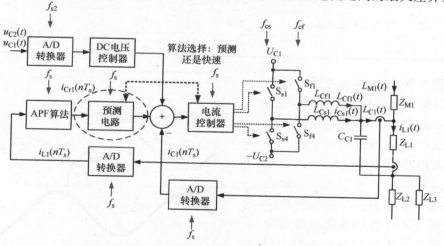

图 5.78　预测多速率并联 APF 简化框图

图 5.79 显示了所提出电路的实验结果，展示了负载电流阶跃变化情况下，电流 $i_L(t)$、$i_C(t)$、$i_M(t)$ 的波形。实验结果表明，预测电路在可预测状态下工作，多速率电路在不可预测状态下工作。这使得不同负载（可预测和不可预测）的总谐波失真降低。

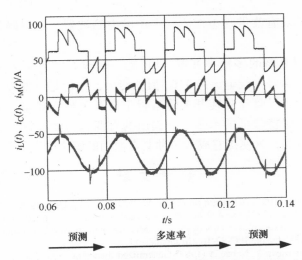

图 5.79　具备负载电流的阶跃变化预测的多速率并联有源电力滤波器
补偿电路中的电流 $i_L(t)$、$i_C(t)$、$i_M(t)$ 的实验波形

5.12　总结

作者在本章中提出的修改的目的是开发控制算法以减少线电流的 THD。本章
设计和研究了用于控制有源电力滤波器的数字信号处理算法。这些算法包括基于
IIR 滤波器、LWDF 滤波器、滑动 DFT、滑动 Goertzel 和移动 DFT 的基波检测器。
还考虑了基于 p-q 控制算法的改进经典控制电路。所述带滤波器组的 APF 控制电路
允许选择补偿谐波或抑制电力线中的选定谐振。

讨论了有源电力滤波器的动态问题。对于与线路电压周期相比变化缓慢的可
预测非线性负载（整流器、电动机组等），它很容易预测电流的变化。对于这种负
载，通过使用带预测（非因果）算法的并联有源电力滤波器，可以降低谐波含量。
在 p-q 控制算法上进行改进非常简单，并且额外的计算工作量非常小。因此，很容
易在现有的有源电力滤波数字控制电路，如数字信号处理器、微控制器或可编程
数字电路（FPGA、CPLD 等）中实现，从而提高谐波补偿的质量。实验结果表明，
采用电流预测器电路的有源电力滤波器可以有效地工作。所述的电流预测电路也
可用于其他有源电力滤波器控制算法。此外，电流预测电路可用于其他电力电子
设备，如串联有源电力滤波器、功率调节器、高质量交流电源等。

针对噪声型非线性负载（如电弧炉），负载电流变化具有非周期性和随机性的
特点，作者提出了一种具有改进动态性能的多速率有源电力滤波器。多速率有源
电力滤波器比传统的有源电力滤波器复杂，但它允许对负载电流的不可预测变化
进行快速补偿。

使用所提出的具有改进动态性能的有源电力滤波器，可以降低线电流的谐波含量。

考虑到带预测电路的多倍率并联 APF 是一个很好的解决方案，与传统并联 APF 相比，可以显著降低线电流的 THD 值。然而，代价是电路复杂性增加和开关管损耗的稍微增加。尽管让高速开关管运行于高开关频率状态，但所采用的控制算法使得开关损耗保持较低的水平。所提出的有源电力滤波器在可预测和不可预测的负载下工作良好，这使得它成为一种非常通用的解决方案。

参 考 文 献

1. Analog Devices (1994) AC vector processor AD2S100. Analog Devices Inc
2. Akagi H, Kanazawa Y, Nabae A (1982) Principles and compensation effectiveness of a instantaneous reactive power compensator devices. In: Meeting of the power semiconductor converters researchers-IEE-Japan, SPC-82-16. (in Japanese)
3. Akagi H, Kanazawa Y, Nabae A (1983) Generalized theory of instantaneous reactive power and its applications. Trans IEE-Jpn 103(7):483–490
4. Akagi H, Kanazawa Y, Nabae A (1984) Instantaneous reactive power compensators comprising switching devices without energy storage components. IEEE Trans Ind Appl 1A–20(3):625–630
5. Akagi H (1996) New trends in active filters for power conditioning. IEEE Trans Ind Appl 32(6):1312–1322
6. Akagi H, Watanabe EH, Aredes M (2007) Instantaneous power theory and applications to power conditioning, Wiley-Interscience. Wiley, New Jersey
7. Aredes M (1996) Active power line conditioners. PhD thesis, Technische Universitat Berlin
8. Arriens HL (2006) (L)WDF Toolbox for MATLAB reference guide. Technical report, Delft University of Technology, WDF Toolbox RG v1 0.pdf
9. Arriens HL (2006) (L)WDF Toolbox for MATLAB, User's Guide, Technical report, Delft University of Technology, WDF Toolbox UG v1 0.pdf
10. Asiminoaei L, Blaabjerg F, Hansen S (2007) Detection is key—harmonic detection methods for active power filter applications. IEEE Ind Appl Mag 13(4):22–33
11. Benysek G, Pasko M (eds) (2012) Power theories for improved power quality. Springer, London
12. Bossche AV, Valchev VC (2005) Inductors and transformers for power electronics. CRC Press, Boca Raton
13. Buso S, Mattavelli P (2015) Digital control in power electronics, 2nd edn. Morgan & Claypool, San Rafael
14. Cadaval ER, Gonzáilez FB, Montero IM (2005) Active power line conditioner based on two parallel converters topology. In: International conference-workshop compatibility and power electronics. CPE 2005, Gdynia, Poland, pp 134–140
15. Czarnecki LS (2005) Powers in electrical circuits with nonsinusoidal voltages and currents. Publishing Office of the Warsaw University of Technology, Warsaw
16. Czarnecki LS (1984) Interpretation, identification and modification of the energy properties of single-phase circuits with nonsinusoidal waveforms. Silesian University of Technology, Elektryka 19
17. Czarnecki LS (1987) What is wrong with the Budeanu concept of reactive and distortion powers and why is should be abandoned. IEEE Trans Instrum Meas 36(3):673–676
18. Fryze S (1931) Active, reactive and apparent power in non-sinusoidal systems. Przegl Elektrotechniczny (Electr. Rev.) 7:193–203
19. Fryze S (1966) Selected problems of basics of electrical engineering. PWN, Warszawa
20. Fujielectric (2011) 2MBI159HH-120-50 high speed module 1200V/150A. Data sheet, Fujielectric
21. Ghosh A, Ledwich G (2002) Power quality enhancement using custom power devices. Kluwer Academic Publishers, London

22. Gyugyi L, Strycula EC (1976) Active AC power filters. In: Proceedings of IEEE industry applications annual meeting, pp 529–535
23. Hayashi Y, Sato N, Takahashi K (1991) A novel control of a current-source active filter for AC power system harmonic compensation. IEEE Trans Ind Appl 27(2):380–385
24. Holmes DG, Lipo TA (2003) Pulse width modulation for power converters: principles and practice. Institute of Electrical and Electronics Engineers, Inc
25. Jacobsen E, Lyons R (2003) The sliding DFT. IEEE Signal Process Mag 20(2):74–80
26. Jacobsen E, Lyons R (2004) An update to the sliding DFT. IEEE Signal Process Mag 21:110–111
27. Kazimierkowski M, Malesani L (1998) Current control techniques for three-phase voltage-source converters: a survey. IEEE Trans Industr Electron 45(5):691–703
28. Kazmierkowski MP, Kishnan R, Blaabjerg F (2002) Control in power electronics. Academic Press, San Diego
29. Kim H, Blaabjerg F, Bak-Jensen B, Jaeho C (2002) Instantaneous power compensation in three-phase systems by using p-q-r theory. IEEE Trans Power Electron 17(5):701–710
30. Lindgren M, Svensson J (1998) Control of a voltage-source converter connected to the grid through an LCL-filter—application to active filtering. In: Proceedings of the 29th annual power electronics specialists conference (PESC'98), Fukuoka, Japan, vol 1, pp 229–235
31. Mariethoz S, Rufer A (2002) Open loop and closed loop spectral frequency active filtering. IEEE Trans Power Electron 17(4):564–573
32. Marks J, Green T (2002) Predictive transient-following control of shunt and series active power filter. Trans Power Electron 17(4):574–584
33. Mattavelli P (2001) A closed-loop selective harmonic compensation for active filters. IEEE Trans Ind Appl 37(1):81–89
34. Mitsubishi (2000) Mitsubishi intelligent power modules, PM300DSA120. Data Sheet, Mitsubishi
35. Nakajima T, Masada E (1998) An active power filter with monitoring of harmonic spectrum. In: European conference on power electronics and applications EPE, Aachen 1998
36. Pasko M, Maciazek M (2012) Principles of electrical power control. In: Benysek G, Pasko M (eds) Power theories for improved power quality. Springer, London, pp 13–47
37. Routimo M (2008) Developing a voltage-source shunt active power filter for improving power quality PhD thesis, Tampere University of Technology, Tampere
38. Singh B, Al-Haddad K, Chandra A (1999) A review of active filters for power quality improvement. IEEE Trans Industr Electron 46(5):960–971
39. Sozanski (2003) Active power filter control algorithm using the sliding DFT. In: Workshop proceedings, signal processing 2003, Poznan, pp 69–73
40. Sozanski K (2004) Non-causal current predictor for active power filter. In: Conference proceedings: nineteenth annual IEEE applied power electronics conference and exhibition, APEC 2004, Anaheim
41. Sozański K (2004) Harmonic compensation using the sliding DFT algorithm. In: Conference proceedings, 35rd annual IEEE power electronics specialists conference, PESC 2004, Aachen
42. Sozanski K (2006) Harmonic compensation using the sliding DFT algorithm for three-phase active power filter. Electr Power Qual Utilizat J 12(2):15–20
43. Sozanski K (2006) Sliding DFT control algorithm for three-phase active power filter. In: Conference proceedings, 21rd annual IEEE applied power electronics conference, APEC 2006, Dallas
44. Sozanski K, (2007) The shunt active power filter with better dynamic performance. In: Conference proceedings, PowerTech 2007 conference, Lausanne
45. Sozanski K (2008) Improved shunt active power filters. Przegl Elektrotechniczny (Electr. Rev.) 45(11):290–294
46. Sozanski K (2008) Shunt active power filter with improved dynamic performance. In: Conference proceedings: 13th international power electronics and motion control conference EPE-PEMC 2008, Poznan, pp 2018–2022
47. Sozanski K (2011) Control circuit for active power filter with an instantaneous reactive power control algorithm modification. Przegl Elektrotechniczny (Electr Rev) 1:95–113

48. Sozanski K (2012) Realization of a digital control algorithm. In: Benysek G, Pasko M (eds) Power theories for improved power quality. Springer, London, pp 117–168
49. Sozanski K, Strzelecki R, Kempski A (2002) Digital control circuit for active power filter with modified instantaneous reactive power control algorithm, In: Conference proceedings of the IEEE 33rd annual IEEE power electronics specialists conference, PESC 2002, Cairns
50. Sozanski K, Fedyczak Z (2003) Active power filter control algorithm based on filter banks. In: Conference proceedings, Bologna PowerTech—2003 IEEE Bologna, Italy
51. Sozanski K, Fedyczak Z (2003) A filter bank solution for active power filter control algorithms. In: Conference proceedings of the 2003 IEEE 34th annual power electronics specialists conference—PESC '03, Acapulco
52. Sozanski K (2015) Selected problems of digital signal processing in power electronic circuits. In: Conference proceedings SENE 2015, Lodz Poland
53. Sozanski K (2016) Signal-to-noise ratio in power electronic digital control circuits. In: Conference proceedings: signal processing, algorithms, architectures, arrangements and applications - SPA 2016, pp 162–171. Poznan University of Technology
54. Strzelecki R, Fedyczak Z, Sozanski K, Rusinski J (2000) Active power filter EFA1. Technical Report, Instytut Elektrotechniki Przemyslowej, Politechnika Zielonogorska, (in Polish)
55. Strzelecki R, Sozanski K (1996) Control circuit with digital signal processor for hybrid active power filter. In: Conference Proceedings of SENE 1996, Sterowanie w Energoelektronce i Napedzie Elektrycznym, (in Polish)
56. Texas Instruments (2008) TMS320F28335/28334/28332, TMS320F28235/28234/28232 digital signal controllers (DSCs). Data Manual, Texas Instruments Inc,
57. Texas Instruments (2016) TMS320F2837xD Dual-core delfino™ microcontrollers. Data Manual, Texas Instruments Inc
58. Texas Instruments (2010) C2000 Teaching materials, tutorials and applications. SSQC019, Texas Instruments Inc
59. Xie B, Dai K, Xiang D, Fang X, Kang Y (2006) Application of moving average algorithm for shunt active power filter. In: Proceedings of the IEEE international conference on industrial technology (ICIT 2006), Mumbai, India, December 15–17, pp 1043–1047
60. Watanabe S, Boyagoda P, Iwamoto H, Nakaoka M, Takanoet H (1999) Power conversion PWM amplifier with two paralleled four quadrant chopper for MRI gradient coil magnetic field current tracking implementation. In: Conference proceedings, 30th annual IEEE power electronics specialists conference, PESC 1999, Charleston. South Carolina, USA
61. Wojciechowski D, Strzelecki R (2007) Sensorless predictive control of three-phase parallel active filter. In: Conference proceedings, AFRICON 2007, Windhoek
62. Wojciechowski D (2013) High power shunt active compensators. Prace Naukowe Akademii Morskiej w Gdyni, Gdynia. (in Polish)

第6章
D 类数字功率放大器中的数字信号处理电路

6.1 引言

D 类数字功率放大器与常规功率逆变器类似。通常，电路是否被称为 D 类数字功率放大器取决于输出功率、应用和操作精度。D 类数字功率放大器中的"数字"一词表示输入信号是数字形式的。这种放大器的输出功率从几瓦到几千瓦不等。D 类数字功率放大器的典型应用包括：

1）高精度直流驱动器；

2）磁共振成像（MRI）线圈；

3）高效率和高质量音频功率放大器；

4）电源信号源；

5）高精度定位系统。

D 类数字功率放大器最常见的用途是音频信号放大。本章将详细介绍 D 类音频功率放大器的相关技术。D 类音频功率放大器在额定功率时的效率通常约为 90%，而传统 B 类或 AB 类音频放大器的效率为 40%~70%。对于 MP3 播放器、智能手机、笔记本计算机、平板计算机等电池供电的便携式设备，效率尤为重要。因此，这类设备可以具有更长的运行时间，也可以使用更小、更轻的电池供电。

D 类数字功率放大器的动态范围达到 120dB，对算法和数字实现提出了很高的要求。为了提高 D 类数字功率放大器的 D/A 转换质量，提出了一种带噪声整形电路的调制器。在 D 类数字功率放大器中需要对信号进行过采样，因此，也要考虑信号的插值。插值器允许增加采样频率，同时保证信号与噪声的实质性分离。本章还介绍了一种用于开环 D 类数字功率放大器的新型模拟电源电压波动补偿电路[58,62]，其具有数字点击调制功能[60]。最后介绍了双向和三向数字扬声器系统[59,60]。

6.2 D 类数字功率放大器电路

D 类数字功率放大器电路的典型拓扑如图 6.1 所示，包括全桥拓扑和半桥拓扑。半桥拓扑只有两个开关管，但需要双电压供电，且不适用于所有的调制方式。半桥电路的优点是负载接地。全桥拓扑更复杂，具有四个开关管。在这个电路中，负载是悬浮的，在某些场合应用受到限制。关于放大器的详细介绍见文献 [41，46]。在 D 类数字功率放大器的工作过程中，会因误差的存在降低其精度。D 类数字功率放大器的常见误差源如图 6.2 所示。最重要的错误源包括：

1）调制；
2）供电电压；
3）开关切换；
4）输出滤波器的非理想特性。

各误差源详见表 6.1。

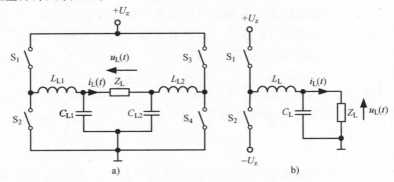

图 6.1　D 类数字功率放大器电路结构

a）全桥拓扑　b）半桥拓扑

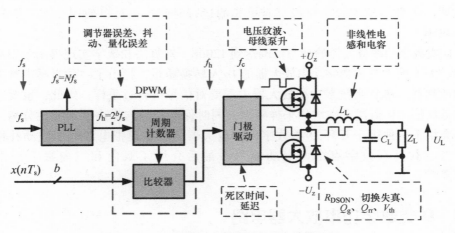

图 6.2　D 类数字功率放大器的常见误差源

表 6.1　D 类数字功率放大器的常见误差源

误 差 源	误 差 类 型
数字调制	• 量化 • 计数器时钟抖动 • 信号频带中的调制组件
门极驱动	• 死区时间 • 延迟 • 门极驱动器引入的定时误差 • 负载电流较低时负载电流中的触发脉冲
供电电压	• 供电电压纹波 • 供电电压泵升（对于半桥拓扑） • 电压源阻抗
开关管-MOSFET	• 通态电阻 • 开关过程中与电流相关的延迟 • 寄生二极管特性：高反向恢复电荷 Q_{rr} • 开关速度有限：总门电荷 Q_g 较高 • 寄生元件：在瞬态边沿引起振铃并产生电磁干扰 • 由 MOSFET 非线性导通电阻引起的振幅误差 • 印制电路板布局（对于设计质量和减少电磁干扰至关重要）
LC 输出滤波器	• 电感的非线性特性 • 电容的非线性特性

与模拟 PWM 相反，数字 PWM 分辨率有限，且由数字计数器位数决定。因此，系统中会出现数字量化误差。另一个误差来源是调制器时钟抖动，第 2 章讨论了这些问题。D 类数字功率放大器的另一个问题是在半桥拓扑中存在供电电压泵升现象。在 D 类数字功率放大器中，输出电压与供电电压成正比。因此，供电电压波动会造成失真。由于 D 类数字功率放大器功率拓扑的能量是双向流动的，因此 D 类数字功率放大器会有一个周期将能量回馈给供电电源。回馈到供电电源的大部分能量来自于输出滤波器中电感中存储的能量。"一般来说，电源无法吸收负载端回馈的能量。因此母线电压会泵升，产生电压波动。电压泵升现象主要发生在低频率段，即 100Hz 以下。

为了防止一个桥臂中的两个开关管同时导通的情况，从而引入了死区时间。这是开关管的控制脉冲处于关闭状态的时间间隔。两个开关管都被短时间关闭，以防止两个开关管同时导通，从而导致电源对地短路。图 6.3 所示为 D 类数字功率放大器的开关周期示意图。图 6.4 所示为 D 类数字功率放大器中的死区效应，曲线 1 为正弦信号，曲线 2 为调制信号。对于幅值较低的输入信号没有死区时间的影响，但对于幅值较大的信号，将会出现输出信号失真。因此，死区时间应尽可能得短。关于死区时间对输出信号 THD 影响的分析参见文献［39］。

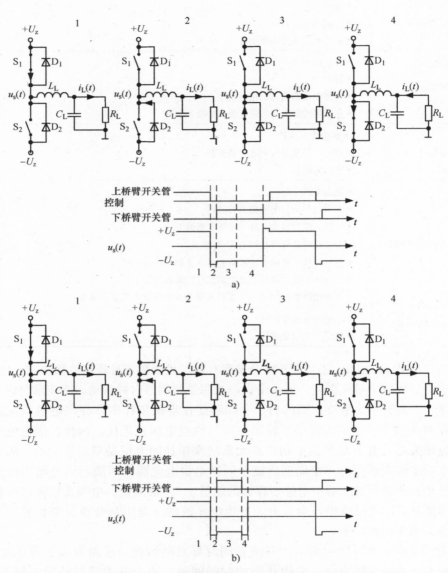

图 6.3　D 类数字功率放大器的开关周期示意图

a）代表小信号　b）代表大信号

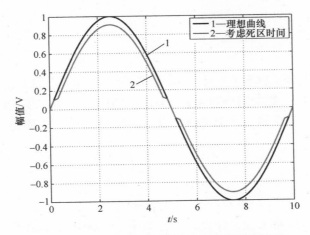

图 6.4　D 类数字功率放大器死区时间影响示意图

6.3　D 类数字功率放大器调制器

文献［29］中对 PWM 调制器的背景进行了广泛的描述。关于 D 类音频功率放大器的调制器的具体问题参见文献［7，27，28，38，41，45，62-64］。图 6.5 所示为两种类型的数字脉冲宽度调制器（DPWM）的简化框图。第一种是异步时钟信号 f_h 跳频发生器，第二种是时钟信号频率为输入信号采样频率的整数倍。第二种优于前者，其优点详见第 2 章。

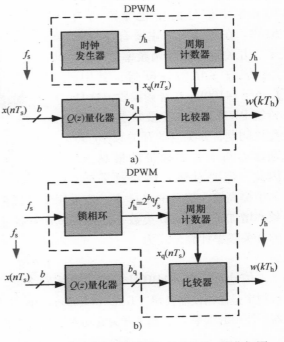

图 6.5　数字脉冲宽度调制器（DPWM）简化框图

a）异步时钟　b）同步时钟

周期计数器输出信号作为基准，输入数字信号 $x(nT_s)$ 通过数字比较器与其相比较进而产生输出时间脉冲 $w(kT_h)$。如果数字输入信号的值大于周期计数器中的当前值，则输出信号 $w(kT_h)$ 为高，否则为低。周期计数器时钟频率可以表示为

$$f_h = f_c N_h \qquad (6.1)$$

式中，N_h 为周期计数器状态数，或

以 2 的幂来表示

$$f_\text{h} = f_\text{c} 2^b \tag{6.2}$$

式中，b 为位数。

对于典型的音频采样率 $f_\text{s} = 44.1\text{kHz}$ 和分辨率 $b = 16$ 位，周期计数器时钟频率的值为 $f_\text{h} \approx 2.89\text{GHz}$，则时间分辨率 $T_\text{h} = 1/f_\text{h} \approx 350\text{ps}$，这对于现代标准集成电路来说太高了。因此，数字输入信号必须量化。对于给定的最大周期，可以计算计数器时钟频率比特率

$$b = \text{floor}\left(\frac{\log\left(\dfrac{f_\text{h}}{f_\text{c}}\right)}{\log 2}\right) \tag{6.3}$$

对于现代集成电路来说，计数器时钟频率 $f_\text{h} = 200\text{MHz}$ 的值是常见的，开关管开关频率 $f_\text{c} = 44100\text{Hz}$，因此上述数据的位数约为 $b = 12$ 位。

图 6.6 所示为输入信号频率 $f = 5\text{kHz}$、开关频率和采样频率 $f_\text{c} = f_\text{s} = 44100\text{Hz}$、数字 PWM 分辨率 $b = 12$ 位时的数字自然采样 NPWM 的频谱图。对于典型音频频段，图 6.6 中信号的量化噪声约为 67dB。在频谱图中主要有信号频率、开关频率及互调频率：f、f_c、$f_\text{c} \pm 2f$、$f_\text{c} \pm 4f$、$f_\text{c} \pm 6f$ 等，其中，$f_\text{c} - 6f = 14100\text{Hz}$ 在音频频段，这是传统 PWM 调制的主要缺点。为避免该问题，开关管的开关频率 f_c 必须远远高于音频频带的最高点。因此，需要对输入信号过采样。

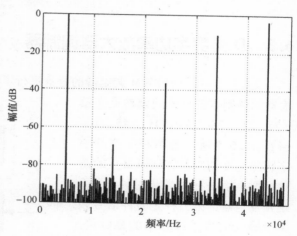

图 6.6 数字自然采样 NPWM 信号频谱
（$f = 5\text{kHz}$、$f_\text{c} = 44100\text{Hz}$、$b = 12$ 位）

为了提高输入信号的采样率，应采用信号插值器。在这种情况下，开关管的开关频率增加了 R 倍。D 类数字音频功率放大器过采样率 R 的典型值为 $R = 8$。开关管的开关频率计算公式为

$$f_\text{c} = R f_\text{s} \tag{6.4}$$

信号采样率 $f_\text{s} = 44100\text{Hz}$、过采样率 $R = 8$ 时，开关管的开关频率等于 $f_\text{c} = 352.8\text{kHz}$。该频率是德州仪器公司（Texas Instruments Inc.）PruePath™ 系列 D 类数字音频功率放大器所使用的频率[72]，属于开关管功率损耗和输出信号质量之间的折衷。

6.3.1 过采样脉冲宽度调制器

第 2 章介绍了量化噪声整形电路的原理。该技术可成功应用于 D 类数字功率

放大器的输出调制器[58,62]。除量化噪声整形外，噪声整形电路还可以补偿 D/A 转换器的量化误差。另外，已知的系统误差可以计入量化功能模块 $Q(z)$ 的传递函数中。例如，在 D/A 转换器中，可以对单个位进行数字校正。在 Carley 等人的著作中对这个问题进行了更广泛的分析，详见文献 [10, 11, 25, 33, 53]。本章提出了用于校正脉冲放大器引入误差的二阶噪声整形电路[62]，如图 6.7 所示。通过 $Q(z)$ 的传递函数可以消除开关管死区时间 t_D 和开关管最小开通时间 $t_{on(min)}$ 的影响。假设输入信号 $y(k)$ 的振幅为 $-1\sim1$，调制器位数为 b，则输出信号如下

$$y_q(k)=\begin{cases} 0 & |N_n/2y(k)|-N_D<N_{min} \\ N_h/2 & N_q/2y(k)-Y_D>N_q/2 \\ -N_h/2 & N_h/2y(k)+N_D<-N_h/2 \\ int(N_h/2y(k))-N_D & N_{min}\leq N_h/2y(k)\leq N_h/2 \\ int(N_h/2y(k))+N_D & -N_{min}\geq N_h/2y(k)\geq -N_h/2 \end{cases} \quad (6.5)$$

式中，N_{min} 代表开关管最小开通时间 $t_{on(min)}$；N_D 代表开关管死区时间 t_D。

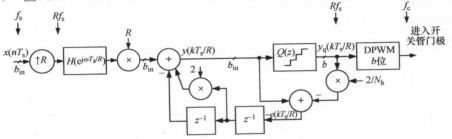

图 6.7　D 类数字功率放大器噪声整形电路

在量化功能模块 $Q(z)$ 中，将 b_{in} 位分辨率的输入信号 $y(k)$ 转换成 b 位分辨率的输出信号 $y_q(k)$，现已成功应用于 D 类数字音频功率放大器中[58,62]。图 6.8 所示为功率放大器输出电压的频谱，可以看出，在噪声整形电路中效果明显，量化噪声得以较大衰减。图 6.8 中的信噪比 SNR 达到 80dB。

本章提出的具有噪声整形电路和纠错功能的调制器，可应用于有源电力滤波器、不间断电源（UPS）等其他类型逆变电路中。

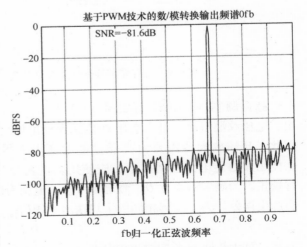

图 6.8　具有噪声整形电路的 D 类数字功率放大器输出电压频率

噪声整形电路占用微处理器的计算资源较小，因此也可以在其他类型逆变电路的控制电路中得到应用。

6.4　D 类数字功率放大器控制电路拓扑架构

　　因篇幅所限，本章不能涵盖所有可能的控制电路拓扑架构，而仅对最重要的拓扑进行介绍。

6.4.1　开环功率放大器

　　开环（无反馈回路）的 D 类数字功率放大器如图 6.9 所示。开环的 D 类数字功率放大器对电源的要求比传统的 B 类功率放大器高，如电源的电压纹波或输出阻抗等参数直接影响其性能。

　　为了简化分析 D 类数字功率放大器的平均输出电压，D 类数字功率放大器平均输出电压$U_{L(av)}$与脉宽调制比 D 近似成线性关系，D 类数字功率放大器的参考输入电压U_{Zref}为

$$U_{L(av)} = DU_{Zref} \tag{6.6}$$

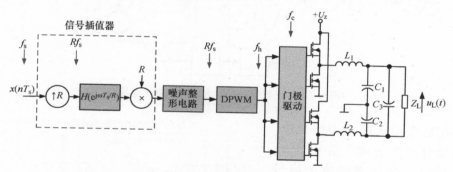

图 6.9　带有噪声整形电路的 D 类数字功率放大器开环架构

　　脉宽调制的简化模型如图 6.10 所示，可以看出，电压纹波可以通过占空比 D 传递到输出放大器。因此，开环放大器需要由高质量的稳压电源供电。在使用非稳定电源的情况下，应使用新的占空比进行校正。为确定占空比 D，假定参考输入电压为U_z。如果电压值与参考值不同，将

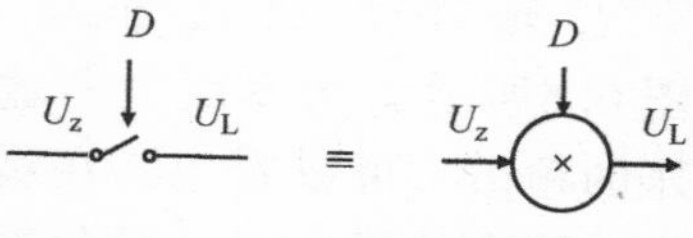

图 6.10　脉宽调制的简化模型

会产生误差。为了得到相同的平均输出电压$U_{L(av)}$，新占空比D_c为

$$U_{L(av)} = D_c U_z \tag{6.7}$$

因此，对于相同的平均输出电压$U_{L(av)}$，联立式（6.6）和式（6.7），可以计算占空比D_c。

$$DU_{Zref} = D_c U_z \qquad (6.8)$$

$$D_c = D \frac{U_{Zref}}{U_z} \qquad (6.9)$$

关于开环 D 类数字功率放大器电源参数的讨论详见文献［8，9，37］。开环 D
类数字功率放大器需要一个在整个放大器频率范围内阻抗都非常低的电源。其中，
对于音频应用，频率范围为 20kHz。输出信号的 THD（总谐波失真）与电源阻抗
Z_z 成正比[9]

$$THD = \frac{Z_z M^2}{4 Z_L} \qquad (6.10)$$

式中，M 为最大调制系数。

6.4.2　基于电源电压数字反馈的功率放大器

基于噪声整形电路和电源电压数字反馈的 D 类数字功率放大器如图 6.11 所
示，采用高分辨率模/数转换器对电源电压进行检测，根据式（6.9）来计算电源
电压数字反馈的校正占空比。

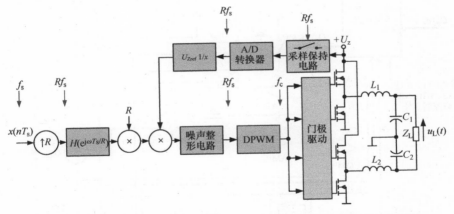

图 6.11　基于噪声整形电路和电源电压数字反馈的 D 类数字功率放大器

6.4.3　基于输出脉冲模拟反馈的功率放大器

对输出脉冲进行数字校正，需要采用带有采样保持电路的高速、高质量的逐
次逼近模/数转换器。利用模拟反馈电路，可以通过改变占空比来补偿由功率 MOS-
FET 的非线性导通电阻引起的电压波动和幅度误差，其结构如图 6.12 所示。可以
看出，模拟反馈信号直接取自功率 MOSFET 输出，因此它还可以补偿功率 MOSFET
开关失真的影响。为此，作者提出了一种模拟补偿电路[62]，其电路简图如图 6.13
所示。模拟补偿电路由两组积分器、比较器和开关组成。一组集成输入信号

D_{in} （n），另一组控制功率 MOSFET。输入信号为占空比为D_{in}（n）的方波，输出信号为占空比为D_{out}（n）的方波。

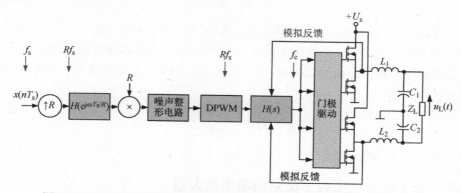

图 6.12　基于噪声整形电路和输出脉冲模拟反馈的 D 类数字功率放大器

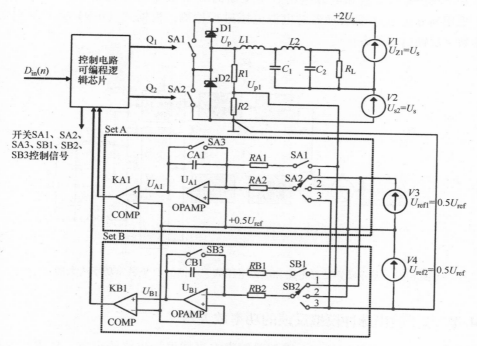

图 6.13　模拟补偿电路简图

对于整个开关周期T_C，可通过下式计算D_{out}（n）

$$D_{out}(n) = \frac{U_{ref2}}{U_{p1P}(n)}D_{in}(n) - (1-D_{in}(n))\frac{U_{ref2}}{U_{p1P}(n)} + (1-D_{out}(n-1))\frac{U_{p1N}(n-1)}{U_{p1P}(n)}$$

$$(6.11)$$

式中，U_{ref2} 为参考输入电压；U_{p1P} 为功率开关管 Q_1 导通时的输出电压；U_{p1N} 为功率开关管 Q_2 导通时的输出电压。在不同占空比 $D_{in}(n)$ 时补偿电路的纹波抑制小信号模型如图 6.14 所示。其传递函数为

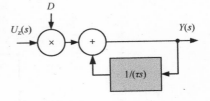

图 6.14　模拟补偿电路小信号模型

$$Y(s) = U_z(s) D\left(\frac{\tau s}{1+\tau s}\right) \qquad (6.12)$$

式中，τ 为积分时间常数。不同占空比 D 时补偿电路的纹波抑制伯德图如图 6.15 所示。

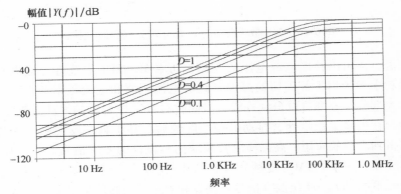

图 6.15　不同占空比 D 时补偿电路的纹波抑制伯德图

在某些商用集成芯片中，集成了输出脉冲的模拟反馈放大器，如德州仪器公司推出的 300W 立体声 Pure Path™ 数字输入功率级集成芯片 TAS5631[75]。其功能与 B 类模拟式功率放大器类似，模拟补偿电源抑制比（PSRR）可达到 80dB，从而简化了电源设计。

6.4.4　基于数字反馈的功率放大器

数字反馈是提升 D 类数字功率放大器性能最好的方式之一，其结构如图 6.16 所示。输出电压 U_L 通过差分运算放大器进行信号处理后经高精度 A/D 转换器转换为数字信号输出，并作为数字控制器的反馈信号。由此可见，功率放大器的性能取决于 A/D 转换器的参数。该电路结构在文献中并不常见，详情参见文献 [16，40]。

基于数字反馈的功率放大器具有多种优势。首先以开环方案为例，其输出阻抗不能降低。信号频率为 20kHz 时，22μH 的输出串联电感阻抗为 2.8Ω。显然，负载对频率响应的影响较大。唯一的解决方案是采用设计正确的反馈回路来控制其输出电压，从而保证即使在 20kHz 的情况下也可以实现低于几十毫欧姆的输出阻抗，其原理与 B 类模拟放大器类似。第二个优势是减少了由于输出电感饱和而

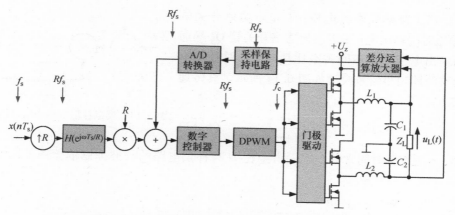

图 6.16　基于数字反馈的 D 类功率放大器功能框图

产生的失真，并可以补偿电源电压的变化、功率 MOSFET 非线性导通电阻引起的误差以及功率 MOSFET 开关切换过程导致的电流超调和电流延迟的影响。在这些电路中，大部分误差都可以得到补偿，但同时对数字控制器的设计带来新的挑战。作者认为，在消除了稳定性、抖动等相关问题后，基于数字反馈的功率放大器解决方案将得到广泛的应用。高品质的音频应用对设计的要求最高。在这种情况下，应采用集成高分辨率 PWM（皮秒分辨率）、18 位逐次逼近 A/D 转换器、数字锁相环（具有极低抖动）、64 位数字信号处理器和数字音频接收器功能的控制器芯片来实现。

6.5　D 类数字功率放大器供电电源

接下来将介绍低输出阻抗和极低纹波的电源，详见文献［8，74］。如前所述，开环工作的功率放大器性能直接取决于供电电源性能指标。

针对 D 类数字功率放大器的应用需求，研制了一种高性能的供电电源，采用数字信号处理器 TMS320F2835[71,73] 及其内置 12 位 A/D 转换器实现数字控制，其功能框图如图 6.17 所示。由于内置 A/D 转换器的分辨率略低，反馈误差采用单独的模拟电路进行计算，A/D 转换器只对反馈误差 e_w（t）进行转换，使得内置 12 位 A/D 转换器的分辨率能够满足控制需求。经 A/D 转换器转换的误差信号作为数字 PID 控制器的输入，其输出信号 u（n）用于控制高分辨率 PWM 电路。PWM 输出脉冲控制同步整流 Buck 变换器的开关管 Q_1 和 Q_2。

该变换器将 65V 的输入电压转化为 0～50V 的输出电压，输出电流范围为 0～10A，所有数字控制均采用数字信号处理器 TMS320F2835 实现。

反馈误差模拟信号 e_w（t）按照下式计算

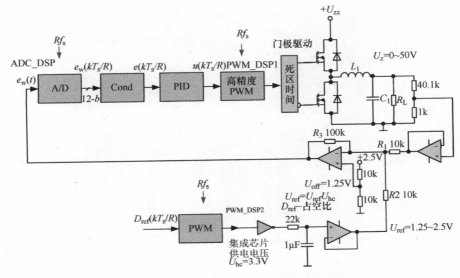

图 6.17　D 类功率放大器供电电源功能框图

$$e_{\mathrm{w}}(t) = U_{\mathrm{off}}\frac{R_3}{R_1}(k_{\mathrm{d}}U(z) - U_{\mathrm{off}}) + \frac{R_3}{R_1}(U_{\mathrm{ref}} - U_{\mathrm{off}}) \qquad (6.13)$$

$$k_{\mathrm{d}} = \frac{R_4}{R_4 + R_5} \qquad (6.14)$$

控制器参考电压 U_{ref} 为

$$U_{\mathrm{ref}} = 2U_{\mathrm{off}} - k_{\mathrm{d}}U_z \qquad (6.15)$$

供电电源参考电压由单独的 PWM 电路控制，其占空比为

$$D_{\mathrm{ref}} = \frac{U_{\mathrm{ref}}}{U_{\mathrm{H}}C} \qquad (6.16)$$

式中，$U_{\mathrm{H}}C$ 为数字集成芯片 74HC14 的供电电压。

数字 PID 控制器的反馈误差信号为

$$e(t) = -(e_{\mathrm{w}}(t) - U_{\mathrm{off}}) = -e_{\mathrm{w}}(t) + U_{\mathrm{off}} \qquad (6.17)$$

本章作者设计的带有供电单元的 2 路 100W TAS5121 型[68]数字立体声放大器主功率电路实物图如图 6.18 所示，其采用数字信号处理芯片 TMS320F2835 实现数字控制。

此外，本章作者还为 2 路 316W 的 D 类音频功率放大器实验平台设计出了集成开关电源和线性电源的供电电源。高性能的开关电源将市电转换为 60V/20A 的低输出纹波直流电压，然后利用线性电源单元转换为 0~50V 的直流输出电压。尽管该方案的转换效率较低，但是其供电品质卓越，适应 D 类音频功率放大器的应用需求。放大器采用 TAS5518-5261K2EVM 评估模块[69]实现，其实物图如图 6.19 所示。

图 6.18　带有供电单元的 2 路 100W 数字立体声放大器主功率电路实物图

图 6.19　基于开关电源和线性电源供电的 2 路 316W 数字立体声功率放大器

6.6　点击调制

　　点击调制是 20 世纪 80 年代由洛根[36]开发的一种编码技术，用于检索某些双极信号的过零点编码的信息。使用点击调制，可以将调制分量从信号波段移到高频波段。因此，解调过程可通过低阶低通 LC 滤波器来实现。因此，点击调制也称为零位编码。模拟形式的点击调制算法框图如图 6.20 所示。

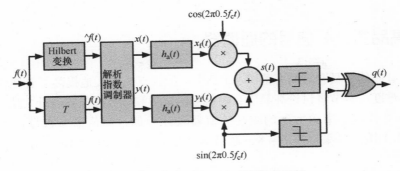

图 6.20　模拟形式的点击调制算法框图

假定带通信号 $f(t)$ 的频谱范围为 $f_L \sim f_H$，且 $0 < f_L < f_H < \infty$，直流分量为 0。输入信号通过 Hilbert 变换转换为解析信号 $f_A(t)$

$$f_A(t) = f(t) + \mathrm{j}\hat{f}(t) \tag{6.18}$$

其中，

$$\hat{f}(t) = f(t) * \frac{1}{\pi t} \tag{6.19}$$

符号"$*$"表示时域卷积。然后，通过解析指数调制器（AEM）解析信号转换为

$$z(t) = \mathrm{e}^{-\mathrm{j}f_A(t)} = \mathrm{e}^{\hat{f}(t) - \mathrm{j}f(t)} \tag{6.20}$$

其中，

$$z(t) = x(t) + \mathrm{j}y(t) \tag{6.21}$$

$$x(t) = \mathrm{e}^{\hat{f}(t)}\cos(f(t)), \quad y(t) = -\mathrm{e}^{\hat{f}(t)}\sin(f(t)) \tag{6.22}$$

信号 $z(t)$ 也是解析信号，需通过低通滤波器 $h_a(t)$ 进行滤波。滤波器的参数设计详见文献 [44, 67, 81]。信号 $s(t)$ 的实部定义为

$$s(t) = \mathrm{Re}\{z(t)\mathrm{e}^{-\mathrm{j}2\pi f_c t}\} = x(t)\cos(2\pi 0.5 f_c t) + y(t)\sin(2\pi 0.5 f_c t) \tag{6.23}$$

最后，由信号 $s(t)$ 得到的基带分离的二进制信号为

$$q(t) = -\frac{\pi}{2}\{\mathrm{sgn}(s(t))\} \cdot \{\mathrm{sgn}(\sin(2\pi 0.5 f_c t))\} \tag{6.24}$$

点击调制器输出信号 $q(t)$ 的频谱如图 6.21 所示。频谱由两个频段组成：信号带和高频调制信号带。其中，高频调制信号带可通过输出 LC 滤波器进行抑制。

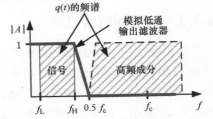

图 6.21　点击调制器输出信号 $q(t)$ 和模拟 LC 低通输出滤波器频率响应的频谱图

6.7 高品质音频信号的插值器

由于音频信号具有高动态范围（120dB）的特点，大大地提高了音频信号插值器设计的难度。本节将讨论高品质音频信号的单级和多级插值器设计方法。

以 D 类音频功率放大器的级联插值器设计为例，插值器参数设计为：通带波动δ_p<0.1dB，过采样率 R=8，通带频率范围为 4~20000Hz，信纳比 SINAD <90dB。

本节将首先介绍一种基于 IIR 和 FIR 滤波器的单级插值器设计方案，然后探讨一种基于双精度修正晶格波数字滤波器的多级插值器设计方案，进而分析基于双路（多相）数字滤波器设计方案。插值器算法在浮点数字信号处理器 SHARC 中实现，本节将对不同实现方案的性能进行比较。

单级插值器和多级插值器的设计参数见表 6.2。在多级插值器设计方案中，通过输出模拟低通滤波器实现阻带抑制，可以降低第 2 级和第 3 级的设计难度。

表 6.2　单级插值器和多级插值器的设计参数

级　数	F_p（通带）	F_z（阻带）	δ_p/dB（通带波动）	δ_z/dB（阻带波动）
单级	0.0567	0.0683	0.1	−90
多级插值器第 1 级	0.2267	0.2732	0.033	−90
多级插值器第 2 级	0.1134	0.3866	0.033	−90
多级插值器第 3 级	0.0567	0.4433	0.033	−90

6.7.1　单级插值器设计

基于数字信号处理器 SHARC 的单级插值器设计参数详见表 6.2，具有椭圆（Elip）IIR 滤波的插值器以及基于 Parks-McClellan（PM）滤波、凯塞窗（Kaiser）、最小二乘法（Ls）和约束最小二乘法（CLS）等多相 FIR 滤波器的插值器方案对比如图 6.22 所示。图 6.22 中给出了单步采样（过采样率 R=8）时不同类型插值器的算数运算量。带 FIR 滤波器的插值器具有周期性时变系数的多相结构（详见第 3章）。在上述单级插值器方案中，具有椭圆 IIR 滤波的插值器所需的算术运算次数最少，而基于 Parks-McClellan 滤波、凯塞窗、最小二乘法和约束最小二乘法等多相 FIR 滤波器的插值器运算效率相近。

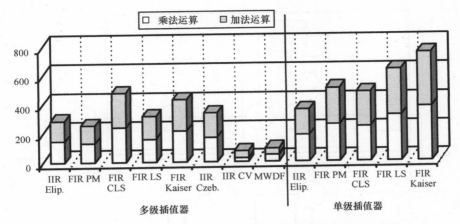

图 6.22　在 SHARC 数字信号处理器上实现单级和多级插值器的
算术运算量（单步采样，过采样率 $R=8$）

6.7.2　多级插值器设计

基于数字信号处理器 SHARC 的多级插值器设计参数详见表 6.2，将分析以下几种多级插值器设计：

1）具有 FIR 滤波的插值器和具有模拟低通滤波器阻带特性的基于 Parks-Mc-Clellan 滤波的 FIR 滤波器插值器；

2）带有经典 IIR 滤波器的插值器：基于椭圆 IIR 滤波的插值器和基于切比雪夫 IIR 滤波的插值器；

3）具有双精度修正晶格波滤波的插值器；

4）具有双路（多相）滤波的插值器。

双精度修正晶格波滤波的插值器设计参见文献 [12，22，23，26，61]，图 6.23所示为过采样率 $R=2$ 的单级插值器结构，采用九阶双精度修正晶格波数字滤波算法。

图 6.24b 描述了 $R=8$ 时的插值器框图。改进的波形数字滤波器对于现代浮点信号处理器的实现是非常有用的，特别是对于信号的动态范围的应用非常重要。为此，作者采用了双精度晶格波数字椭圆滤波器。基于第 3 章提出的方法，在 MATLAB® 环境下编写程序设计中的滤波器系数。通过采用修正晶格波数字滤波器，用 SHARC DSP 实现了插值器。插值器的结构如图 6.24a 所示。系数 γ_{sw1} 的值由下式给出。

$$\gamma_{sw1} = \gamma_{s12}\gamma_{s22}\gamma_{s32}$$

(6.25)

式中：γ_{s12}、γ_{s22}、γ_{s32} 分别为前 1、2、3 级得到的合成系数。作者将该插值器的结构（见图 6.24a）修改为图 6.24b 所示的等效电路。这种结构允许运行并行算法，因此对于实现现代数字信号处理器的并行指令集非常有用。当过采样率 $R=8$ 时，用 SHARC DSP 实现的级联插值器的频率响应如图 6.25 所示。该插值器的信噪比

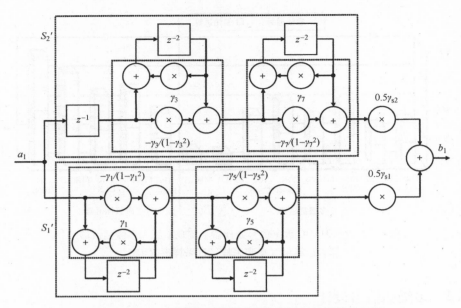

图 6.23　九阶双精度修正晶格波数字滤波插值器结构框图

和失真比 SINAD 接近 -90dB，通带纹波 $\delta_p \approx 8 \times 10^{-9}$dB。计算一个输入采样信号的响应，将需要 50 次乘法和 42 次加法。

在多相 IIR 滤波器中，值得注意的是根据 Venezuela 和 Constantindes[80] 介绍的方法设计的双路（多相）滤波器。该滤波器由两个带有全通滤波器的分支组成（见图 6.26a）。这些滤波器的框图如图 6.26b 和图 6.26c 所示。双路滤波器的性能非常好，易于实现，计算效率高。由文献［31］可知，全通滤波器级数 N 取决于阻带纹波 δ_z 和过渡带宽的相对频率 ΔF。

$$N = \frac{\delta_z}{72\Delta F + 10} \qquad (6.26)$$

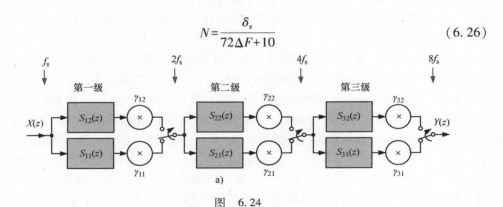

图　6.24

a）过采样率 $R = 8$ 的级联型插值器结构

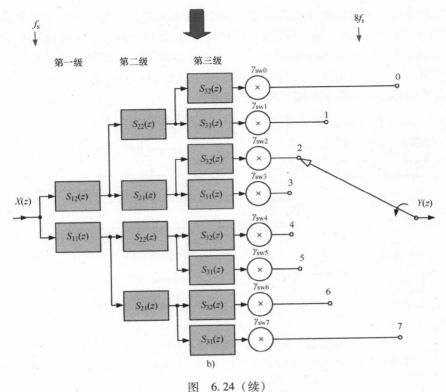

图　6.24（续）

b）带单开关的插值器及其构成的乘法器

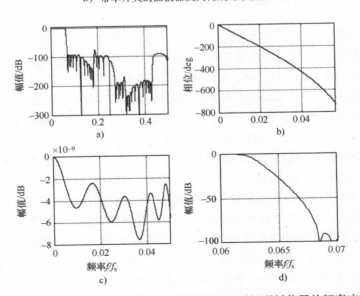

图 6.25　利用 SHARC DSP 实现过采样率 $R=8$ 时级联插值器的频率响应

a）、c）、d）为幅频特性　b）为相频特性

在所分析的滤波器中（见图 6.22），基于多相双路滤波器的多级插值器通过使用 SHARC 数字信号处理器，仅需最少的算术运算即可实现。对于线性相位响应很重要的应用来说，带有 ParksMcClellan FIR 滤波器的多级插值器需要的算术运算最少。利用 FIR 滤波器系数的对称性，可以减少算法运算的次数。基于改进波形数字滤波器的多级插值器也取得了较好的效果。

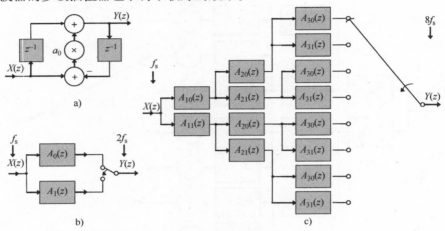

图 6.26　多相双路滤波器实现的插值器结构

a）全通段　b）为过采样率 $R=2$ 的插值器　c）为过采样率 $R=8$ 的单开关多级插值器

6.8　D 类数字音频功率放大器

音乐播放器是人们最常用的设备之一，这些设备的核心部分是功率放大器。模拟音频功率放大器的问题在文献中得到了广泛的讨论，在许多出版刊物中引用参考文献 [5，15，21，41，46，47，49-51]。Zolcer 等人[84,85]、Ledger 和 Tomara-kos[34]、Orfanidis[42,43]、Bateman 和 Paterson-Stephens[6]描述了音频设备的数字信号处理算法。音乐播放设备的另一个非常重要的部分是电声转换器，通常是扬声器。在许多关于扬声器的出版刊物中，推荐参考文献 [3，13，14，21]。Thiele 和 Small 成功地解决了查找扬声器参数和扬声器系统盒设计的主要问题[52-57,76-78]。

典型扬声器阻抗幅值的频率特性不是恒定的，如图 6.27 所示。这表明扬声器不是一个简单的音频功率放大器和交叉网络的负载。扬声器在谐振频率处有一个局部最大阻抗。频率较高时，由于线圈电感的影响，阻抗增加。因此，在不考虑扬声器阻抗的情况下，很难为整个扬声器系统的平滑频率响应设计一个良好的无源分频器。为了解决这个问题，需要对特定的扬声器建立单独的阻抗补偿网络。尽管扬声器 1kHz 的阻抗频率不足以设计一个合适的无源分频网络，但通常依旧这样定义。功率放大器输出电路的简化图如图 6.28 所示。Z_S为输出阻抗，Z_L为负载阻抗。功率放大器输出阻抗通常小于 0.1Ω。对于音频功率放大器，阻尼因子定义如下

$$D_F = \frac{Z_L + Z_S}{Z_S} \qquad\qquad (6.27)$$

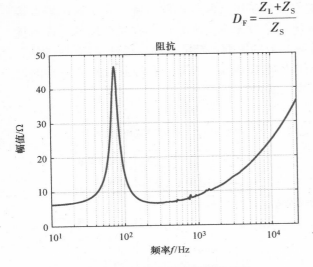

图 6.27　8Ω 中低频扬声器阻抗特性

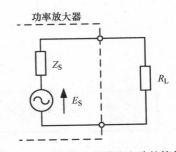

图 6.28　功率放大器输出电路的简化图

　　阻尼系数一般并非特指在放大器中。高阻尼系数对于控制像扬声器这样的复杂负载比较好。具有直接耦合输出级和负反馈的经典模拟音频功率放大器的典型阻尼因子范围为 50~2000。对于一个没有反馈的放大器，范围是 0.1~10。要注意的是，扬声器和放大器之间连接着扬声器电线和分频器。两者把自身的阻抗加到放大器的输出阻抗上。因此，分频器和扬声器电线的阻抗应该最小化，这将显著增加成本。

　　目前，大多数音频电源都是数字式的。一般都通过直接接入的数字信号源使用CD 和 DVD 播放机、DAT 播放机、MP3 播放机、数字音频处理器、数字电视、数字广播系统、互联网音频接收机等。因此，直接向扬声器提供数字信号似乎是合理的。

6.8.1　数字分频器

　　声音复制的物理原理使得单个扬声器很难处理整个音频频率范围。因此，对于高保真应用来说，其大多数扬声器系统由多个扬声器组成，每个扬声器复制音频带的特定部分。在多路扬声器系统中，每个扬声器都有一个分频电路。分频电路是一组电子滤波器（无源、有源或数字），每个滤波器允许频谱的特定频率通过。在典型的解决方案中，这个波段被分为两个或三个部分。大多数扬声器只能在 10∶1 左右的频率范围内工作得很好。因此，整个音频波段（20Hz~20kHz）应最终由三个扬声器覆盖。然而，双路扬声器系统由于价格较低，因此非常常用。在目前大多数的扬声器系统中，一个无源（典型的 RLC）分频网络（分析滤波器组）被放置在功率放大器和扬声器之间。这种经典系统的框图如图 6.29a 所示。分频器的另一个功能是均衡特定扬声器的不同灵敏度。图 6.30 描述了一个典型的二阶无源分频的双路扬声器系统。最简单的用于双路扬声器系统的分频网络由一个低通滤波器和一个高通滤波器组成。

在作者看来，一个更好的解决方案是使用有源扬声器系统，其中扬声器直接连接到放大器。该系统如图 6.29b 所示。与无源实现相比，有源系统具有许多优点。有源系统不受扬声器阻抗对分频参数的影响，精度更高、设计更简单。例如，功率放大器的低输出阻抗抑制了扬声器谐振现象。此外，有源或数字滤波器的尺寸更小，成本也比它们的无源等效滤波器低。

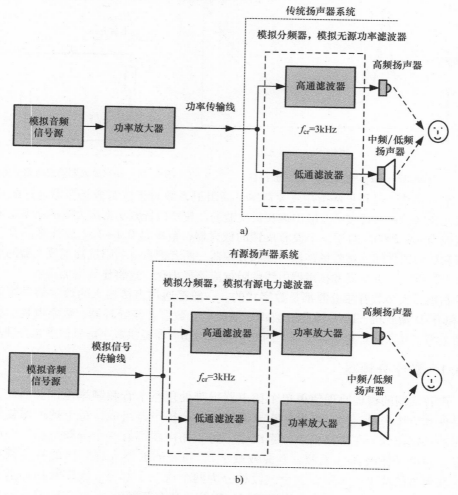

图 6.29　模拟双路扬声器系统结构框图
a）无源　b）有源

使用数字电路，很容易通过在单个信号路径引入额外的时间延迟来纠正延迟差异。即使扬声器彼此之间有特定的距离，它们的声频中心也能对齐。不管怎样，在作者看来，由一个好的 AB 类模拟放大器和一个精心设计的扬声器系统组成的经典设备听起来非常好。

本小节提出并讨论了有源分频的数字化模型。与模拟实现相比，它具有许多优点。然而，应该强调的是，目前整个系统对于有源实现来说可能更加昂贵，因为在这种情况下，每个频带都需要单独的功率放大器，因为滤波器需要通过功率放大器与单个扬声器分离。然而，在不久的将来，随着电子元件成本的降低，这种情况将会改变。带有 D 类数字功率放大器的双路有源数字扬声器系统框图如图 6.31 所示。

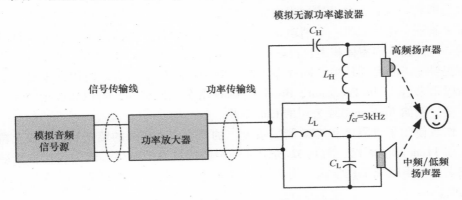

图 6.30 无源分频的双路扬声器简化系统框图

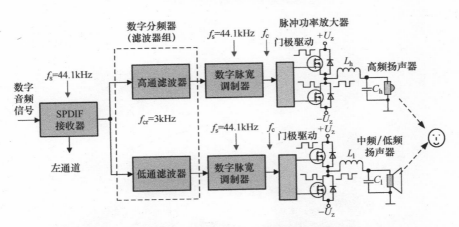

图 6.31 D 类数字功率放大器双路有源数字扬声器系统框图

数字音频输入信号 S/PDIF 或 AES/EBU（在 CD 播放机标准中，即 $b = 16$ 位，采样率 $f_s = 44.1\text{kHz}$）被数字音频接口接收机（DAI）分成左右两个通道。一个典型的音频频带的范围是 20Hz~20kHz。该信道的信号分为两段频带，高频为高通带，中频/低频为低通带。对于双路扬声器系统，分频频率 f_{cr} 的典型值为 2~3kHz。在下一级中，数字脉宽调制器（DPWM）产生脉冲控制功率放大器开关管。两种功率放大器的开关管开关频率 f_c 可能不同，中频/低频放大器的开关频率可能较低。扬声器通过 LC 低通滤波器连接到脉冲放大器，用于抑制调制成分。

6.9 扬声器的测量

将电信号转换成声波的过程非常复杂，因此很难用数学方法描述或模拟。然而，扬声器的特点是变化性很大，且其运行效果受外壳的大小和形状以及分频器参数的影响。因此，在设计过程中完全依赖计算和模拟是不可能的，需要用测量结果来验证。这就需要一个消声室和合适的测量设备。就消声室而言需要选择最好的，但好的消声室体积大且价格昂贵（特别是在低频率）。因此，通常仅使用消声室提供噪声隔离与环境。同样地，好的测量设备也很昂贵，使用起来最合适的测量设备来自 Audio Precision、Bruel 和 Kjaer 等公司。但是，可以选择更便宜的解决方案，例如 Audiomatica 公司的 Clio 系统。

作者使用了带隔声和 Clio 测量系统[4]的消声室。房间的墙壁和天花板上覆盖着一层 11cm 厚的矿棉。图 6.32 所示为扬声器测量时的腔体。该会议厅位于兹埃洛纳戈拉大学电气工程学院。作者还参与了消声室的设计和建造，且现在由他进行监督。

图 6.32 消声室

测量电路如图 6.33a 所示。由于其先进的信号处理方法，使用 Clio 可以在没有消声室的情况下测量发声系统的频率特性。使用 LogChirp 或 MLS（最大长度序列）信号和抵消反射声波的时间门控进行测量，只测量来自扬声器的直接响应。利用时间门控技术可以消除反射能量的影响。测量算法框图如图 6.33b 所示。扬声器脉冲响应可分为三个区域：延时区、仪表打开区和反射区。在分析中，只使用仪表打开区，其余区域用零填充。地板反射几何图如图 6.34 所示。时间门控可以用公式计算。

$$\Delta t = \frac{2\sqrt{h^2 - \dfrac{l_1^2}{4}} - l_1}{v} \qquad (6.28)$$

式中，v 为声速；l_1 为扬声器到麦克风的距离；h 为扬声器到最近反射面（地板）的距离。测得的最低频率为

$$f_{min} = \frac{1}{\Delta t} \qquad (6.29)$$

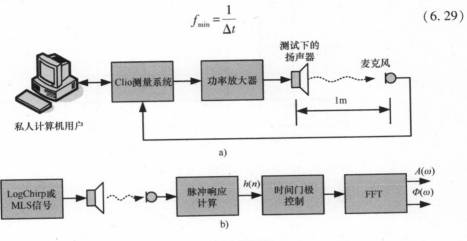

a)

b)

图 6.33　扬声器测量

a）测量电路　b）控制策略

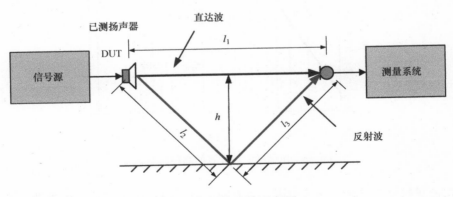

图 6.34　地板反射几何图

从附近的墙壁、地板和天花板反射的能量比直达波晚到达测试麦克风位置，如图 6.35 所示。在这个特殊的情况下，测量样本之间的时间点 $t_{min} = 2.5 \times 10^{-3}\,s$ 和达峰时间 $t_{max} = 5.8 \times 10^{-3}\,s$ 是有效的，由此得到 $\Delta t = 3.3 \times 10^{-3}\,s$。因此，最低测量值 $f_{min} = 303.03\,Hz$。利用脉冲响应（见图 6.35）计算扬声器的频率响应，如图 6.36 所示。

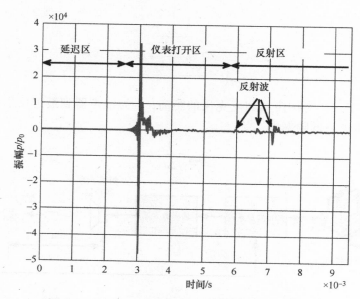

图 6.35　由 LogChip 信号响应计算的高频脉冲响应

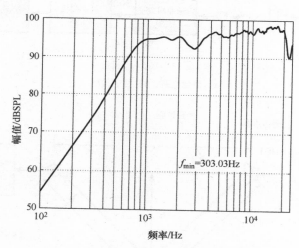

图 6.36　由脉冲响应计算的高频频率响应

　　要测量较低的频率，应该使用一个大的消声室或在露天室外的户外测量数据。作者在电气工程研究所后院制作的露天扬声器测量系统如图 6.37 所示。

　　也可以使用低频的近区测量方法，然后可以将近区和远区的测量结合起来给出整个频率特性。为了得到可靠的结果，这种评价方法需要非常谨慎。D′Appolito[3] 很好地描述了扬声器测量问题。

　　目前，作者可以使用一个更好的消声室。这是一个消声隔音室（尺寸：10m×10m×10m），位于 Nowy Kisielin 的 Zielona Gora 大学科技园区的电声学实验室。

图 6.37　露天扬声器测量系统

图 6.38 所示为带有被动式散热器的低频扬声器系统在消声室中进行的试验。作者还参与了该消声室的设计和施工,现任电声学实验室主任。腔体和安装在其中的测量仪器可以帮助实现非常精确的声测量,特别是在低频范围内。

图 6.38　消声室中进行的实验

6.10　带有数字点击调制器的 D 类功率放大器

作者设计并搭建了带有数字点击调制器[60]的数字双路扬声器系统。外壳是由来自 Zielona Gora 的 Audiotholn 公司友情建造的，质地非常坚硬，做工非常谨慎。外壳是一个 8.5 升的排气盒，带有均来自伊顿的陶瓷锥形高频 26HD1/A8[19] 和 HexaCone kevlar 十六进制中频/低频 5-880/25[20]。HexaCone 锥是蜂窝状的 Nomex 结构，这使得它们既轻又硬。数字有源扬声器系统在消声室中进行了测试。试验设计的扬声器系统如图 6.39 所示。

作者提出使用数字点击调制器。数字 CM 的实现问题在文献［30，32，44，48，60，66，67，81］中有所讨论。与传统 PWM 相比，CM 的应用可以降低开关管的开关频率。然而，数字 CM 在实现低频信号时遇到了困难。例如，希尔伯特变换需要低信号频率，如 20Hz，而一个非常高阶的 FIR 滤波器需要从几百到几千赫兹频率。这样的高阶 FIR 滤波器导致了很大的计算

图 6.39　测试中的数字有源扬声器系统

工作量，并在信号中引入了很长的延迟。因此，作者决定对信号的高通带和低通带分别采用两种不同的调制技术。因此，对于低频段，采用经典 PWM，对于高频段，采用点击信号调制。输入信号被分频器分成两个频段（-60dB）：f_{low} = 20 ~ 3000Hz，f_{high} = 3000 ~ 20000Hz。图 6.40 给出了所提解决方案的框图。

通过在系统中使用两种类型的调制器，可以使用非常低的开关管开关频率f_c = 44100Hz。该系统还采用延迟模块来校正低、高通带中不同的信号延迟。这种差异是由于应用了不同的调制算法，以及扬声器在盒中的不同位置所造成的。使用的脉冲功率放大器是来自 Texas Instruments 的集成电路 TAS5121[68]。每个频带的放大器在电源电压等于 30V 且负载阻抗等于 4Ω 的情况下都能实现输出功率 100W。

6.10.1　数字分频器

在数字分频器系统中，只考虑了分析滤波器组。综合滤波器组是由加入特定扬声器信号的声波产生的。这种电路的简化框图如图 6.40 所示。在考虑的数字有源分频器中，讨论了两个解：严格互补（SC）有限脉冲响应（FIR）滤波器组[24,58,60,79,82,83]和 Linkwitz-Riley（LR）无限脉冲响应（IIR）滤波器组[35]。

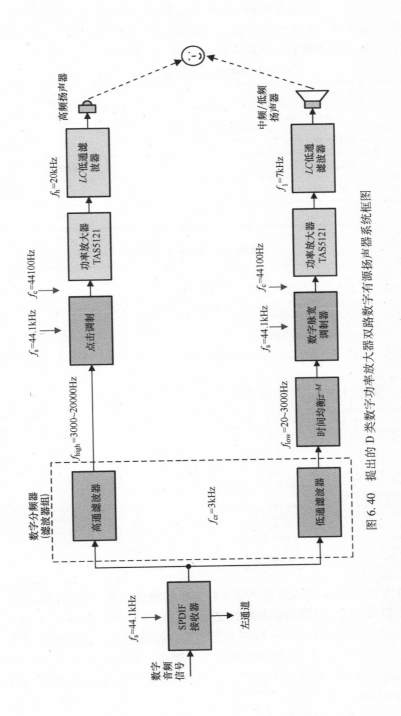

图 6.40　提出的 D 类数字功率放大器双路数字有源扬声器系统框图

　　实例中设计了一种基于 Kaiser FIR 滤波器的严格互补分析滤波器组。滤波器的设计参数见表 6.3。计算（SC）数字分频器响应的 MATLAB 程序如清单 6.1 所示。严格互补 FIR 滤波器系数的计算函数 [b, a] =stricomp（b, a）如列表 3.5 所示。

表 6.3　Kaiser FIR 滤波器的设计参数

参　　数	数　　值
采样频率 f_s/Hz	44100
通带频率 f_p/Hz	10
阻带频率 f_z/Hz	6000
通带纹波 R_p	0.0005
阻带纹波 R_z	0.0005

清单 6.1　SC 数字分频器

```
1   clear all; close all;
2   grub_lin=2; roz_fon=10;
3   N=2^11; fs=44100;
4   fg=10; fz=6000; Rp=0.0005; Rz=0.0005;
5   [n,Wn,beta,typ] = kaiserord([fg fz],[1 0],[Rp Rz],fs)
6   if rem(n,2)~=0
7       n=n+1;    %滤波器阶数应为偶数
8   end
9   bd = fir1(n, Wn, typ, kaiser(n+1,beta), 'noscale');
10  ad=1; ag=1;
11  [bg,ag]=stricomp(bd,ad);
12  input=zeros(1,N); input(1,1)=1;
13  out_L=filter(bd,ad,input); out_H=filter(bg,ag,input);
14  out_sum=out_L+out_H;
15  tt=(0:N-1)/fs; ff=(0:N-1)*fs/N;
16  figure('Name','Responses_of_SC_crossover','NumberTitle','off');
17  subplot(211),
18  plot(tt,out_L,'+',tt,out_H,'*',tt,out_sum,'o','linewidth',grub_lin);
19  grid on; set(gca,'FontSize',[roz_fon],'FontWeight','n'),xlabel('Time_[s]'),
20  ylabel('Amplitude'), title('(a)'); legend('Low','High','Sum');
21  set(gca,'ylim',[-0.2 1.0]);set(gca,'xlim',[0 n/fs]),
22  subplot(212),
23  plot(ff,20*log10(abs(fft(out_L))+eps),ff,20*log10(abs(fft(out_H))+eps), ...
24      ff,20*log10(abs(fft(out_sum))+eps),'linewidth',grub_lin);
25  set(gca,'xlim',[0 0.5*fs]);set(gca,'ylim',[-100 10]);
26  set(gca,'FontSize',[roz_fon],'FontWeight','n'), xlabel('Frequency_[Hz]');
27  ylabel('Magnitude_[dB]');title('(b)'); grid on;
28  legend('Low','High','Sum');
29  print('Freq_SC_crossover.pdf','-dpdf');
```

　　本章所设计的 38 阶双通道严格互补分析滤波器组的频率特性如图 6.41 所示。低通滤波器和高通滤波器的幅频特性交点的坐标分别为 -6dB 和 3000Hz。图 6.41a 描述了滤波器组的脉冲响应；特别有趣的是，滤波器组的脉冲响应是两个滤波器的响应之和。这个和与输入的脉冲响应是一样的，但是其延迟了 N/2 个采样时间。输出响应之和的频率特性是平滑的。另一种非常适合音频分频器应用的滤波器组是基于 Linkwitz-Riley 滤波器[35]（也称为 squared Butterworth）的滤波器组。Linkwitz-Riley 分频器实现了：

1）输出响应之和拥有平滑的频率响应特性；

2）在分频点之后，整个通带的振幅响应绝对平滑，其陡度为 24dB／octave；

3）在分频频率下输出同相；

4）输出的相位关系允许时间校正驱动器不在同一声平面；

5）分频频率下驱动器之间的相位差为零；

6）所有的驱动程序总是连接相同的线路（相位一致）。

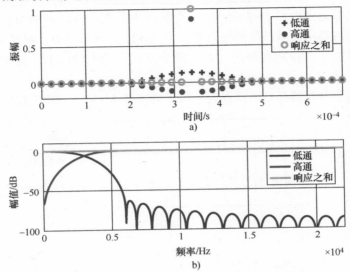

图 6.41　所设计的双通道严格互补分析滤波器组响应

a）脉冲响应：低通（+）、高通（*）、响应之和（o）　　b）频率响应

通常，四阶 Linkwitz-Riley 分频器是由两个二阶 Butterworth 滤波器的简单串联（其中两个用于高通道，另外两个用于低通道）实现的。在这种特殊情况下，设计了分频频率为 $f_{cr}=3000\text{Hz}$ 的四阶 Linkwitz-Riley 分析滤波器组。计算（LR）数字分频响应的 MATLAB 程序如清单 6.2 所示。

清单 6.2　Linkwitz-Riley 数字分频器

```
1    % Linkwitz-Riley数字分频器
2    clear all; close all; grub_lin=2; roz_fon=10;
3    fs=44100; N=2^12;
4    fcr=3000; %分频频率
5    [bd ad]=butter(2,2*fcr/fs);[bg ag]=butter(2,2*fcr/fs,'high');
6    input=zeros(1,N); input(1,1)=1; %脉冲
7    out_L=filter(bd,ad,input); out_L=filter(bd,ad,out_L);
8    out_H=filter(bg,ag,input); out_H=filter(bg,ag,out_H);
9    out_sum=out_L+out_H;
10   t=(0:N-1)/fs;
11   ff=(0:N-1)*fs/N;
12   figure('Name','Responses_of_LR_crossover','NumberTitle','off');
13   subplot(211),
14   plot(t,out_L,'+',t,out_H,'*',t,out_sum,'o','linewidth',grub_lin);
15   grid on; set(gca,'FontSize',[roz_fon],'FontWeight','n'),xlabel('Time_[s]'),
```

（续）

```
16    ylabel('Amplitude'), title('(a)'); axis([0 0.0005 -0.3 1.0]);
17    legend('Low','High','Sum');
18    subplot(212),
19    plot(ff,20*log10(abs(fft(out_L))+eps),ff,20*log10(abs(fft(out_H))+eps), ...
20        ff,20*log10(abs(fft(out_sum))+eps),'linewidth',grub_lin);
21    axis([0 0.5*fs -100 10]); set(gca,'FontSize',[roz_fon],'FontWeight','n'),
22    xlabel('Frequency_[Hz]'); ylabel('Magnitude_[dB]');title('(b)'); grid on;
23    legend('Low','High','Sum');
24    print('Freq_LR_crossover.pdf','-dpdf');
```

所测试的双通道四阶 Linkwitz-Riley 分析滤波器组的频率特性如图 6.42 所示。
低通和高通滤波器的幅频特性的交点坐标为-6dB，$f_{cr}=3000Hz$。图 6.42a 描述了滤
波器组的脉冲响应；特别有趣的是其为两个滤波器的响应之和。输出之和的频率
特性也是平滑的。

设计的两个分频器都是用浮点数字信号处理器 ADSP-21364 实现的。

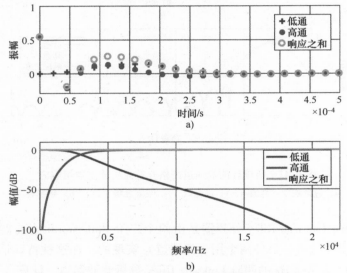

图 6.42 所设计的双通道 LR 分析滤波器组响应
a）脉冲响应：低通（+）、高通（*）、响应之和（o）　b）频率响应

6.10.2 数字点击调制器的实现

对于处理器来说，点击调制器是一个巨大的挑战，例如，文献［65，67］使
用了三个处理器，具有 233MMAC 和两个 FPGA 的计算能力。因此，作者决定使用
来自 Analog Devices 的功能强大的浮点数字信号处理器（DSP）ADSP-21364[1,2]。
用于实现调制器的 DSP 处理器的效率足以支持全速（44.1kHz）下的整个算法。

实验室中的实验电路原理图如图 6.43 所示[60]。在这个电路中，为了简单起
见，使用了数字音频输入。该信号采用 Sony/Philips 数字互连格式（S/PDIF）标
准，并使用 75Ω 同轴 RCA 连接器。16 位立体声数字音频输入信号由 ADSP-21364

数字音频接收器接收，该接收器也称为数字音频接口（DAI）。该数字信号的采样率 $f_s = 44.1\text{kHz}$。调制器主要采用浮点数字信号处理器 ADSP-21364 实现，时钟频率 $f_{\text{clk}} = 300\text{MHz}$，每秒输出 3 亿条浮点指令。可以计算每个输入采样信号可用的处理器操作数量 $L_{\text{DSP}} = \text{floor}(f_{\text{clk}}/f_s) = 6802$。数字 PWM 由 ADSP-21364 计数器实现，具有 12 位分辨率。计数器的工作频率为 $f_M = 300\text{MHz}$。脉冲放大器开关管的开关频率为 $f_c = 44.1\text{kHz}$。输入 PWM 的数据频率为 $f_c = 44.1\text{kHz}$。

点击调制器算法的数字实现框图如图 6.43 所示。基于整个算法的线性相位响应，必须使用有限脉冲响应滤波器（FIR）。对于输入信号的 Hilbert 变换，应使用 FIR 滤波器。实际的 FIR 实现 Hilbert 变换将表现出带通特性。该算法的瓶颈是低频时的性能。使用 MATLAB 信号处理工具箱设计 Hilbert FIR 滤波器，如清单 6.3 所示。

清单 6.3　Hilbert FIR 滤波器

```
1    N_H=100;  %阶数
2    F=[0.02 0.98];  %频率向量
3    A=[1 1];  %振幅向量
4    W=1;  %权向量
5    b=remez(N_H,F,A,W,'hilbert');
```

Hilbert FIR 滤波器和延迟线的频率响应如图 6.44 所示。清单 6.4 描述了这种 FIR 滤波器在 ADSP-21364 中代码的实现，每个滤波器程序在 3.333ns（300MHz 时钟）的单处理器机械周期中执行。

清单 6.4　FIR 滤波器的 ADSP-21364 代码

```
1    /*从数据存储器中的循环缓冲区中加载采样
2    信息，从程序存储器中的循环缓冲区中加载
3    系数*/
4    f2=dm(i0,m0), f4=pm(i8,m8);
5    /*循环初始化*/
6    lcntr=TAPS-1, do (pc,1) until lce;
7    /*计算滤波器程序*/
8    f8=f2*f4,f12=f8+f12,f2=dm(i0,m0),
9    f4=pm(i8,m8);
10   /*计算最后一步*/
11   f8=f2*f4 , f12=f8+f12;
12   /*最终累加*/
13   f12 = f8+f12;
```

数字算法确定了信号 $s(t)$ 过零时刻；为了提高数字处理的精度，信号采样率应增加 R 倍。选择的插值器比率为 $R=8$，这是调制精度和计算复杂度之间的折衷。在滤波器 $H_a(z)$ 之前增加采样率，使滤波器也起到插值滤波器的作用。与 Hilbert 滤波器相似的是 $H_a(z)$ FIR 滤波器的设计。在实际应用中，低通滤波器应充分衰减阻带以抑制不需要的基频带图像。最后将信号幅值增大 R 倍以补偿幅值损失。在设计的调制器中，有限脉冲响应滤波器 FIR 必须根据线性相位响应来使用。利用 MATLAB 信号处理工具箱设计 FIR 滤波器，如清单 6.5 所示。

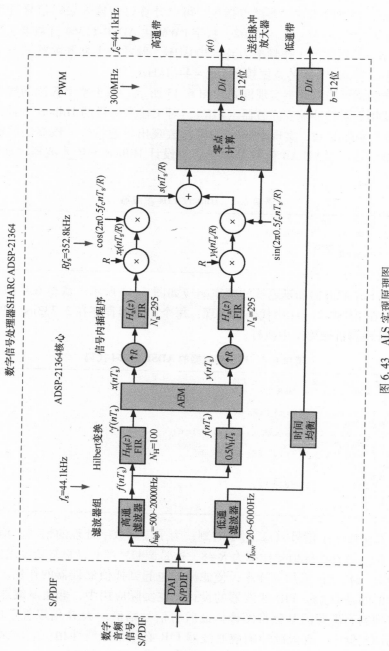

图 6.43 ALS 实现原理图

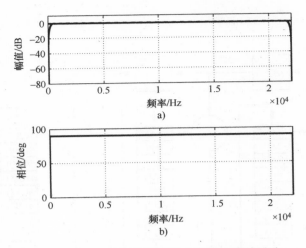

图 6.44　Hilbert FIR 滤波器与延迟线的频率响应

a）幅频响应　b）相频响应差异

清单 6.5　MATLAB FIR 滤波器设计

```
1    fs=44100*8; %采样频率
2    Na=295; %滤波器阶数
3    Fpass=20000; %通带频率
4    Fstop=27000; %阻带频率
5    Wpass=1; %通带权重
6    Wstop=1; %阻带权重
7    b=firls(N,[0 Fpass Fstop fs/2]/(fs/2),..
8    [1 1 0 0],[Wpass Wstop]);
```

滤波器阶数为 $N_{int} = 295$。插值器每输入一个采样信号需要进行 $(N_a + 1) R$ 次乘法和加法。

对于零值采样信号，可以通过消除乘法和加法来减少算术运算的数量。该解决方案框图如图 6.45 所示。这是一个基于 FIR 的信号插值器，$R = 8$，周期性切换系数，滤波器阶数 $N_a = 295$。在这种情况下，插值器需要对每个输入采样信号进行 $N_a + 1$ 次的乘法和加法运算。这种滤波器结构简单，用 DSP 实现效率很高。

信号 $s(kT_s/R)$ 的采样率为 352.8kHz。这个时间分辨率仍然太低，无法实现高质量的音频信号。因此，必须以更高的精度计算过零点。计时器的时钟频率为 300MHz。过零点用线性插值器计算。该过程如图 6.46 所示。

该算法的缺点是需要使用阶数很高的 FIR 滤波器，这造成了 DSP 的高工作量和信号延迟。作者成功地应用了线性相位 IIR 滤波器代替了 FIR 滤波器，这是在第 3 章中提到的。这大大地减少了 DSP 的工作量且能实现相同的结果。

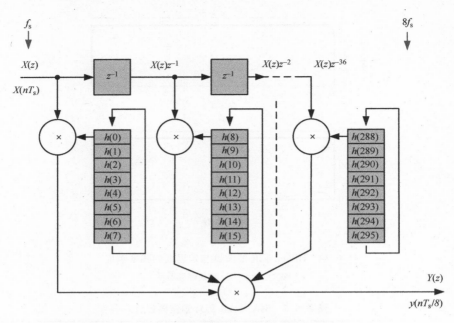

图 6.45　在 $R = 8$，周期性切换系数，滤波器阶数 $N_{\text{int}} = 295$
时基于 FIR 的信号插值器原理图

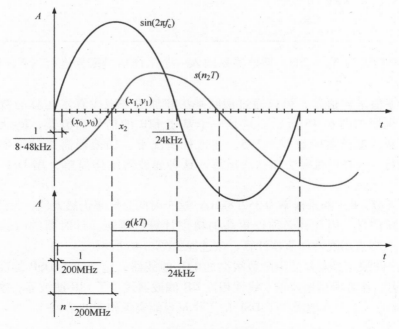

图 6.46　过零点计算

6.10.3 实验结果

对实现的点击调制器的正弦输入信号的实验结果如图 6.47 所示。给出了输入信号为 5kHz 时的输出信号的频谱。调制器在 500Hz ~ 20kHz 的信号波段移动，信号波段上的一些谐波在 -80dB 处以有限的时间分辨率连接。

使用来自 Audiomatica[4] 的计算机控制系统 Clio 进行声测量。由于其先进的信号处理方法，使用 Clio 系统不需要消声室就可以测量声源系统的频率特性。

两个驱动器产生的声波必须是一致的，这意味着两个驱动器必须实现发出从空间和时间上完全相同的点。不同大小的高频和低频扬声

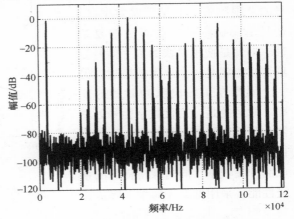

图 6.47 在 f_c = 44.1kHz，正弦输入信号
频率 f = 5kHz 的条件下，点击调制器的
数字音频放大器输出信号实验结果

器中，驱动声波中心的位置在一个典型的扬声器系统中并不在同一平面上。因此，两个驱动器到叠加点的距离是不同的。这将导致整个扬声器系统的相位误差以及幅频特性在分频频率周围发生畸变。一个简单的数字延迟电路可以用来均衡时间校准，从而协调两个驱动器的相位，并通过增加高频扬声器的延迟来减少天线波束的误差。在设计的扬声器系统中，还使用了数字延迟（见图 6.43）。

所设计的双路数字扬声器系统、低通通道、高通通道以及双通道同时测量的频率响应如图 6.48 所示。采用 SC 分频器的系统频率特性如图 6.48a 所示，采用 LR 分频器的系统频率特性如图 6.48b 所示⊖。

该数字系统由数字信号处理器实现，采用带噪声整形的数字时间转换器直接控制功率脉冲放大器。与其他所谓的数字放大器不同，该系统在任何阶段都不涉及模拟反馈或模拟信号处理放大的过程。由此产生的系统是一个高功率的 D/A 转换器设备，可以直接将数字信息转换成声音。所提出的观念具有许多优点：

1）信号失真与声音（音乐）完全一致，没有出现振铃或衰减效果；

2）不会发生瞬态互调失真；

3）稳态和动态条件下的失真是相同的。

所提出的基于严格互补滤波器组和 Linkwitz-Riley 滤波器组的数字分频器，非

⊖ 此处英文原书中图文不对应。——译者注

常适合于数字有源扬声器。两种滤波器组的结果是相似的。点击调制的主要优点是开关频率低、接近信号的上限频带、能量转换效率高。而其主要缺点是控制算法的复杂性。即使是使用最快的数字信号处理器，也将是一个巨大的挑战。另一个困难在于输出脉冲时间分辨率。幸运的是，现代数字信号处理器和微控制器的运算速度在不断增长。两种类型的调制允许使用非常低的开关频率，同时保持良好的系统性能。采用低开关频率，降低了功率损耗，也减少了 EMC 干扰。所设计的有源扬声器系统覆盖理论

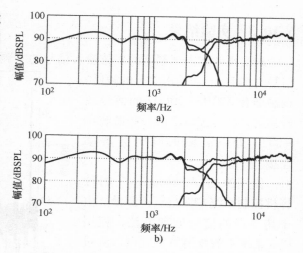

图 6.48　所设计的双路数字扬声器系统实测频率响应：低通通道、高通通道、双通道，
a）SC 分频器　b）LR 分频器

上从 20Hz～20kHz 的整个音频波段，但实际上，根据低频/中频扬声器的特性和箱体参数，低频波段会更高一些。

6.11　带 TAS5508 DSP 的 D 类数字音频功率放大器

作者设计并搭建了一套高质量立体声三路数字扬声器系统。该系统由数字分频电路和数字 D 类音频功率放大器组成。整个系统基于 TAS5508-5121K8EVM 的 D 类数字功率放大器评估模块。图 6.49 所示为音箱中的扬声器系统。TAS5508-5121K8EVM D 类数字功率放大器评估模块如图 6.50 所示。

同时，扬声器系统的其中一个通道如图 6.51 所示。系统前端有数字音频接口（DAI）。DAI 数字音频信号分为两个通道，然后通过数字分频器（分析滤波器组）将信号分成三个子带。最后，通过 DPWM 将信号转换为脉冲控制放大器开关管信号。整个系统由一个高质量的开关电源供电。

该系统均选用来自伊顿的扬声器，其参数为：十六进制低频 7-200/A8/32[18]，十六进制中频 4-200/A8/25[17]，高频 26HD1/A8[20]。外壳是一个 12.5 升容量的通风箱（见图 6.49）。

箱内的扬声器在电气工程研究所的消声室中进行测试。被测扬声器的频率特性如图 6.52 所示。在声学实验室条件下，最低测量频率约为 268Hz。从图 6.52 中可以看出，高频扬声器的灵敏度高于其他扬声器，但它可以很容易地实现平衡。

图 6.49　三路扬声器系统

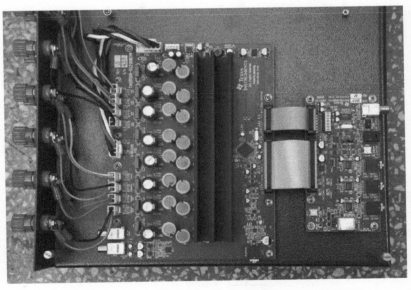

图 6.50　TAS5508-5121K8EVM D 类数字功率放大器评估模块

6.11.1　TAS5508-5121K8EVM

该系统由 TAS5508-5121K8EVM 评估模块（EVM）和输入 PC 板组成[70]。输入 PC 板有三个立体声 24 位 A/D 转换器，用于模拟输入以及光纤和同轴接口两个数字音频输入 SPDIF。使用个人计算机通过 USB 接口控制该系统。

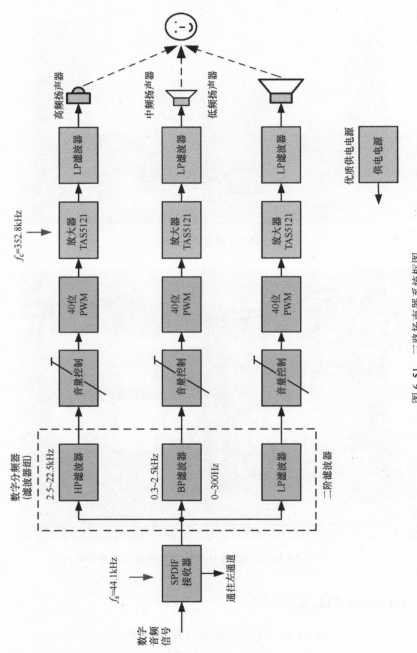

图 6.51 三路扬声器系统框图

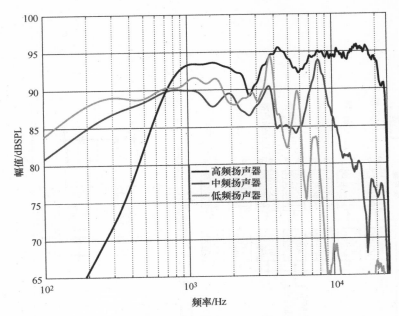

图 6.52　扬声器的频率特性

　　TAS5508-5121K8EVM 评估放大器模块主要由两种类型的集成电路组成：一个 TAS5508 和八个 TAS5121。TAS5508 是一款高性能 32 位（24 位输入）脉宽调制器（PWM）和 48 位多路数字音频处理器（DAP）。它能够接受从 32~192kHz 的输入信号采样率。TAS5121 是一款集成电路高功率数字放大器，设计用于驱动一个 4Ω 扬声器至 100W。EVM 和输入 PC 板构成一个完整的 8 通道数字音频放大器，它包括数字音频输入、模拟音频输入、个人计算机接口和 DAP 等功能，如数字音量控制、输入和输出混频器音频静音功能、均衡功能、音调控制功能、音量功能、动态范围压缩功能等。所有这些功能都由 TAS5508 中的特殊寄存器控制。使用 USB 接口可以访问这些寄存器。数字放大器通过 USB 接口连接到一个用户计算机。寄存器的内容由 TAS5508 图形界面软件控制。

　　模拟或数字音频信号 SPDIF 通过输入 PC 板进行转换，再通过 I2S 接口传输到评估模块。再通过一个输入混频器到选定的双二阶滤波器（SOS）组。双二阶滤波器组由七个滤波器组成。滤波器系数 b_0、b_1、b_2、$-a_1$、$-a_2$（见图 6.53）为 28 位，采用 5.23 数字格式。这意味着其小数点左边有 5 位，右边有 23 位。信号从 SOS 滤波器组发送到输出混频器。接下来数字信号通过 D 类音频放大器 TAS5121 进行放大。开关管开关频率为 $8f_s = f_c = 352.8\text{kHz}$（输入信号采样率为 44.1kHz）。

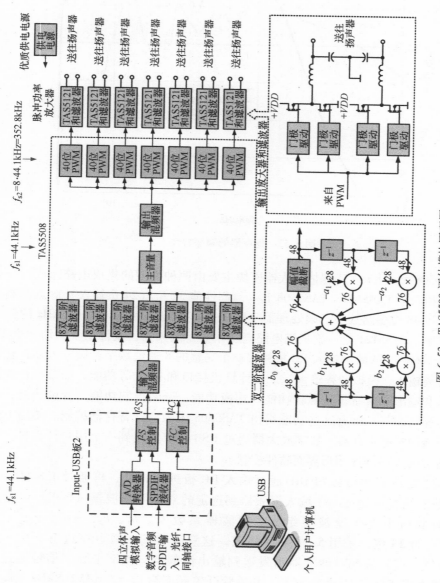

图 6.53 TAS5508 评估模块原理图

6.11.2 三路数字分频器

图 6.54 给出了四阶三路 Linkwitz-Reilly 分频器的原理框图。分频器使用四阶 Linkwitz-Reilly 滤波器将信号分成三个子带。此外，有一个平衡扬声器灵敏度和延迟度（根据扬声器在盒中的位置）的分频器。分频器的频率特性如图 6.55 所示。在高频通道中增加了均衡灵敏度，因此其频率特性低于 0dB。分频滤波器通过使用 TAS5508 处理器很容易实现。作者编写了一个将浮点滤波系数转换为 5.23 定点格式的 MATLAB 程序。这个转换的 MATLAB 程序函数如清单 6.6 所示。

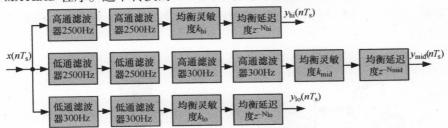

图 6.54 四阶三路 Linkwitz-Reilly 分频器的原理框图

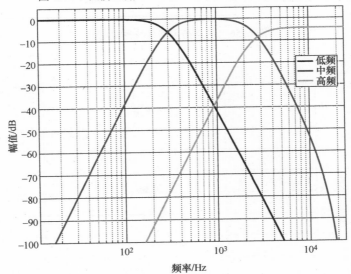

图 6.55 四阶三路 Linkwitz-Reilly 分频器的频率特性

清单 6.6 MATLAB 的 TAS5508 十进制到十六进制转换器

```
1  function hex_out=f_dec2hex_TAS5508(in_dec)
2  %量化到23位并四舍五入到最接近的整数
3  quant = abs(round((2^23)*in_dec));
4  if in_dec <    %即负
5      quant = bitcmp(quant,28)+1;  %quant = quant+2^27
6  end
7  %将十进制数转换为十六进制数
8  hex_out=dec2hex(quant,8);
```

6. 11. 3 实验结果

所有测量都是在一个装有 Clio 系统的消声室中进行的。测量系统的简化框图如图 6.56 所示。图 6.57 展示了扬声器系统通道扬声器和分频器高频、中频、低频以及整个系统的频率特性。类似于扬声器低频的测量情况，低频频率受测量条件的限制仅为 268Hz。同时将扬声器系统的仿真结果与整个系统的实测结果进行了比较。在模拟试验中，采用实测的扬声器脉冲响应，频率特性如图 6.58 所示。仿真结果与实验结果基本一致。该系统也可用于电声实验室，特别是带有分频器的扬声器实验。利用笔记本计算机和 MATLAB 程序设计滤波器，可以很容易地改变滤波器参数。

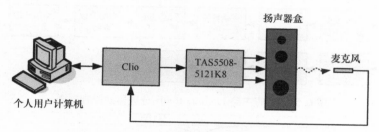

图 6.56 三路扬声器系统测量电路

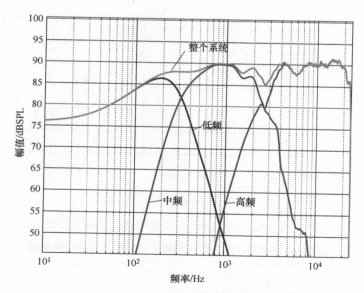

图 6.57 所测扬声器系统的频率特性，
声道：高频、中频、低频、整个系统

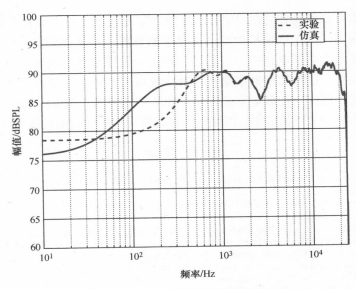

图 6.58　扬声器系统仿真与实验结果对比

6.12　结论

提出的 D 类数字放大器 PWM 噪声整形电路可以提高 D/A 转换的质量。在未来的研究中，应继续研究效率更高的噪声整形电路，且特别注意全数字反馈的 D 类放大器的研究。但是这项任务在音频应用中的实现是非常困难的，因为需要产生可听到的瞬态亚声波振荡。这种电路的结果需通过主观试验加以仔细验证。

开环 D 类数字放大器没有这样的问题，但它们需要质量非常高的电源电压。对于音频应用，电源阻抗应该很低，频率高达 20kHz。为此，作者提出了一种模拟电路，用于解决由于非线性导通电阻补偿引起的电源电压波动和开关管振幅误差。

在 D 类数字放大器中需要信号过采样，因此也考虑了信号插值器。这样的插值器能够增加采样频率，同时保持信号与噪声的实质性分离。

最后，作者提出了所设计的双路和三路扬声器系统，其中信号从输入到输出进行数字化处理。提出高频段采用点击调制器、低频段采用普通 PWM 的双路扬声器系统，使开关管开关频率能够保持在 44.1kHz。低开关频率的使用减少了开关管的功率损耗，减少了 EMC 干扰。该设计拓展了整个音频波段，音频波段的范围理论上为 20Hz ~ 20kHz。

作者认为，在不久的将来，尤其是在家庭影院系统中，数字化输入的数字有源扬声器系统将会越来越受欢迎。这种系统的另一个优点是可以控制单扬声器特性并提供过载保护。

作者在本章提出的算法和应用对于传统的电力电子应用来说有点离题。然而，电力电子的应用范围正迅速扩大到越来越多的领域。本章提出的问题可以成功地应用于典型的电力电子电路中。尤其是，可以采用噪声整形电路来补偿逆变器输出级的系统误差。这种类型的电路可以减少死区时间和最小通断时间的影响。作者认为，这种补偿应用在多电平逆变器中也应该是非常成功的。噪声整形电路给处理器带来的额外工作量很小，因此它可以很容易地在现有的控制电路中实现。

参 考 文 献

1. Analog Devices (2005) ADSP-2136x SHARC processor hardware reference. Rev 1.0. Analog Devices Inc.
2. Analog Devices (2007) ADSP-21364 Processor EZ-KIT lite evaluation system manual. Rev 3.2, Analog Devices Inc.
3. D'Appolito J (1998) Testing loudspeaker. Audio Amateur Press, Peterborough
4. Audiomatica (2005) Clio electrical and acoustical test. User's Manual, Audiomatica
5. Barbour E (1998) The cool sound of tubes. IEEE Spectr 35(8):24–35
6. Bateman A, Paterson-Stephens I (2002) The DSP handbook: algorithms, applications and design techniques. Prentice Hall, New York
7. Bresch E, Padgett WT (1999) TMS320C67-based design of a digital audio power amplifier introducing novel feedback strategy. In: Texas Instruments DSPS Fest 99
8. Bruunshuus T (2004) Implementation of power supply volume control. Application report, SLEA038, Texas Instruments Inc.
9. Bruunshuus T (2004) Power supply considerations for AV receivers. Application report, SLEA028, Texas Instruments Inc.
10. Carley RL, Schreier R, Temes GC (1997) Delta-sigma ADCs with multibit internal conveters. In: Norsworthy SR, Schreier R, Temes GC (eds) Delta-sigma data converters, theory, design and simulation. IEEE Press
11. Cataltepe T, Kramer AR, Larson LE, Temes GC, Walden RH (1992) Digitaly corrected multi-bit $\Sigma\Delta$ data converters. In: Candy JC, Temes GC (eds.) Oversampling delta-sigma data converters theory, design, and simulation, IEEE proceedings ISCAS'89, May 1989. IEEE Press
12. Dabrowski A, Sozanski K (1998) Implementation of multirate modified wave digital filters using digital signal processors. In: XXI Krajowa Konferencja Teoria Obwodów i Układy Elektroniczne, KKTUIE98, Poznan
13. Dickason V (2000) The loudspeaker design cookbook. Audio Amateur Press, Peterborough
14. Dobrucki A (2007) Electroacoustic transducers. WNT, Warszawa (in Polish)
15. Duncan B (1996) High performance audio power amplifier for music performance and reproduction, Newnes
16. Esslinger R, Gruhler G, Stewart RW (2004) Feedback strategies in digitally controlled class-D amplifiers. In: Conference proceedings, AES 114th convention, Amsterdam, The Netherlands, 22–25 March 2003. Audio Engineering Society
17. Eton (2012) Midrange loudspeaker 4–200/A8/25 HEX. Data sheet, Eton GmbH
18. Eton (2012) Midrange loudspeaker 7–200/A8/32 HEX. Data sheet, Eton GmbH
19. Eton (2012) Midrange loudspeaker 5–880/25 Hex. Data sheet, Eton GmbH
20. Eton (2012) Tweeter loudspeaker 26HD1/A8. Data sheet, Eton Gmbh
21. Everest F (2000) Master handbook of acoustics. McGraw-Hill, New York
22. Fettweis A (1982) Transmultiplexers with either analog conversion circuits, wave digital filters, or SC filters—a review. IEEE Trans Commun 30(7):1575–1586
23. Fettweis A (1989) Modified wave digital filters for improved implementation by commercial digital signal processors. Sig Process 16(3):193–207
24. Flige N (1994) Multirate digital signal processing. Wiley, New York
25. Galton I (1997) Spectral shaping of circuit errors in digital-to-analog converters. IEEE Trans Circ Syst II Analog Digital Sig Proc 44(10):789–797

26. Gazsi L (1985) Explicit formulas for lattice wave digital filters. IEEE Trans Circ Syst 32(1):68–88
27. Goldberg JM, Sandler MB (1994) New high accuracy pulse width modulation based digital-to-analogue convertor/power amplifier. IEE Proc Circ Devices Syst 141(4):315–324
28. Gwee BH, Chang JS, Adrian V (2007) A micropower low-distortion digital class-D amplifier based on an algorithmic pulsewidth modulator. IEEE Trans Circ Syst I Regul Pap 52(10):2007–2022
29. Holmes DG, Lipo TA (2003) Pulse width modulation for power converters: principles and practice. Institute of Electrical and Electronics Engineers, Inc.
30. Kostrzewa M, Kulka Z (2005) Time-domain performance investigations of the click modulation-based PWM for digital class-D audio power amplifiers. In: Signal processing 2005, IEEE conference proceedings, pp 121–126
31. Krukowski A, Kale I, Morling R, Hejn K (1994) A Design technique for polyphase decimators with binary constrained coefficients for high resolution A/D converters. In: IEEE international symposium on circuits and systems (ISCAS'94), pp 533–536
32. Kuncewicz L (2009) Design and realization of PWM with click modulation algorithm. Master's thesis, University of Zielona Gora, Poland (in Polish)
33. Larson LE, Cataltepe T, Temes G (1992) Multibit oversampled - A/D converter with digital error correction. In: Candy JC, Temes GC (eds) Oversampling delta-sigma data converters, theory, design and simulation. IEEE electronics letters, 24, August 1988. IEEE Press
34. Ledger D, Tomarakos J (1998) Using the low cost, high performance ADSP-21065L digital signal processor for digital audio applications. Revision 1.0, Analog Devices, Norwood, USA
35. Linkwitz SH (1976) Active crossover networks for non-coincident drivers. J Audio Eng Soc 24(1):2–8
36. Logan BF (1984) Click modulation. AT&T Bell Lab Tech J 63(3):401–423
37. Madsen K, Soerensen T (2005) PSRR for PurePath digital™ audio amplifiers. Application report, SLEA049, Texas Instruments Inc.
38. Midya P, Roeckner B (2010) Large-signal design and performance of a digital PWM amplifier. J Audio Eng Soc 58(9):739–752
39. Mosely ID, Mellor PH, Bingham CM (1999) Effect of dead time on harmonic distortion in Class-D audio power amplifiers. IEEE Electron Lett 35(12):950–952
40. Mouton T, Putzeys B (2009) Digital control of a PWM switching amplifier with global feedback. In: Conference proceeding, AES 37th international conference, Hillerod, Denmark, 28–30 August 2009. Audio Engineering Society
41. Nielsen K (1998) Audio power amplifier techniques with energy efficient power conversion. PhD thesis, Departament of Applied Electronics, Technical University of Denmark
42. Orfanidis SJ (1996) ADSP-2181 experiments. http://www.ece.rutgers.edu/orfanidi/ezkitl/man.pdf. Accessed Dec 2012
43. Orfanidis SJ (2010) Introduction to signal processing. Prentice Hall Inc., New Jersey
44. Oliva A, Paolini E, Ang SS (2005) A new audio file format for low-cost, high-fidelity, portable digital audio amplifiers, Texas Instruments
45. Pascual C, Song Z, Krein PT, Sarwate DV, Midya P, Roeckner WJ (2003) High-fidelity PWM inverter for digital audio amplification: spectral analysis, real-time DSP Implementation and results. IEEE Trans Power Electron 18(1):473–485
46. Putzeys B (2008) A universal grammar of class D amplification, Tutorial, 124th AES convention. http://www.aes.org. Accessed 26 June 2012
47. Putzeys B, Veltman A, Hulst P, Groenenberg R (2006) All amplifiers are analogue, but some amplifiers are more analogue than others. Convention paper 353, 120th convention 2006 May. France, Audio Engineering Society, Paris, pp 20–23
48. Santi S, Ballardini M, Setti Rovatti RG, (2005) The effects of digital implementation on ZePoC codec. ECCTD III:173–176. IEEE
49. Self D (2002) Audio power amplifier design handbook. Newnes
50. Self D (2008) Linear audio power amplification. In: Tutorial, 124th AES convention. http://www.aes.org. Accessed 26 June 2012
51. Slone GR (1999) High-power audio amplifier construction manual. McGraw-Hill, New York
52. Small R (1973) Vented-box loudspeaker systems. J Audio Eng Soc Part I 21:363–372

53. Small R (1973) Closed-box loudspeaker systems. J Audio Eng Soc Part II 21:11–18
54. Small R (1973) Vented-box loudspeaker systems. J Audio Eng Soc Part III 21:635–639
55. Small R (1973) Vented-box loudspeaker systems. J Audio Eng Soc Part II 21:549–554
56. Small R (1972) Direct-radiator loudspeaker system analysis. J Audio Eng Soc 20:383–395
57. Small R (1972) Closed-box loudspeaker systems. J Audio Eng Soc Part I 20:798–808
58. Sozanski K (1999) Design and research of digital filters banks using digital signal processors. PhD thesis, Technical University of Poznan (in Polish)
59. Sozanski K (2007) Subwoofer loudspeaker system with acoustic dipole. Elektronika : Konstrukcje, Technologie, Zastosowania 4:21–26
60. Sozanski K (2010) Digital realization of a click modulator for an audio power amplifier. Przeglad Elektrotechniczny (Electric Rev) 2010(2):353–357
61. Sozanski K (2002) Implementation of modified wave digital filters using digital signal processors. In: Conference proceedings, 9th international conference on electronics, circuits and systems, ICECS 2002, pp 1015–1018
62. Sozanski K, Strzelecki R, Fedyczak Z (2001) Digital control circuit for class-D audio power amplifier. In: Conference proceedings, 2001 IEEE 32nd annual power electronics specialists conference, PESC 2001, pp 1245–1250
63. Sozanski K (2015) Selected problems of digital signal processing in power electronic circuits. In: Conference proceedings SENE 2015. Lodz Poland
64. Sozanski K (2016) Signal-to-noise ratio in power electronic digital control circuits. In: Conference proceedings: Signal processing, algorithms, architectures, arrangements and applications, SPA 2016. Poznan University of Technology, pp 162–171
65. Stefanazzi L, Chierchie F (2014) Low distortion switching amplifier with discrete-time click modulation. IEEE Trans Ind Electron 61(7):3511–3518
66. Streitenberger M, Bresch H, Mathis W (2000) Theory and implementation of a new type of digital power amplifiers for audio applications. In: ICAS 2000. IEEE, vol I, pp 511–514
67. Streitenberger M, Felgenhauer F, Bresch H, Mathis W (2002) Class-D audio amplifiers with separated baseband for low-power mobile applications. In: Conference proceedings, ICCSC'02.IEEE, pp 186–189
68. Texas Instruments (2004) TAS5121 Digital amplifier power stage. Texas Instruments Inc.
69. Texas Instruments (2007) TAS5518-5261K2EVM. User's guide, SLAA332A, Texas Instuments Inc.
70. Texas Instruments (2007) TAS5508-5121K8EVM evaluation module for the TAS5508 8-channel digital audio PWM processor and the TAS5121 digital amplifier power output stage. User's guide, SLEU054b.pdf, Texas Instrumentss Inc.
71. Instruments Texas (2008) TMS320F28335/28334/28332, TMS320F28235/28234/28232 digital signal controllers (DSCs). Texas Instruments Inc., Data manual
72. Texas Instruments (2010) TAS5508C 8-channel digital audio PWM processor. Data manual, SLES257, Texas Instruments Inc.
73. Texas Instruments (2010) C2000 Teaching materials, tutorials and applications. SSQC019, Texas Instruments Inc.
74. Texas Instruments (2010) A 600W, universal input, isolated PFC power supply for AVR amplifiers based on the TAS5630/5631. Reference Design, SLOU293 Texas Instruments Inc.
75. Texas Instruments (2012) TAS5631B 300 W stereo/ 600 W mono PurePath™ HD digital-input power stage. Data sheet, SLES263C, Texas Instruments Inc.
76. Thiele N (1971) Loudspeakers in vented boxes. J Audio Eng Soc Part I 19:382–392
77. Thiele N (1971) Loudspeakers in vented boxes. J Audio Eng Soc Part II 19:471–483
78. Thile N, Small R (2008) Loudspeaker parameters, Tutorial. In: AES 124th convention. http://www.aes.org
79. Vaidyanathan PP (1992) Multirate systems and filter banks. Prentice Hall Inc., New Jersey
80. Venezuela RA, Constantindes AG (1982) Digital signal processing schemes for efficient interpolation and decimation. IEE Proc Part G(6):225–235
81. Verona J (2001) Power digital-to-analog conversion using sigma-delta and pulse width modulations. In: ECE1371 Analog Electronics II, ECE University of Toronto 2001(II), pp 1–14
82. Zielinski TP (2005) Digital signal processing: from theory to application. Wydawnictwo Komu-

nikacji i Lacznosci, Warsaw (in Polish)
83. Zielinski TP, Korohoda P, Rumian R (eds) (2014) Digital signal processing in telecommunication, basics, multimedia transmission. Wydawnictwo Naukowe PWN, Warsaw (in Polish)
84. Zolzer U (2008) Digital audio signal processing. Wiley, New York
85. Zolzer U (ed) (2002) DAFX—digital audio effects. Wiley, New York

第7章
总　　结

7.1　本书总结

　　本书全面介绍了笔者在信号处理领域的研究、分析和完成的项目。首先介绍了如何实现模拟信号的数字形式采集，然后分析了模拟信号的数字滤波和分离方法，最后重点讨论了输出逆变器的脉冲控制策略。本书部分章节着重分析了模/数转换过程中常见的误差来源，由于这类误差严重影响数字控制系统的性能，该章节将有助于读者深入理解数字控制系统参数的选择。

　　本书重点介绍了数字信号处理方法在有源电力滤波器和 D 类数字功率放大器的应用，涵盖设计分析及源代码解决方案。两种应用均需采用精确的数字控制电路，以保证控制信号具有非常高的动态范围。因此，两种应用解决方案可以充分演示数字信号处理方法的应用。

　　本书涉及的数字信号处理方法如下：

　　1）电力电子控制电路中常用的数字信号处理算法：重点关注数字信号处理器的性能和算法的可实现性。

　　2）波形数字滤波器：该型滤波器易于实现，因此，本书介绍了该型滤波器的经典实现方案和改进型方案，分析了滤波器的关键路径，最终选择关键路径最短的滤波器方案进行设计。尽管该型滤波器存在第 3 章所述的多种优点，但并不常用，为了解其实现方法，可参见本书关于有源电力滤波器和 D 类数字功率放大器解决方案的相关章节。

　　3）基于非因果 IIR 滤波器的线性相位 IIR 滤波器：由于所需算数运算较少，该型滤波器经证明可以很好地替代高阶 FIR 滤波器。本书详细介绍了该型滤波器的设计和插值器实现方案。

　　对于有源电力滤波器控制电路，本书着重介绍以下内容：

　　1）回顾和分析了基于离散傅里叶变换的控制系统有源电力滤波器实现算法：滑动离散傅里叶变换算法、滑动 Goertzel 算法和移动离散傅里叶变换算法。2003年，作者率先将滑动离散傅里叶变换算法引入有源电力滤波器控制系统。仿真和实验结果验证了算法的有效性。

　　2）回顾和分析了适于电力电子应用的信号分离滤波器组：该型滤波器组已应

用于特定谐波补偿算法中，需结合瞬时功率理论和移动离散傅里叶变换算法进行应用，现已通过仿真验证。

3）有源电力滤波器中的动态失真：该动态失真导致电网谐波无法完全消除。在某些情况下，采用有源电力滤波器补偿的电网电流 THD 可以达到百分之十几。因此，本书对有源电力滤波器的动态特性进行了研究。电力负荷可分为两大类：可预测负荷和类噪声负荷。其中，大多数负荷属于第一类，经过一定时间的监测以后，可以预测未来电流的变化。为此，本书提出了一种适于这一问题分析和仿真的简化有源电力滤波器模型，提出了解决该问题的方案。针对可预测的电网电流变化，本书设计了一种改进的预测电路，以减小动态补偿误差。实验结果验证了预测电路补偿方法的有效性。这种对有源电力滤波器控制算法的改动非常简单，所需的额外的计算量也非常小。因此，易于在基于数字信号处理器、微控制器或可编程数字电路（FPGA、CPLD 等）的有源电力滤波器控制电路中实现，从而提高谐波补偿的性能。研究表明，该电流预测电路可以应用于串联有源电力滤波器、功率调节器、高性能交流电源、不间断电源等电力电子装置中。

4）电网电流变化不可预测：本书开发了一种多速率有源电力滤波器，可快速响应负载电流的变化。因此，即使对于电网电流变化不可预测的场合，采用多速率有源电力滤波器可以降低电网电流的 THD。

对于 D 类数字功率放大器，本书着重介绍以下内容：

1）高信噪比高质量音频信号的信号插值器。

2）适于逆变器输出级量化噪声和系统误差补偿的二阶噪声整形电路：用于提高输出电压的信噪比。该电路可以减小死区时间和最小导通时间的影响，其对处理器额外的运算负担非常小，易于在现有控制电路中实现。此外，该电路也可应用于多电平逆变器等电力电子装置中。

3）供电电源波动对 D 类数字功率放大器的影响问题。

4）非线性导通电阻补偿引起的电源电压波动和晶体管振幅误差的模拟电路分析与设计。

5）带有数字点击调制器的双向扬声器系统设计：当系统应用于较高波段，而常规 PWM 工作于低频段时，经验证晶体管开关频率保持在 44.1kHz，可以满足应用需求。降低开关频率可以降低晶体管功率损耗，并减少 EMC 干扰。所设计的有源扬声器系统覆盖了整个音频频段。

书中所提的方法和电路大部分属于作者原创，并已通过仿真和实验验证，可应用于各种电力电子电路中。相关算法详见 MATLAB® 或 C 语言例程。

7.2 未来展望

未来的研究将着重关注不同类型的数字信号处理算法及其在不同场合的应用：

1）基于晶格波数字滤波器和双路滤波的线性相位 IIR 滤波器：重点研究该型滤波器的信号插值器实现方法。

2）基于扬声器特性均衡滤波器组的数字分频器分析与设计：重点研究波形数字滤波器的应用。

3）电能质量分析与故障检测方法的研究[2]。

有源电力滤波器控制电路的未来将重点关注以下方面：

1）有源电力滤波器的动态特性：重点关注基于迭代学习控制算法、重复控制算法[3]和小波变换的有源电力滤波器控制电路实现方案。

2）基于电流预测电路的闭环有源电力滤波器控制电路的研究。

3）控制电路性能的改进：将重点研究与电网频率完全同步的数字信号处理电路方案，并研发一种新型数字锁相环电路。

D 类数字功率放大器的未来将重点关注以下方面：

1）高性能音频信号数字电路：该电路需要与低水平的音频抖动实现良好的同步[1]，因而将研究设计一种具有低噪声数字锁相环电路的完全同步数字电路。

2）信噪比：为了进一步提高该指标，将研究更有效的高阶噪声整形电路。

3）全数字反馈 D 类功率放大器[4-6]：该型功率放大器具有非常低的输出阻抗，由于容易产生可听到的瞬态次谐波振荡，导致其难以应用于音频领域。因此，将对该型电路进行深入的研究和设计，并对实验结果进行仔细验证。

4）D 类功率放大器的低音功能分析：其目的在于根据线圈中产生的电动势确定扬声器锥体的位置，从而在低频范围内更好地控制扬声器性能。

参 考 文 献

1. Azeredo-Leme C (2011) Clock jitter effects on sampling: a tutorial. IEEE Circ Syst Mag 3:26–37
2. Bollen MHJ, Gu IYH, Santoso S, McGranaghan MF, Crossley PA, Ribeiro MV, Ribeiro PF (2009) Bridging the gap between signal and power. IEEE Sig Process Mag 26(4):12
3. Buso S, Mattavelli P (2015) Digital control in power electronics, 2nd edn. Morgan & Claypool, San Rafael
4. Mouton T, Putzeys B (2009) Digital control of a PWM switching amplifier with global feedback. In: AES 37th international conference, Hillerod, Denmark, 28–30 August 2009. Audio Engineering Society
5. Midya P, Roeckner B (2010) Large-signal design and performance of a digital PWM amplifier. J Audio Eng Soc 58(9):739–752
6. Putzeys B (2008) A universal grammar of class D amplification, Tutorial. 124th AES convention. www.aes.org. Accessed Dec 2012